移动床反应器内非球形颗粒流动特性的模拟研究

陶 贺 著

黄 河 水 利 出 版 社
·郑 州·

内 容 提 要

本书采用试验和数值模拟相结合的方法，系统地研究了活性焦脱硫脱硝反应器内非球形颗粒的流动特性，对脱硫脱硝反应器的设计和优化有一定的理论指导意义。建立了可视化移动床试验装置，应用快速摄像/图像处理技术和示踪颗粒技术，对移动床中球形及非球形颗粒的流动特性进行了试验研究，获得了不同形状颗粒在同一移动床中以及同种颗粒在不同移动床中的流型、下料率、平均速度分布及示踪颗粒浓度分布等流动特性，并研究了加装内构件后床内非球形颗粒的流动规律。在试验研究的基础上，建立了非球形颗粒的构建方法。分析了均质及混合非球形颗粒的碰撞机理，建立了非球形颗粒的受力及运动通用性模型。通过与试验结果比较，验证了模型的可靠性。研究了构成每种非球形颗粒的最佳球元数，在保证非球形颗粒模拟精度的前提下使计算时间最短。依据本书建立的三维均质及混合非球形颗粒的构建方法，进行非球形颗粒 DEM 模拟，研究了非球形颗粒在移动床内卸料及加料－卸料时的流动特性。获得了不同物性均质非球形颗粒在移动床中的流动规律，并且研究了异径/异形/异重混合非球形颗粒在移动床内的宏观及颗粒尺度上的流动特性。

图书在版编目(CIP)数据

移动床反应器内非球形颗粒流动特性的模拟研究/陶贺著.—郑州:黄河水利出版社,2015.9
ISBN 978－7－5509－1221－2

Ⅰ.①移… Ⅱ.①陶… Ⅲ.①流化床反应器－颗粒－流动特性－研究 Ⅳ.①TQ051.1

中国版本图书馆 CIP 数据核字(2015)第 214506 号

出 版 社:黄河水利出版社
地址:河南省郑州市顺河路黄委会综合楼 14 层　　邮政编码:450003
发行单位:黄河水利出版社
发行部电话:0371－6626940、66020550、66028024、66022620(传真)
E-mail:hhslcbs@126.com
承印单位:河南承创印务有限公司
开本:787 mm×1 092 mm　1/16
印张:13
字数:227 千字　　印数:1—1 000
版次:2015 年 9 月第 1 版　　印次:2015 年 9 月第 1 次印刷

定价:32.00 元

前 言

二氧化硫(SO_2)和氮氧化物(NO_x)是两种主要的大气污染物,严格控制其排放已成为我国面临的长期而艰巨的任务。活性焦移动床脱硫脱硝作为一种具有硫资源化功能的干法脱硫脱硝技术受到世界各国的高度重视。尽管国内外对活性焦移动床脱硫脱硝做了较多的研究,然而目前并未完全达到预期的效果,除活性焦制备和再生外,非球形颗粒移动床反应器的设计和优化是至今没有完全攻克的技术难点,迫切需要对其进行系统深入的研究。掌握移动床反应器中非球形颗粒的流动规律,对移动床反应器的设计、优化和运行控制,都具有重要的学术意义和工程参考价值。本书采用试验和数值模拟相结合的方法,系统地研究了活性焦脱硫脱硝移动床反应器内非球形颗粒的流动特性。

本书首先建立了一个可视化移动床试验装置,应用快速摄像/图像处理技术和示踪颗粒技术,对移动床中球形及非球形颗粒的流动特性进行了试验研究,获得了不同形状颗粒在同一移动床中以及同种颗粒在不同移动床中的流型、下料率、平均速度分布及示踪颗粒浓度分布等流动特性,并研究了加装内构件后床内颗粒流动特性的变化,掌握了移动床中非球形颗粒的流动规律。

在试验研究的基础上,建立了三维均质颗粒及混合非球形颗粒的构建方法,包括玉米形颗粒、椭球形颗粒、圆柱形颗粒以及玉米形椭球形混合颗粒、椭球形圆柱形混合颗粒、玉米形圆柱形混合颗粒等的构建方法。详细分析了均质颗粒及混合非球形颗粒的碰撞机理,通过分析得出了非球形颗粒之间的碰撞可以归结为球元-球元之间的碰撞和球元-颗粒之间的碰撞,建立了非球形颗粒的受力及运动通用性模型。通过与试验结果比较,验证了模型的可靠性。此外,还研究了构成每种非球形颗粒的最佳球元数,在保证非球形颗粒模拟精度的前提下使计算时间最短。

依据本书建立的三维均质颗粒及混合非球形颗粒的构建方法,进行非球形颗粒 DEM 直接数值模拟,研究了非球形颗粒(包括均质颗粒和异径/异形/异重混合颗粒)在移动床内卸料时的流动特性。获得了不同物性(如颗粒-颗粒滑动摩擦系数、颗粒-壁面滑动摩擦系数、滚动摩擦系数、弹性恢复系数、颗粒密度、颗粒直径、颗粒形状等)的均质非球形颗粒在移动床中卸料时的质量流率、流型、压力分布、速度分布、空隙率、概率密度分布、颗粒分离等宏观及颗粒尺度上的流动特性，以及同种颗粒在不同移动床内（如不同下料段倾角、不同出口尺寸等）卸料时的流动特性，并且研究了异径/异形/异重混合非球形颗粒在移动床内卸料时的宏观及颗粒尺度上的流动特性。

通过本书建立的非球形颗粒 DEM 直接数值模拟，研究了非球形颗粒（包括均质颗粒及异径/异形/异重混合颗粒）在移动床中连续加料－卸料时的流动特性。获得了不同形状均质非球形颗粒和混合非球形颗粒在移动床中连续加料－卸料时的流型、质量流率等宏观流动特性，以及空隙率、概率密度分布等颗粒尺度上的流动特性，系统地揭示了非球形颗粒在移动床中连续加料－卸料时的流动特性。

著　者

2015 年 6 月

主要符号表

英文符号

L　移动床的长度

W　移动床的宽度

H　移动床的高度

θ　下料段倾角

W_0　移动床出口宽度

h_i　内构件高度

H_i　安装高度

θ_i　内构件锥角

W_i　内构件出口宽度

M_d　下料率

c　示踪颗粒浓度

m_p　非球形颗粒的质量

$\vec{V}_p$　非球形颗粒的速度

$\vec{G}_p$　非球形颗粒的重力

$\vec{M}_p$　非球形颗粒所受合力矩

$\vec{x}_j$　颗粒元 j 的质心

$\vec{X}_i$　非球形颗粒 i 的质心

e　弹性恢复系数

γ_p　颗粒泊松比

γ_w　壁面泊松比

E_p　颗粒纵向弹性模量

E_w　壁面纵向弹性模量

G_p　颗粒横向弹性模量

G_w　壁面横向弹性模量

r　滚动摩擦系数

Δt　时间步长

E_K　颗粒的动能

KE_r　颗粒的转动动能

$\vec{F}_{c}$	非球形颗粒碰撞力	δ	颗粒的变形量
N	颗粒的碰撞次数	I_{p}	非球形颗粒的转动惯量
d_{p}	颗粒当量直径	$\vec{F}_{ce}$	颗粒元 j 上的所有碰撞力
u^{*}	无量纲水平速度	N_{p}	非球形颗粒的数量
v^{*}	无量纲垂直速度	pd	概率密度
N_{e}	组成非球形颗粒的颗粒元的数量	N_{w}	壁面的数量
x_{i}	任一时刻细颗粒/轻颗粒的质量分数	$\vec{F}_{ctij}$	碰撞力的切向分力
		S	混合颗粒的分离程度
$\vec{F}_{cnij}$	碰撞力的法向分力	x_{f}	细颗粒初始时的质量分数
k_{n}	法向弹性系数	x_{m}	轻颗粒初始时的质量分数
k_{t}	切向弹性系数		

希腊字母

$\vec{\delta}_{nij}$	颗粒元法向变形量	Φ_{D}	颗粒直径比
$\vec{\delta}_{tij}$	颗粒元切向变形量	ε	局部空隙率
μ	颗粒－颗粒滑动摩擦系数	ε_{mean}	平均空隙率
ρ	颗粒密度	ρ_{c}	粗颗粒密度
μ_{w}	颗粒－壁面滑动摩擦系数	ρ_{f}	细颗粒密度

目　录

第1章 绪 论

1.1 研究背景及意义

随着经济的快速发展和能源消费的急剧增加，我国 SO_2 和 NO_x 的排放量不断增加，已造成生态环境的破坏和人体健康的损害，2004 年造成的经济损失已高达 1 100 亿元，约占当年 GDP 的 3%。如果没有及时有力的措施干预，今后这种损失还将持续不断增加。《全国环境保护"十五"计划纲要》中明确提出 2005 年 SO_2 排放总量要比 2000 年降低 10%。在《中国 21 世纪初可持续发展行动纲要》中又提出 2010 年 SO_2 排放总量要比 2005 年再降低 10%，氮氧化物排放总量控制在 2000 年水平。按照环境容量和全面建设小康社会的基本环境要求，2020 年排放总量至少需要比 2010 年降低 25%，接近 SO_2 和 NO_x 的环境容量。随着人们对环境保护的重视及相关政策法规的出台，对烟气中 SO_2、NO_x 等污染物的控制也提出了更严格的要求。

活性焦脱硫脱硝是指在移动床反应器（吸附塔）内利用活性焦颗粒吸附烟气中的二氧化硫、氮氧化物等污染物，并将其氧化贮存在空隙内部的烟气净化技术。吸附过的活性焦颗粒经再生后，可以获得硫酸、液态二氧化硫、单质硫等产品[1]。其工艺流程图如图 1-1 所示。目前，国内外应用的脱硫方法主要是烟气脱硫，烟气脱硫又分为湿法、半干法和干法工艺。活性焦脱硫属于干法脱硫技术，是很有前景的脱硫脱硝技术之一，其优点在于：可在一个设备上同时进行脱硫、脱硝及除尘，且没有二次污染；不需要工业用水（仅用于硫酸设备以及脱硫浓缩烟气洗净用水），特别适合于工业用水困难或缺乏地区，如我国东北、华北、西北等区域；烟气不需要再升温；排水量少，不需要专用排水处理设备；可回收工业用硫酸或硫黄；SO_x 存在时脱硫功能优先；运行成本低[2]。

活性焦是一种综合强度（耐压、耐磨损、耐冲击）较高的吸附材料，具有较大的比表面积和丰富的孔结构，其脱硫脱硝性能取决于空隙结构和表面化学性质。在烟气净化过程中，活性焦不仅作为吸附剂，同时还是催化剂和催化剂载体。活性焦的比表面积、微孔面积与微孔孔容表现出与其 SO_2、NO_x 脱除能力相同的趋势。因此，如何制备高吸附性能的活性焦是提高脱硫脱硝效率的一个十分关键的问题。对于活性焦的制备及其机理的探讨已经有大量相关的研究[3-6]，且活性焦的制备技术已经十分成熟，早在20世纪80年代，日本的三井公司就开始了烟气净化用活性焦的制备。20世纪90年代初，我国宁夏银川活性炭厂与日本可乐丽公司合作，采用宁夏太西无烟煤为原料联合开发出脱硫用9 mm圆柱状活性焦，每年向日本出口数千吨；山西部分活性炭厂家采用日本三井重工或我国煤炭科学研究总院的技术，以山西本地烟煤为原料生产的脱硫脱硝用活性焦也销往日本。

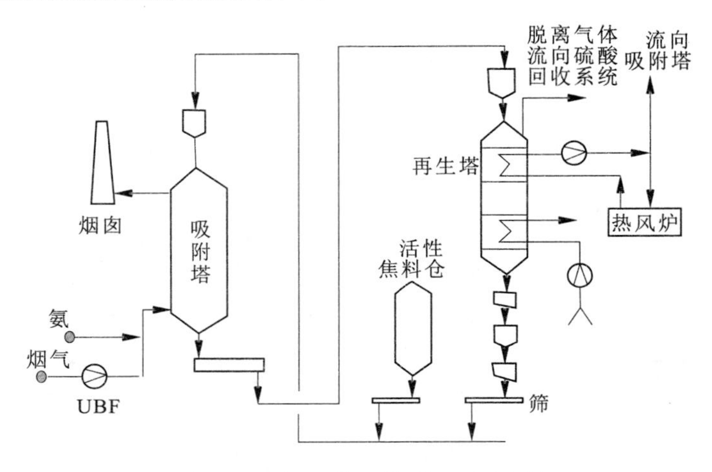

图1-1　活性焦脱硫脱硝工艺流程图

但活性焦脱硫脱硝的效率并没有达到预期的理想效果。原因是影响活性焦脱硫脱硝效率的因素除活性焦本身的性能外，另一个十分重要的因素是活性焦脱硫脱硝移动床反应器的结构设计的优化问题，而移动床反应器内的颗粒流动是影响移动床结构设计的关键因素，如要求移动床内颗粒呈整体流的流动状态，从而使颗粒停留时间分布均匀，使得颗粒所承受的反应负荷均匀。因此，为了提高活性焦脱硫脱硝效率，需要对移动床内的颗粒流动特性进行深入的研究和探讨。

此外，移动床反应器也是众多化工反应器类型的一种，广泛地应用于冶金、石油化工和环保工程等行业中，如冶金行业的炼铁高炉和干熄炉是典型的气固逆流式移动床，石油烃加工领域内广泛使用的径向流移动床反应器和环保工程中使用的矩形脱硫塔和除尘器均是典型的错流移动床反应器。这些移动床反应器同样需要深入研究床内的颗粒流动特性，特别是非球形颗粒的流动特性，以进一步提高相关性能。

1.2 国内外研究现状

1.2.1 活性焦脱硫脱硝技术

德国 Bergbau-Forschung 公司(BF 公司)于 1965 年最早开始研究活性焦脱除烟气中 SO_2 的工艺,1974~1980 年进行了处理量为 15 万 m^3/h 的示范试验,发现该方法不仅可以脱除 SO_2,还可以在加入 NH_3 的情况下脱除氮氧化物。

1980 年,美国的 Westvaco 公司开发了一种特殊的活性焦脱除烟气中二氧化硫的方法,即活性焦在多段流化床内进行烟气中二氧化硫的脱除。该方法与众不同的地方是使用流化床而不是普遍采用的移动床。该方法虽然改善了烟气与活性焦的接触效率,但是增加了设备投资、维修费用,同时活性焦磨损严重,用量大,目前未见该工艺工业化报道。

1982 年,日本的三井矿产公司(MMC)购得了 BF 公司的许可证,于 1984~1986年在日本大木田进行了处理量为 3 万 m^3/h 的示范试验。

1990 年,电源开发若松综合事业所建立了烟气处理量为 1 万 m^3/h 的脱硫脱硝装置,脱硫率达 90% 以上,脱硝率达 80% 以上。

1995 年,电源开发竹原火力发电厂建立了烟气处理量为 116.3 万 m^3/h 的脱硫脱硝装置,脱硝率达 80% 以上。

活性焦脱硫脱硝技术在国内起步较晚。1990 年,四川豆坝电厂建成了 5 000 m^3/h的中试装置,1997 年建成了 10 万 m^3/h 的装置。2001 年,南京电力自动化设备总厂与煤炭科学研究总院北京煤化所在国家“十五”863 科技计划的支持下合作研发适合于我国国情、具有自主知识产权的活性焦烟气净化技术。

1.2.2 颗粒流动特性的试验研究

移动床内的颗粒流动是颗粒流的一种,由于颗粒流动十分缓慢,且颗粒堆积十分密集,因此移动床内的颗粒流动为慢速颗粒流,与料斗、筒仓内的颗粒流动十分相似[7-13]。颗粒流的试验研究非常重要,试验提供了认识颗粒流动机理的基础,也是检验数值模拟结果正确与否的必要途径。

Johanson 等(1968)[14]设计了三角形的内构件,并且研究了作用在内构件处的压力。

Tsunakawa 等(1975)[15]研究了作用在内构件上的压力分布。

Tüzün 等(1985)[16]通过试验研究了带有内构件的筒仓的壁面压力分布，并且比较了填料和稳定卸料时的壁面压力的差别。

Standish 等(1985)[17,18]研究了旋转且壁面倾斜的料斗中颗粒流动时的分离情况，均匀的颗粒混合物加入到料斗中并形成堆，并有了最初的分离现象。在卸料时观察到，最初卸出的物料中细颗粒含量较多，随着卸料的进行，粗颗粒卸出的更多。这个结果与 Denburg 等(1964)[19]的试验现象一致。

Moriyama 等(1989)[20]通过在适当的高度插入钢管以减小筒仓主体和渐缩下料段交界处的压力波动。

Standish 等(1991)[21]通过试验研究了煤颗粒堆积时的堆积密度和堆积角，结果表明，堆的大小、湿度以及颗粒尺寸分布都会对堆积密度和堆积角产生影响。

Tüzün 等(1992)[22,23]在通过双光子 γ 射线层析技术确定床内颗粒混合均匀后考察了颗粒卸料时的分离情况，且只研究卸料而不是加料卸料连续进行时的分离情况。研究了不同尺寸比的非黏性、二元、三元混合物的颗粒分离情况，以及在下料段角度分别为 30°和 90°的料斗中的颗粒分离情况。结果表明，料斗中是整体流时，颗粒的分离程度较小；相反，颗粒流动为漏斗流时，分离情况较严重。且在初始卸料阶段卸出更多的细颗粒，同样在卸料最终阶段卸出最多的还是细颗粒。在此转变过程中存在卸料中细颗粒较少的情况，随后细颗粒增多，在此过程中，存在一个假的稳定现象，即暂时的卸料中细颗粒和粗颗粒的组成均衡的现象。

Strusch 等(1994)[24]研究了无黏塑性颗粒在带有渐缩下料段的筒仓中的壁面及内构件应力分布。

Hoffmann 等(1995)[25]研究了松散堆积和密实堆积情况下的床层空隙率分布，并建立了预测空隙率的关联式，关联式里考虑了四种因素，即平均颗粒尺寸、颗粒尺寸分布、颗粒密度和颗粒形状。

Hamel 等(1995)[26]通过破坏性的试验，即用树脂填满床内空隙之后将床内堆积颗粒固化，并切成很薄的小片，再通过成像分析获得床内空隙率的分布。分析了不同堆积方式下床内空隙率的变化，并建立了关联式。结果表明，床内空隙率分布与颗粒尺寸、堆积方式、壁面距离有关。

Drescher 等(1995)[27]研究了料斗中阻塞流动的拱形成的机理，并且给出了不形成拱的临界出口尺寸。

Sleppy 等(1996)[28]通过试验研究了混合十分均匀的两种尺寸的糖粒混

合物分别在整体流和漏斗流系统中的分离状态,试验结果和 Arteaga 得到的结果十分一致,只是在中间的稳态阶段尺寸的时间较少或者不存在这一状态。这种分歧的原因可能是料斗的宽度或者高度不同引起的。在漏斗流中,从卸料中过量的细颗粒转变到过量的粗颗粒是类似正弦曲线的形式;而在整体流中分离遵守 Arteaga 等的模型,即颗粒尺寸比为 5.7 : 1 时,由于细颗粒含量大于极限含量,因此不能发生分离,而颗粒尺寸比为 2 : 1 时,可以发生分离。然而在漏斗流系统中,任意混合物都会发生分离,但是模型中考虑了哪种混合物分离程度较大。

Johanson(1996)[29]通过试验研究了二元混合物的分离情况,结果表明平均颗粒尺寸对分离没有影响,而两种颗粒的直径比越大,颗粒弹性模量越小,分离越严重。

Zou 等(1996)[30]通过试验研究了在松散堆积和密实堆积床内不同颗粒形状颗粒对堆积结构如空隙率的影响。结果表明,颗粒的形状对单一尺寸颗粒的床内空隙率有很大的影响。

Markley 等(1998)[31]研究了料斗尺寸对颗粒分离效果的影响。结果表明,料斗尺寸的大小对颗粒分离程度的影响不大。

Mueth 等(1998)[32]通过试验研究了随机堆放的单一尺寸颗粒在圆柱形容器中的压力分布,并建立了关联式,成功地预测了压力值。

Humby 等(1998)[33]在 Beverloo 方程的基础上建立了两种预测下料率的关联式,一种可以通用于有分离和无分离的任何卸料,另一种是只能用于没有分离情况的卸料。

Samadani 等(1999)[34]研究了二元玻璃珠混合物在透明的二维平底筒仓中的颗粒分离情况,其筒仓厚度是粗颗粒直径的 15 倍。通过对流动的观测,颗粒分离出现在自由表面变成 V 形之后,此时粗颗粒以较大的速度向中心处的出口流动。然而,大多数试验中的颗粒直径比为 2,还有更小的颗粒直径比(1.2),此时颗粒分离情况也会出现,细颗粒质量分数为 15%。

Savage 等(1999)[35]的研究结果表明,混合颗粒的直径比在 1.2 或 1.3 的时候会产生分离。

Alexander 等(2000)[36]研究了在两个料斗中重复卸料时的颗粒逐渐分离情况。先将一个料斗中填满颗粒混合物,然后将颗粒卸出到另一个相同尺寸的料斗中,再将上面的料斗移动到下面,将颗粒卸出到其中,如此反复进行。结果表明,经过几次卸料后,颗粒逐渐显示出分离状态,并且此分离状态与第一次卸料时的分离状态有很大差别,且分离程度与初始填料方法无关。

Brown 等(2000)[37]通过压力计、位移测量装置测得了砂子、豌豆在矩形料斗中流动时产生的压力。结果表明壁面所受到的压力是不均匀的,角落处的压力很大,而中心处的压力相对较小,并且壁面的硬度会影响压力的分布。

Gorham 等(2000)[38]应用高速摄影仪研究了 5 mm 的球形氧化铝颗粒碰撞到玻璃板或者氧化铝板的反弹情况。测量了碰撞前后的速度、角度和旋转情况。

Sharma 等(2001)[39]通过试验测出了固定床内颗粒的空隙率,发现了床内空隙率和床高无关的现象,并通过 MRI(磁共振成像)法进行了验证。

Montillet 等(2001)[40]通过树脂固化及成像技术研究了固定床内颗粒的空隙率分布,尤其是壁面、床顶部、底部对空隙率的影响。

Sederman 等(2001)[41,42]通过 MRI 研究了松散堆积和密实堆积两种状况下,床径比分别为 9、14、19 时的颗粒内部空隙分布。结果表明,密实堆积下的颗粒间的空隙较松散堆积时变多、表面积变大、体积变大,因此导致床内整体空隙率变小。

Elaskar 等(2001)[43]通过示踪颗粒法测得了高粱颗粒在倾斜板上流动时的速度分布。结果表明,板的摩擦力和倾斜角度对速度分布有很大的影响。

Endo 等(2002)[44]通过 Jenike 理论对 90 种不同的物料进行研究,分析下料段角度和出口尺寸对流动指数的影响。结果表明,出口尺寸减小,流动指数增加,且下料段倾角增加,流动指数增加。并且建立了出口尺寸、下料段倾角和流动指数的关联式。

Ismail 等(2002)[45,46]通过试验研究了三元球形混合物的床中整床空隙率和局部空隙率随堆积方式和床径的变化。结果表明,三元混合物的平均空隙率较二元混合物和单一尺寸颗粒的空隙率要小,且在床高和床的直径比小于 3 的时候,床高对平均空隙率影响很大。同样的,三元混合物的局部空隙率小于单一尺寸的局部空隙率。由于壁面效应,靠近壁面的局部空隙率波动很大。除了靠近壁面部分,轴向和径向的局部空隙率都很稳定。

Rotter 等(2002)[47]通过试验研究了矩形筒仓中的压力分布,得出的结果是筒仓内压力分布很不均匀,角落里的压力很大,而中心处的压力较小。

Latham 等(2002)[48]研究了岩石颗粒的堆积特性,文中着重研究了堆积颗粒空隙率的预测,并且指出了预测方程的应用范围。

To 等(2002)[49]也研究了料斗内阻塞和出口尺寸的关系。

由长福等(2003)[50]采用 PTV 技术(粒子追踪测速技术)对流化床顶部颗粒稀疏流动区进行了测量,得到了流化床顶部区域内颗粒的运动速度。

Klerk(2003)[51]详细介绍了各种测空隙率的试验方法,如破坏性方法用熔化的蜡或者环氧树脂等填满床内空隙,或者非破坏性方法如X光摄像技术、MRI方法等。并通过试验研究了均一尺寸球形颗粒堆积而成的松散床层内的空隙率变化。结果表明,近壁面区域的空隙率成振幅不断减小的阻尼振荡形式。并且发现了在同一堆积模式(包括松散堆积和密实堆积)下存在多个稳定的堆积结构,尤其是在床径比较小的情况下。

Tang等(2004)[52]、Pittenger等(2000)[53]通过研究得出料斗的几何结构对分离也有很大的影响,下料段与垂直方向角度减小会减小颗粒的分离程度。

Fitzpatrick等(2004)[54]研究了13种粉末物料的流动特性。通过试验测定了这些物料的尺寸、湿度、堆积密度等物性,并通过流动指数来区分物料是否容易流动。应用Jenike方法计算各种物料适合的料斗开口尺寸。

Chen等(2005)[55,56]通过试验对大尺寸筒仓内的颗粒流动进行了研究。在试验中,将一些颗粒贴上无线电频率的标签,从而能够测出颗粒在筒仓内的停留时间,知道颗粒何时流出筒仓。

Zuriguel等(2005)[57]通过试验观察到了通过重力卸料的谷物在卸料过程中产生阻塞的现象。当出口尺寸相对颗粒尺寸不是足够大的时候就会出现阻塞,文中确定了不产生阻塞的临界出口尺寸,并且发现颗粒的物性对阻塞的形成影响不大,但是颗粒的形状确定在很大程度上影响阻塞的形成。

Jasmina等(2005)[58]研究了颗粒在圆柱形料斗中的流动情况,得出的结论是颗粒物性和出口尺寸对下料率有着重要的影响。文中建立了预测下料率的无量纲方程,预测结果与试验十分吻合。

Boateng等(2005)[59]通过一个小的剪切装置测得了渗透率与时间的关系,结果表明,渗透率随着颗粒直径比和应力的增大而增大。

Tang等(2005)[60]通过试验得出渗透率即颗粒的分离随着颗粒直径比的增加而增加,且随着颗粒平均尺寸的增加而增加,这和前人的研究有所不同。

Carson等(2004)[61]通过研究表明在流动过程中混合颗粒的直径比要在2或3时才能产生分离。

Choi等(2005)[62]通过高速摄影仪跟踪筒仓内的颗粒,得到了不同出口尺寸和下料段角度的准二维筒仓内的速度分布和下料率,并验证了连续介质模型预测结果的正确性。

Zhang等(2006)[63]通过X射线法测得了当量直径为1.8 mm的圆柱形颗粒在圆柱形容器内的空隙率。同时分析了整体和局部空隙率分布、径向函数分布和描述颗粒堆积方向的参数。结果表明,影响颗粒堆积结构的主要参数是整体的堆积密度,在高堆积密度的床内,近壁面附近的空隙率和内部的空隙率分布十分接近。

Mankoc 等(2007)[64]分析了 Beverloo 方程不能用于出口尺寸很小的缺点,在 Beverloo 方程的基础上建立了适用范围更广的下料率预测方程。

Faqih 等(2007)[65]通过重力位移流变仪测得了流动指数,从而研究粉末物料的流动特性。即物料的含湿量越大,流动指数越小;下料段的角度越大,流动指数越大。

程绪铎(2008)[66]研究了在圆筒形容器中堆放的球形颗粒的压力和摩擦力,得到的结论是:颗粒间正压力、颗粒与容器间正压力、颗粒间摩擦力随深度的增加而增大;颗粒间正压力、颗粒与容器间正压力随内摩擦角的增大而减小,但颗粒间摩擦力、颗粒与容器底部间正压力随内摩擦角的增大而增大;在同一个深度,颗粒间正压力、颗粒与容器间正压力随圆筒形容器的直径增大而增大;颗粒间正压力、颗粒与容器间正压力随圆筒形容器壁摩擦系数的增大而减小。

Wu 等(2008)[67]通过试验研究了移动床内颗粒物性、流速和移动床形状对流型的影响。结果表明,颗粒流速、在死区内放置挡板对流型没有任何影响,而颗粒的形状、尺寸和堆积角却严重影响着流型。减小颗粒尺寸或者增大球形度都可以使得颗粒的流动性变强并且混合能力更强。

Ahn 等(2008)[68]通过试验研究了平底料斗内连续稳定流动颗粒的流动特性,尤其是用应力计测量了法向应力,并研究了法向应力和颗粒下料率的关系。结果发现会出现三种情况:在不发生堵塞时,下料率随着法向应力的增大而增大,这是第一种情况;随着法向应力的进一步增大,出现了第二种情况,下料率达到了最大值,随后发生堵塞;下料率随着法向应力的继续增大而减小,即第三种情况出现。

Coetzee 等(2009)[69]通过剪切力试验和压应力试验测得了床内物料的内摩擦角和硬度等参数。试验表明,剪切力与颗粒的摩擦系数和硬度有关,而压应力只和颗粒的硬度有关。并将测得的参数应用于数值模拟,模拟结果与试验十分吻合。

Chou 等(2009)[70]通过试验研究了一种减小死区的内构件,这种内构件是非等边三角形,且不是轴对称的,通过示踪粒子法可以看到这种内构件成功地减小了料斗内的死区。

Faqih 等(2010)[71]探讨了大型的料斗装置中的颗粒流动,通过 GDR(重力位移流变仪)测量得到的流动指数与料斗中颗粒的流动息息相关。研究结果表明，随着颗粒黏性的增加颗粒的流动变得越来越困难，料斗下料锥角与水平面夹角为45°时，会阻碍颗粒流动，增加到75°时流动很顺畅，且料斗壁面的压力随深度的增加而增加。

综上所述，国内外学者对颗粒在移动床及料斗中的流动特性已有较深入的研究，但是以往对颗粒流动的试验研究仅考虑了球形颗粒的流动特性，对非球形颗粒的研究极少，而颗粒的形状对其流动规律有较大的影响，因此对非球形颗粒在移动床中的流动规律进行系统深入的研究具有十分重要的意义。

1.2.3 颗粒流动的数值模拟研究

1.2.3.1 球形颗粒

国内外很多学者对球形颗粒的流动进行了模拟研究[72-83]。

Tanaka 等(1988)[84]通过 DEM 模拟了二维料斗中二元混合物的颗粒分离情况。

Arteaga 等(1990)[22]基于颗粒微观结构提出了一个模型，阐述了颗粒尺寸比为何值时颗粒的分离是可行的。此模型假设二元混合物中当粗颗粒的表面积被细颗粒覆盖时，颗粒分离不能发生。同时阐述了当细颗粒的质量分数 x_f 小于极限值 $x_{f,L}$ 时，颗粒分离或者渗透情况才会发生。而此极限值是颗粒直径比 Φ_D 的函数：$x_{f,L}=4/(4+\Phi_D)$，需要指出的是，这个模型只是描述了自由流动的球形颗粒在什么情况下会发生分离现象，而不能预测颗粒的分离程度或分离速率。

Langston 等(1994)[85]通过模拟研究了球形颗粒的填料和卸料过程，比较了静止和卸料时壁面的下料率，同时将模拟结果和试验进行了比较，十分吻合。

Nedderman(1994)[86]说明了动力学模型在预测床内速度分布时的不准确性，并且对模型进行了修正，成功预测了颗粒在圆柱形容器内流动的流型并与试验进行比较。

Yuu 等(1995)[87]通过 DEM 数值模拟研究了不同时间步长和不同颗粒硬度下的矩形料斗中的卸料过程，并与试验进行了对比。结果表明，时间步长越小，模拟结果与试验值越接近。

周德义等(1996)[88]通过离散单元法对散粒农业物料孔口出流落粒成拱的影响因素进行了模拟研究，总结了黏结力、摩擦系数、粒径与临界孔口直径、拱高之间的关系。

Coelho 等(1997)[89]通过数值模拟研究了球形、椭球形、圆柱形等颗粒的空隙率、比表面积等特性。结果表明,除了椭球形颗粒,其他颗粒的床层空隙率基本相同,而且床层渗透性、传热性与颗粒的形状和堆积方式无关。

Ristow(1997)[90]通过分子动力学模型模拟了不同颗粒物性和几何结构的二维料斗内的卸料过程。结果表明,出口流率与弹性恢复系数无关,但是随着摩擦系数的增大而减小。当渐缩下料段与水平面角度增大到大于颗粒物料的堆积角时,下料率明显增加,同时得到下料率不随物料堆积高度的变化而变化。

Rotter 等(1998)[91]通过有限元法和 DEM 直接数值模拟法预测了筒仓内的压力分布,比较了两种方法的相同和不同之处。

徐泳等(1999)[92]通过离散元法模拟了料仓的卸料过程,研究了散体物料弹性模量和表面黏性对卸料的影响。结果表明在密度相同时,物料弹性模量对卸料中接触力学、运动学行为以及卸料流率影响均较小,但表面黏性对卸料有迟滞作用。

Nandakumar 等(1999)[93]通过数值模拟研究了圆柱形容器内颗粒的堆积结构,计算了平均空隙率和局部空隙率的变化情况。

Chou 等(2000)[94]通过模拟研究了非对称百叶窗移动床内颗粒的流动情况,结果表明颗粒的流动受到百叶窗角度的影响。在流动过程中观察到了四个流动区域,其中死区随着百叶窗角度的增大而增大。

Schnitzlein(2001)[95]通过连续介质模型模拟了固定床内的局部堆积结构,即床层空隙率的分布,并计算了描述堆积结构的参数 Peclet 数,得到的结果是前人得到结果的 2 倍,文中具体分析了原因。

Xu(2002)[96]通过数值模拟研究了平底料斗中三种物性颗粒——非黏性软球和硬球颗粒、黏性硬球颗粒的流动性,得出一个结论:即无黏性的颗粒不管是软球还是硬球,流型和下料率都没有差别;相反,对于硬球颗粒,有黏性会严重影响颗粒的流动速率。

Zhou 等(2002)[97]通过模拟研究了单一尺寸颗粒的堆积角,分析了颗粒性质、容器几何结构等变量对堆积角的影响。结果表明,滑动摩擦系数、滚动摩擦系数、颗粒尺寸和容器厚度对堆积角有很大的影响,而密度、泊松比、阻尼系数和杨氏模量对堆积角的影响很小。增大摩擦系数会使堆积角增大,增大颗粒尺寸或容器厚度使得堆积角减小。

Christakis 等(2002)[98]通过连续介质模型模拟了二元混合物在三维料斗中的流动,并且研究了颗粒分离情况。

Cleary 等(2002)[99]通过 DEM 直接数值模拟研究了颗粒在料斗中的流动

情况。结果表明,颗粒的形状、黏性、对称性、摩擦力对流型都有很大的影响。

Zhu 等(2003)[100]通过 DEM 数值模拟方法研究了圆柱形平底料斗中颗粒流动时的应力分布。结果表明在轴线附近垂直方向压力分布随着高度的增加而增大,而水平方向压力基本保持一个常数不变,并且滑动摩擦系数和滚动摩擦系数对压力分布均有影响。

Guaita 等(2003)[101]通过有限元法研究了偏心料斗中颗粒的下料过程,并分析了内摩擦角和料斗的偏心程度对壁面压力的影响。随着料斗偏心程度的增加,料斗中的塑性区域增大。随着物料内摩擦角的减小,法向应力变大。

Goodey 等(2004)[102]应用有限元法研究了料斗内颗粒的流动过程,研究表明边界条件对模拟结果的影响很小。而壁面的厚度、硬度以及颗粒的摩擦系数是设计料斗时的重要参数。

Gremaud 等(2004)[103]通过模拟研究了三种不同形状(矩形、椭球形、圆柱形)料斗内的应力分布、速度分布,揭示了三种料斗中的压力分布都是不均匀的,并通过前人的试验验证了模拟结果。

Aste 等(2004)[104]通过 X 射线法研究了一个由单一尺寸球形颗粒堆积而成的床层的空隙率、堆积密度、径向分布函数等。

Vidal 等(2005)[105]应用 ANSYS 软件 Drucker-Prager 模型分析了高 14 m、半径 2 m 的平底筒仓中的压力分布。结果表明,下料过程中筒仓的底部会产生过压力,并且混合流动时的压力小于整体流动时的压力。减小颗粒壁面间的摩擦系数会导致压力的增大。出口直径的增大会导致水平压力的增大,这是因为卸料时静止的颗粒变少,而流动的颗粒变多。

Zhu 等(2005)[106]比较了三种模拟方法——DEM 直接数值模拟、平均值法和弹塑性连续介质模拟。结果表明,DEM 法是从微观角度模拟颗粒流动的最好方法,而连续介质模型是将颗粒流动看成宏观上类似连续介质的流动,其宏观速度和压力可以通过有限元法得到。DEM 法和平均值法的结合可以从微观和宏观上了解颗粒的流动。

Li 等(2005)[107]提出一种试验方法,测量了无黏性颗粒间以及颗粒壁面间的滑动摩擦系数,并应用于 DEM 数值模拟中,模拟结果与试验十分吻合。

Theuerkauf 等(2006)[108]通过 DEM 直接数值模拟方法研究了球形颗粒在直径很小的管子内的空隙率分布情况。结果表明,堆积结构和管径比、颗粒的摩擦力有很大的关系。

Goodey 等(2006)[109]通过有限元法预测了三种颗粒——砂子、砾石和小麦在矩形筒仓内的压力分布,并与 Janssen 理论预测值进行比较,十分吻合。

同时说明了靠近壁面处的压力大、中心处的压力较小的情况。

Balevicius 等(2008)[110]通过 DEM 模拟研究了三维带渐缩下料段料斗中填料和稳态/非稳态卸料过程中的摩擦力的影响。探讨了填料、卸料过程中的动能变化、颗粒间的应力分布、壁面的应力分布、颗粒物料空隙率的变化。结果表明,在下料过程中空隙率增大会导致颗粒碰撞力的减小,从而导致壁面应力的减小,并且颗粒的速度分布会根据摩擦力的变化而变化。

Caulkin 等(2009)[111]通过数值模拟成功预测了固定床层内球形颗粒的堆积结构,并将其应用于圆柱状颗粒,发现预测的结果与试验结果不吻合,因此修正了模型中的碰撞机理,从而正确地模拟了圆柱形颗粒的空隙率等床层结构。

Anand 等(2008)[112]通过 DEM 直接数值模拟研究了颗粒大小、尺寸分布及料斗宽度、出口大小、堆积高度对下料率的影响。结果表明,颗粒尺寸和料斗的宽度对下料率的影响很小,颗粒的摩擦力对下料率的影响很大,且下料率和出口宽度的关系符合 Bverloo 方程。

Ketterhagen 等(2009)[113]通过 DEM 直接数值模拟方法研究了颗粒在料斗内的流动。结果表明,壁面摩擦角越小、下料段与垂直方向角度越小,颗粒流动越接近整体流;相反,这两个角度越大,颗粒流动越接近漏斗流。并将模拟结果与 Jenike 的试验结果进行定量的比较,以验证模拟的可靠性。

Coetzee(2009)等[114]建立了模拟叶片上颗粒相互作用的模型,确定了模拟时所用的参数值,并用试验对模型结果进行验证。

1.2.3.2 非球形颗粒

Quoc 等(2000)[115]通过 DEM 方法模拟了椭球形颗粒的流动。文中详细描述了非球形颗粒的碰撞机理和计算过程,并通过试验进行了验证。

Matuttis 等(2000)[116]构建了多边形的非球形颗粒的碰撞机理,介绍了法向碰撞力和切向碰撞力的算法。

Im 等(2003)[117]通过 Monte-Carlo 法成功模拟了椭球形颗粒的浓度分布。

Renzo 等(2004)[118]比较了模拟过程中使用的几种碰撞模型。

Langston 等(2004)[119]通过模拟圆柱形颗粒,分析了无摩擦圆柱形颗粒的下料率,并通过试验验证了模拟的可靠性。

Li 等(2004)[120]建立了圆盘形颗粒的碰撞机理,通过 DEM 方法模拟了圆盘形颗粒的下料过程,并与试验进行了比较。

Fard(2004)[121]模拟了圆柱形颗粒的滚动、自由下落和传输过程,并通过试验进行了验证。

Song 等(2006)[122]通过三个相互交叉的球体的表面构建了一个药片状颗粒,建立了模拟时药片状颗粒的碰撞机理,并且比较了和球元组成的药片状颗粒的相同与不同之处。

Grof 等(2007)[123]通过多元颗粒模型模拟了针状颗粒的破裂过程。研究表明,在堆积密度小时,初始长度越长的颗粒越容易破碎,且颗粒容易在中心断裂而不是在靠近边缘处。

Chung 等(2008)[124]通过模拟研究了在加载力的玉米形颗粒堆的流动特性。结果表明,重力对密实堆积的颗粒堆的力的分布没有明显影响,而卸料时的质量流率与重力的平方根成正比,堆积角随着重力的减小而增大。

Emden 等(2008)[125]通过模拟研究了一个大的球形颗粒由一群小的球元组成的情况。通过分析碰撞时间、弹性恢复系数、法向速度、切向速度、转动速度、碰撞角度等参数验证了多元颗粒模型的可靠性。

Fraige 等(2008)[126]通过模拟研究了立方体颗粒在二维料斗中的流动过程。同时文中研究了下料率与开口尺寸的关系,通过试验进行了验证。

Cleary 等(2008,2010)[127,128]模拟了非球形颗粒流动、传输以及混合等过程,并研究了不同形状颗粒在斜板上的流动情况。结果表明,颗粒非球形度越大,剪切力越大,斜板中心处的颗粒温度越高。

综上所述,在数值模拟研究方面,对球形颗粒的研究已经十分深入,但是目前对非球形颗粒的模拟较少,且多数局限于二维的形式,对三维的模拟研究极少。而对非球形颗粒在三维空间上的数值模拟更符合实际颗粒的流动情况,因此在非球形颗粒的模拟问题上,仍需进行深入的研究和探讨。

1.2.4 综合评述

在活性焦脱硫脱硝过程中移动床反应器设备的结构设计和优化对脱硫脱硝效率有很大的影响,而移动床内颗粒的流动特性又是影响移动床结构的关键因素。因此,对移动床内颗粒流动特性的研究十分重要,而目前对颗粒流动的研究主要集中在球形颗粒,对非球形颗粒流动特性方面的研究还很少,以至于很多问题尚未明确,如:

(1)对于非球形颗粒的构建过程,组成非球形颗粒的球元越多,模拟结果越精确,但是计算时间越长,那么怎样构建非球形颗粒,才能在保证非球形颗粒模拟精度的前提下使计算时间最短?

(2)不同的颗粒物性(大小、形状、密度、摩擦系数、尺寸分布、堆积角、空隙率等)对非球形颗粒流动规律有何影响?

(3)文献中对颗粒的流动特性进行了大量的研究,但都不够系统。比如说不同尺寸分布的椭球形颗粒、玉米形颗粒、圆柱形颗粒的流型和分离规律是什么?异形/异径/异重的混合颗粒的流动特性是什么?而在活性焦脱硫脱硝过程中,由于活性焦是循环使用的,在出料进料的过程中难免会产生破碎,因此对异形/异径/异重混合颗粒流动特性的研究十分重要。

1.3 本书的主要研究内容

1.3.1 移动床内颗粒物料的流动特性试验

(1)考察气固两相流动时气体对颗粒流动特性的影响。

(2)考察同一无内构件移动床内不同性质颗粒的流动特性,以及渐缩下料段的结构对移动床内颗粒流动特性的影响。

(3)考察不同内构件对颗粒流动特性的影响。即不同结构、尺寸及不同形状的内构件对颗粒流动特性的影响。

1.3.2 DEM 直接数值模拟

采用 DEM 直接数值模拟对移动床内慢速颗粒流的流动特性进行了模拟。DEM 直接数值模拟能够直接跟踪流场中的每一个颗粒,可以获得每一个颗粒的运动信息,因此其结果能够反映流动的特点。从目前的研究成果来看,用 DEM 直接数值模拟对球形颗粒的研究较多,而对非球形颗粒的研究极少。因此,本书的主要研究内容是:

(1)建立三维均质及混合非球形颗粒构建方法,如玉米形颗粒、椭球形颗粒、圆柱形颗粒以及玉米形椭球形混合颗粒、椭球形圆柱形混合颗粒、玉米形圆柱形混合颗粒的构建方法。通过模拟研究了构成每种形状非球形颗粒的最佳球元数,并通过试验验证了模拟的可靠性,建立了非球形颗粒的受力及运动通用性模型。

(2)基于三维非球形颗粒模型研究了颗粒在移动床内卸料时不同颗粒物性(如直径、密度、形状、滑动摩擦系数、滚动摩擦系数、弹性恢复系数)以及不同移动床结构(如不同下料段倾角、不同出口尺寸)对均质球形/非球形颗粒的下料率、流型、空隙率、速度分布、概率密度分布及压力分布的影响;研究了异形/异径/异重混合颗粒及均质颗粒的下料率、流型、速度分布、概率密度分布、空隙率及压力分布;同时研究了不同形式的内构件对床内颗粒流动特性的影响，以及不同颗粒形状、不同颗粒直径比、不同颗粒密度比、不同颗粒摩擦系数、不同移动床结构等对颗粒卸料时分离程度的影响。

(3)基于三维非球形颗粒模型研究了颗粒在移动床内连续流动时，均质及异形/异径/异重混合非球形颗粒的流型、质量流率、空隙率、概率密度分布等流动特性。

1.4　本章小节

本章阐述了课题的背景及意义；介绍了颗粒流动的国内外发展现状，包括颗粒流动试验研究以及数值模拟，尤其是非球形颗粒的数值模拟方面；指出了在非球形颗粒构建以及非球形颗粒流动规律的研究方面的不足；并提出了本课题的研究思路、研究目标以及具体的研究内容。

参考文献

[1] Lizzio A A, Debarr J A. Effect of surface area and chemisorbed oxygen on the SO_2 adsorption capacity of activated char[J]. Fuel, 1996, 75(13): 1515 - 1522.

[2] Biniak S. The Characterization of Activated Carbons with Oxygen and Nitrogen Surface Groups[J]. Carbon, 1997, 35(12):1799 - 1810.

[3] Lizzio A A, DeBarr J A. Mechanism of SO_2 removal by carbon[J]. Energy & Fuels, 1997, 11:284 - 291.

[4] Teng H, Ho J A, Hsu Y F, et al. Preparation of activated carbons from bituminous coals with CO_2 activation. 1. Effects of oxygen content in raw coals[J]. Ind. Eng. Chem. Res, 1996, 35:4043 - 4049.

[5] Tsuji K, Shiraishi I. Combined desulphurization, denitrification and reduction of air toxics using activated coke[J]. Fuel, 1997, 76(6):549 - 553.

[6] Wang Y, Liu Z, Zhan L, et al. Performance of an activated carbon honeycomb supported V_2O_5 catalyst in simultaneous SO_2 and NO removal[J]. Chem. Eng. Sci, 2004, 59:5283 - 5290.

[7] 陈允华. 错流移动床中颗粒行为的研究[D]. 上海:华东理工大学, 2008.

[8] 杨智. 移动床内颗粒流动规律的研究[D]. 北京:中国石油大学, 2008.

[9] 宋续祺,金勇,俞芷青. 移动床技术的现状与发展前景[J]. 化工进展, 1994, 3:40 - 45.

[10] 王光谦, 倪晋仁. 颗粒流研究评述[J]. China academic journal electronic publishing house, 1992,14(1):7 - 19.

[11] 张忠政, 胡林, 曲东升, 等. 颗粒流动特性的研究与分析[J]. 贵州大学学报:自然科学版, 2006,23(2):153 - 156.

[12]陆坤权，刘寄星．颗粒物质(上)[J]．物理，2004，33(9):629－635.

[13]陆坤权，刘寄星．颗粒物质(下)[J]．物理，2004，33(10):713－721.

[14]Johanson J R. The placement of inserts to correct flow in bins[J]. Powder Technology, 1968, 1: 328－333.

[15]Tsunakawa H, Aoki R. The vertical force of bulk solids on objects in bins[J]. Powder Technology, 1975, 11:237－243.

[16]Tüzün U, Nedderman R M. Gravity flow of granular materials round obstacles-II (investigation of the stress profiles at the wall of a silo with inserts)[J]. Chemical Engineering Science, 1985, 40(3):337－351.

[17]Standish N. Studies of size segregation in filling and emptying a hopper[J]. Powder Technology, 1985, 45:43－56.

[18]Standish N, Kilic A. Comparison of stop-start and continuous sampling methods of studying segregation of materials discharging from a hopper[J]. Chem. Eng. Sci, 1985, 40(11):2152－2153.

[19]Denburg J F V, Bauer W C. Segregation of particles in the storage of materials[J]. Chem. Eng. Sci, 1964, 28:135－142.

[20]Moriyama R, Jotaki T. The reduction in pulsating wall pressure near the transition point in a bin by inserting a rod[J]. Bulk Solids Handling, 1989, 1(4):353－355.

[21]Standish N, Yu A B, He Q L. An experimental study of the packing of a coal heap [J]. Powder Technology, 1991, 68: 187－193.

[22]Arteaga P, Tuzun U. Flow of binary mixtures of equal-density granules in hoppers-size segregation[J]. Chem. Eng. Sci, 1990, 45(1):205－223.

[23]Tuzun U, Arteaga P. A microstructural model of flowing ternary mixtures of equal-density granules in hoppers[J]. Chem. Eng. Sci, 1992, 47(7):1619－1634.

[24]Strusch J, Schwedes J. The use of slice element methods for calculating inserts load [J]. Bulk Solids Handling, 1994, 14(3):505－512.

[25]Hoffmann A C, Finkers H J. A relation for the void fraction of randomly packed particle beds[J]. Powder Technology, 1995, 82:197－203.

[26]Hamel S, Krumm W. Near-wall porosity characteristics of fixed beds packed with wood chips[J]. Powder Technology, 2008, 188:55－63.

[27]Drescher A, Waters A J, Rhoades C A. Arching in hoppers: I. Arching theories and bulk material flow properties[J]. Powder Technology, 1995, 84:165－176.

[28]Sleppy J A, Puri V M. Size-segregation of granulated sugar during flow[J]. Trans. ASAE, 1996, 39(4):1433－1439.

[29]Johanson J R. Predicting segregation of bimodal particle mixtures using the flow properties of bulk solids[J]. Pharm. Technol, 1996, 20:46－57.

[30] Zou R P, Yu A B. Evaluation of the packing characteristics of mono-sized non-spherical particles[J]. Powder Technology, 1996, 88:71 -79.

[31] Markley C A, Puri V M. Scale-up effect on size-segregation of sugar during flow[J]. Trans. ASAE, 1998,41(5):1469 -1476.

[32] Mueth D M, Jaeger H M, Nagel S R. Force distribution in a granular medium[J]. Physical Review E, 1998, 57(3):3164 -3169.

[33] Humby S, Tuzun U, Yu A B. Prediction of hopper discharge rates of binary granular mixtures[J]. Chemical Engineering Science, 1998,53(3):483 -494.

[34] Samadani A, Pradhan A, Kudroli A. Size segregation of granular matter in silo discharges[J]. Phys. Rev. E, 1999,60(6):7203 -7209.

[35] Savage S B, Lun C K K. Particle size segregation in inclined chute flow of dry cohesionless granular solids[J]. Journal of Fluid Mechanics, 1988, 189:311 -335.

[36] Alexander A, Roddy M, Brone D, et al. A method to quantitatively describe powder segregation during discharge from vessels[M]. Pharmaceutical Technology Yearbook, 2000.

[37] Brown C J, Lahlouh E H, Rotter J M. Experiments on a square planform steel[J]. Chemical Engineering Science, 2000,55:4399 -4413.

[38] Gorham D A, Kharaz A H. The measurement of particle rebound characteristics[J]. Powder Technology, 2000, 112: 193 -202.

[39] Sharma S, Mantle M D, Gladden L F, et al. Determination of bed voidage using water substitution and 3D magnetic resonance imaging, bed density and pressure drop[J]. Chemical Engineering Science, 2001, 56: 587 -595.

[40] Montillet A, Coq L L. Characteristics of fixed beds packed with anisotropic particles—Use of image analysis[J]. Powder Technology, 2001,121:138 -148.

[41] Sedermam A J, Alexander P, Gladden L F. Structure of packed beds probed by Magnetic Resonance Imaging[J]. Powder Technology, 2001,117:255 -269.

[42] Sedermam A J, Johns M L, Alexander P, et al. Structure-ßow correlations in packed beds[J]. Chemical Engineering Science, 1998,53(12): 2117 -2128.

[43] Elaskar S A, Godoy L A, Mateo D, et al. An Experimental Study of the Gravity Flow of Sorghum[J]. J. Agric. Engng Res, 2001,79(1):65 -71.

[44] Endo Y, Alonso M. An estimate of hopper outlet size and slope for mass flow from the flowability index[J]. Trans IChemE, 2002,80:625 -630.

[45] Ismail J H, Fairweather M, Javed K H. Structural properties of beds packed with ternary mixtures of spherical particles part I—global properties[J]. Trans IChemE, 2002, 80:637 -644.

[46] Ismail J H, Fairweather M, Javed K H. Structural properties of beds packed with ter-

nary mixtures of spherical particles part II—local properties[J]. Trans IChemE, 2002, 80:645 -653.

[47]Rotter J M, Brown C J, Lahlouh E H. Patterns of wall pressure on filling a square planform steel silo[J]. Engineering Structures, 2002,24:135 -150.

[48]Latham J P, Munjiza A, Lu Y. On the prediction of void porosity and packing of rock particulates[J]. Powder Technology, 2002, 125(1):10 -27.

[49]To K, Lai P Y, Pak H K. Flow and jam of granular particles in a two-dimensional hopper[J]. Physica A, 2002, 315: 174 -180.

[50]由长福, 祁海鹰, 徐旭常, 等. 采用PTV技术研究循环流化床内气固两相流动[J]. 应用力学学报, 2004, 21(4):1 -6.

[51]Klerk A D. Voidage Variation in Packed Beds at Small Column to Particle Diameter Ratio[J]. AIChE Journal, 2003, 49(8): 2022 -2029.

[52]Tang P, Puri V M. Methods for minimizing segregation: a review[J]. Part. Sci. Technol, 2004,22:321 -337.

[53]Pittenger B H, Purutyan H, Barnum R A. Reducing/eliminating segregation problems in powdered metal processing. Part II: methods of controlling segregation[J]. Sci. Technol, 2000,2:10 -13.

[54]Fitzpatrick J J, Barringer S A, Iqbal T. Flow property measurement of food powders and sensitivity of Jenike's hopper design methodology to the measured values[J]. Journal of Food Engineering, 2004, 61:399 -405.

[55]Chen J F, Rotter J M, Ooi J Y, et al. Flow pattern measurement in a full scale silo containing iron ore[J]. Chemical Engineering Science, 2005,60: 3029 -3041.

[56]Ooi J Y, Chen J F, Rotter J M. Measurement of solids flow patterns in a gypsum silo[J]. Powder Technology, 1998, 99: 272 -284.

[57]Zuriguel I, Garcimartin A, Maza D, et al. Jamming during the discharge of granular matter from a silo[J]. Physical Review, 2005, 71:1 -9.

[58]Jasmina K, Nanda A. Flow of granules through cylindrical hopper[J]. Powder Technology, 2005, 150: 30 -35.

[59]Boateng A A, Barr P V. Modelling of particle mixing and segregation in the transverse plane of a rotary kiln[J]. Chemical Enigeering Science, 1996, 51(17): 4167 -4181.

[60]Tang P, Puri V M. An innovative device for quantification of percolation and sieving segregation patterns-single component and multiple size fractions[J]. Part. Sci. Technol, 2005,23:335 -350.

[61]Carson J W. Preventing particle segregation[J]. Chem. Eng. Sci, 2004,12:29 -31.

[62]Choi J, Kudrolli A, Bazant M Z. Velocity profile of granular flows inside silos and

hoppers[J]. Journal of Physics: Condensed Matter, 2005, 17:2533 - 2548.

[63]Zhang W L, Thompson K E, Reed A H, et al. Relationship between packing structure and porosity in fixed beds of equilateral cylindrical particles[J]. Chemical Engineering Science, 2006, 61: 8060 - 8074.

[64]Mankoc C, Janda A, A Revalo R, et al. The flow rate of granular materials through an orifice[J]. Granular Matter, 2007,9:407 - 414.

[65]Faqih A N, Alexander A W, Muzzio F J, et al. Amethod for predicting hopper flow characteristics of pharmaceutical powders[J]. Chemical Engineering Science, 2007, 62:1536 - 1542.

[66]程绪铎. 圆筒形容器中球形颗粒食品堆放压力和摩擦力的预测[J]. 食品科学, 2008,29(8):103 - 108.

[67]Wu J T, Chen J Z, Yang Y G. A modified kinematic model for particle flow in moving beds[J]. Powder Technology, 2008, 181:74 - 82.

[68]Ahn H, Basaranoglu Z, Yilmaz M, et al. Experimental investigation of granular flow through an orifice[J]. Powder Technology, 2008, 186: 65 - 71.

[69]Coetzee C J, Els D N J. Calibration of discrete element parameters and the modelling of silo discharge and bucket filling[J]. Computers and Electronics in Agriculture, 2009, 65:198 - 212.

[70]Chou C S, Lee A F, Yeh C K. Placement of a non-isosceles-triangle insert in an asymmetrical two-dimensional bin-hopper[J]. Advanced Powder Technology, 2009, 20: 80 - 88.

[71]Faqih A N, Chaudhuri B, Mehrotra A, et al. Constitutive model to predict flow of cohesive powders in bench scale hoppers[J]. Chemical Engineering Science, doi:10.1016/j. ces. 2010. 02. 028.

[72]傅巍, 蔡九菊, 董辉. 颗粒流数值模拟的现状[J]. 材料与冶金学报, 2004, 3(3): 370 - 371.

[73]傅巍. 移动床内颗粒物料流动的数值模拟与试验研究[D]. 沈阳:东北大学, 2006.

[74]Chen J F, Tomohiro A. Modeling of solid flow in moving beds[J]. ISIJ International, 1993,33(6):664 - 671.

[75]张玉柱, 艾立群. 钢铁冶金过程的数值模拟[M]. 北京:冶金工业出版社, 1997.

[76]毕学工. 高炉过程数学模拟及计算机控制[M]. 北京:冶金工业出版社, 1996.

[77]Peter D, Burke, Burgess J M. A coupled gas and solid flow heat transfer and chemical reaction rate model for the ironmaking blast furnace[J]. Ironmaking conference proceedings, 1989,2:773 - 781.

[78]Nedderman R M, Tuzun U. A kinematic model for the flow of granular materials[J].

Powder Technology, 1979,22(2):243 -253.

[79]Young J A L. Scaled model study on the solid flow in shaft type furnace[J]. Powder Technology, 1999,102:194 -201.

[80]冷涛田. 粉体流动与传热特性的离散单元模拟研究[D]. 大连: 大连理工大学, 2009.

[81]Karolyi A, Kertesz J. Granular medium lattice gas model: the algorithm[J]. Computer Physics Communications, 1999,121 -122:290 -293.

[82]Tuzun U, Houlsby G T, Nedderman R M, et al. The flow of granular materials-velocity distributions in slow flow[J]. Chemical Engineering Science, 1982,37(12): 1691 -1709.

[83]Mullins W W. Stochastic theory of particle flow under gravity[J]. Journal of Applied Physics, 1972,43(2):665 -678.

[84]Tanaka T, Kajiwara Y, Inada T. Flow dynamics of granular materials in a hopper[J]. Trans. ISIJ, 1988,28:907 -915.

[85]Langston P A, Tuzun U, Heyes D M. Discrete element simulation of granular flow in 2D and 3D hopper: dependence of discharge rate and wall stress on particle interactions[J]. Chemical Engineering Science, 1994, 50(6): 967 -987.

[86]Nedderman R M. The use of the kinematic model to predict the development of the Stangnant Zone boundary in the batch discharge of a bunker[J]. Chemical Engineering Science, 1994, 50(6): 959 -965.

[87]Yuu S, Abe T, Saiton T, et al. Three-dimensional numerical simulation of the motion of particles dischargingfrom a rectangular hopper using distinct element method and comparison with experimental data(effectsof time steps and material properties)[J]. Advanced Powder Technology, 1995,6(4):259 -269.

[88]周德义, 马成林, 左春柽,等. 散粒农业物料孔口出流成拱的离散单元仿真[J]. 农业工程学报, 1996,12(2):186 -189.

[89]Coelho D, Thovert J F, Adler P M. Geometrical and transport properties of random packings of spheres and aspherical particles[J]. Physical Review E, 1997, 55(2): 1959 -1977.

[90]Ristow G H. Outflow rate and wall stress for two-dimensional[J]. Physica A, 1997, 235:319 -326.

[91]Rotter J M, Holst M F G, Ooi J Y, et al. Silo pressure predictions using discrete-element and finite-element analyses[J]. Phil. Trans. R. Soc. Lond. A, 1998, 356: 2685 -2712.

[92]徐泳, Kafui K D, Hornton C T. 用颗粒离散元法模拟料仓卸料过程[J]. 农业工程学报, 1999, 15(3): 65 -69.

[93] Nandakumar K, Shu Y Q, Chuang K T. Predicting Geometrical Properties of Random Packed Beds from Computer Simulation[J]. AIChE Journal, 1999, 45(11): 2286 - 2297.

[94] Chou C S, Tseng C Y, Smid J, et al. Numerical simulation of flow patterns of disks in the asymmetric louvered-wall moving granular filter bed [J]. Powder Technology, 2000,110:239 - 245.

[95] Schnitzlein K. Modelling radial dispersion in terms of the local structure of packed beds[J]. Chemical Engineering Science, 2001, 56: 579 - 585.

[96] Xu Y. Effects of material properties on granular flow in a silo using DEM simulation [J]. Particulate Science and Technology, 2002, 20: 109 - 124.

[97] Zhou Y C, Xu B H, Yu A B, et al. An experimental and numerical study of the angle of repose of coarse spheres[J]. Powder Technology, 2002, 125: 45 - 54.

[98] Christakis N, Patel M K, Cross M, et al. Predictions of segregation of granular material with the aid of physica, a 3D unstructured finite-volume modelling framework[J]. Int. J. Numer. Meth. Fluids, 2002,40:281 - 291.

[99] Cleary P W, Sawley M L. DEM modelling of industrial granular flows: 3D case studies and the effect of particle shape on hopper discharge[J]. Applied Mathematical Modelling, 2002, 26:89 - 111.

[100] Zhu H P, Yu A B. A numerical study of the stress distribution in hopper flow[J]. China Particuology, 2003, 2(1):57 - 63.

[101] Guaita M, Couto A, Ayuga F. Numerical simulation of wall pressure during discharge of granular material from cylindrical silos with eccentric hoppers[J]. Biosystems Engineering, 2003, 85(1):101 - 109.

[102] Goodey R J, Brown C J. The influence of the base boundary condition in modelling filling of a metal silo[J]. Computers and Structures, 2004, 82: 567 - 579.

[103] Gremaud P A, Matthews J V, Malley M O. On the computation of steady hopper flows II: von Mises materials in various geometries [J]. Journal of Computational Physics, 2004, 200:639 - 653.

[104] Aste T, Saadatfar M, Sakellariou A, et al. Investigating the geometrical structure of disordered sphere packings[J]. Physica A, 2004, 339: 16 - 23.

[105] Vidal P, Guaita M, Ayuga F. Analysis of dynamic discharge pressures in cylindrical slender silos with a flat bottom or with a hopper: comparison with eurocode 1[J]. Biosystems Engineering, 2005, 91(3):335 - 348.

[106] Zhu H P, Wu Y H, Yu A B. Discrete and continuum modelling of granular flow[J]. China Particuology, 2005, 3(6):354 - 363.

[107] Li Y, Xu Y, Thornton C. A comparison of discrete element simulations and experiments

for sandpiles composed of spherical particles [J]. Powder Technology, 2005, 160: 219 – 228.

[108] Theuerkauf J , Witt P, Schwesig D. Analysis of particle porosity distribution in fixed beds using the discrete element method [J]. Powder Technology, 2006, 165: 92 – 99.

[109] Goodey R J, Brown C J, Rotter J M. Predicted patterns of filling pressures in thin-walled square silos[J]. Engineering Structures, 2006,28:109 – 119.

[110] Balevicius R, Kacianauskas R, Mroz Z, et al. Discrete-particle investigation of friction effect in filling and unsteady/steady discharge in three-dimensional wedge-shaped hopper[J]. Powder Technology, 2008, 187: 159 – 174.

[111] Caulkin R, Ahmad A, Fairweather M, et al. Digital predictions of complex cylinder packed columns[J]. Computers and Chemical Engineering, 2009,33:10 – 21.

[112] Anand A, Curtis J S, Wassgren C R, et al. Predicting discharge dynamics from a rectangular hopper using the discrete element method(DEM) [J]. Chemical Engineering Science, 2008, 63: 5821 – 5830.

[113] Ketterhagen W R, Curtis J S, Wassgren C R, et al. Predicting the flow mode from hoppers using the discrete element method [J]. Powder Technology, 2009, 195: 1 – 10.

[114] Coetzee C J, Els D N J. Calibration of granular material parameters for DEM modellingand numerical verification by blade-granular material interaction[J]. Journal of Terramechanics, 2009,46: 15 – 26.

[115] Quoc L V, Zhang X, Walton O R. A 3-D discrete-element method for dry granular flows of ellipsoidal particles [J]. Comput. Methods Appl. Mech. Engrg, 2000, 187:483 – 528.

[116] Matuttis H G, Luding S, Hermann H J. Discrete element simulations of dense packings and heaps made of spherical and non-spherical particles[J]. Powder Technology, 2000, 109: 278 – 292.

[117] Im I T, Chun M S, Kim J J. Monte Carlo simulation on the concentration distribution of non-spherical particles in cylindrical pores[J]. Separation and Purification Technology, 2003, 30:201 – 214.

[118] Renzo A D, Maio F P D. Comparison of contact-force models for the simulation of collisions in DEM-based granular flow codes[J]. Chemical Engineering Science, 2004, 59: 525 – 541.

[119] Langston P A, Awamleh M A A, Fraige F Y, et al. Distinct element modelling of non-spherical frictionless particle flow [J]. Chemical Engineering Science, 2004, 59: 425 – 435.

[120] Li J T, Langston P A, Webb C L, et al. Flow of sphero-disc particles in rectangular hoppers—a DEM and experimental comparison in 3D[J]. Chemical Engineering Science, 2004, 59:5917 - 5929.

[121] Fard M H A. Theoretical validation of a multi-sphere, discrete element model suitable for biomaterials handling simulation[J]. Biosystems Engineering, 2004, 88(2): 153 - 161.

[122] Song Y X, Turton R, Kayihan F. Contact detection algorithms for DEM simulations of tablet-shaped particles[J]. Powder Technology, 2006, 161:32 - 40.

[123] Grof Z, Kohout M, Stepanek F. Multi-scale simulation of needle-shaped particle breakage under uniaxial compaction[J]. Chemical Engineering Science, 2007, 62: 1418 - 1429.

[124] Chung C Y, Ooi J Y. A study of influence of gravity on bulk behaviour of particulate solid[J]. Particuology, 2008, 6: 467 - 474.

[125] Emden K H, Rickelt S, Wirtz S, et al. A study on the validity of the multi-sphere Discrete Element Method[J]. Powder Technology, 2008, 188: 153 - 165.

[126] Fraige F Y, Langston P A, Chen G Z. Distinct element modelling of cubic particle packing and flow[J]. Powder Technology, 2008, 186: 224 - 240.

[127] Cleary P W. DEM prediction of industrial and geophysical particle flows[J]. Particuology, 2010, 8(2): 106 - 118.

[128] Cleary P W. The effect of particle shape on simple shear flows[J]. Powder Technology, 2008, 179:144 - 163.

第2章　非球形颗粒移动床内流动特性的试验研究

移动床内的颗粒物料是大量离散固体粒子的聚集,颗粒流动指的就是颗粒物料在外力和内部应力作用下发生的类似于流体的运动状态。通常,颗粒的间隙充满气体或者液体物质,因此严格地说,颗粒流是多相流。但是,如果颗粒是密堆积的或比间隙流体稠密得多,则描述流动时可以忽略间隙流体效应,颗粒流通常指这种狭义上的颗粒流动。移动床内颗粒的流动特性对合理设计和优化移动床结构有着十分重要的作用,对脱硫脱硝效率有着很大的影响,因此有必要对其进行深入的研究。

国内外学者对球形颗粒的流动进行了较多的研究,如 Hamel 等[1]分析了不同堆积方式下床内空隙率的变化,即用树脂填满床内空隙之后将床内堆积颗粒固化,并切成很薄的小片,再通过成像分析获得床内空隙率的分布,建立了关联式。结果表明床内空隙率分布与颗粒尺寸、堆积方式及壁面距离有关。Jasmina 等[2]研究了颗粒的流动情况,得出的结论是颗粒物性和出口尺寸对下料率有着重要的影响。文中建立了预测下料率的无量纲方程,预测结果与试验十分吻合。Hoffmann 等[3]研究了松散堆积和密实堆积情况下的床层空隙率分布,并建立了预测空隙率的关联式,关联式里考虑了四种因素,即平均颗粒尺寸、颗粒尺寸分布、颗粒密度和颗粒形状。Sharma 等[4]通过试验测出了固定床内颗粒的空隙率,发现了床内空隙率和床高无关的现象,并通过 MRI(磁共振)法进行了验证。Zou 等[5]通过试验研究了在松散堆积和密实堆积情况下床内不同形状颗粒对堆积结构如空隙率的影响。结果表明颗粒的形状对单一尺寸颗粒的床内空隙率有很大的影响。Wu 等[6]通过试验研究了移动床内颗粒物性、流速和移动床形状对流型的影响。结果表明颗粒流速、在死区内放置挡板对流型没有任何影响,而颗粒的形状、尺寸和堆积角却严重影响着流型。减小颗粒尺寸或者增大球形度都可以使得颗粒的流动性变强并且混合能力更强。Ahn 等[7]通过试验研究了平底移动床内连续稳定流动颗粒的流动特性,使用应力计测量了法向应力,并研究了法向应力和颗粒下料率的关系。To 等[8]也研究了床内阻塞和出口尺寸的关系。Mankoc 等[9]分析了 Beverloo 方程不能用于出口尺寸很小的缺点,在 Beverloo 方程的基础上建立了适用范围更广的下料率预测方程。

总的来说,这些研究主要针对球形颗粒在移动床中的流动,而并未考虑非球形颗粒的流动特性,这对于认识移动床内颗粒的流动特性是不够的,需要做进一步的工作,本章即从试验的角度研究了颗粒形状对颗粒流动特性的影响。构建了可视化移动床试验装置,应用快速摄像/图像处理技术和示踪颗粒技术,对移动床内球形及非球形颗粒的流动特性进行了试验研究。获得了气固两相流动时气体对不同形状颗粒流动的影响;颗粒单相流动时不同形状颗粒如玉米形、椭球形、球形、圆柱形颗粒在同一移动床中的下料率、平均速度分布及浓度分布等特性以及同种颗粒在不同结构移动床内的流动特性,并研究了加装内构件后颗粒流动特性的变化等,深入揭示了非球形颗粒在移动床内的流动特性。

2.1　气固两相流动的试验研究

2.1.1　试验装置

错流移动床气固两相流动试验系统如图 2-1 所示。床体截面面积200 mm × 200 mm,高 600 mm。气体从左侧入口进入床内,通过百叶窗气体分布器进入颗粒层,由右侧的出口排出。在矩形错流移动床中,气体分布器不仅是实现过床气流分布的关键部件,同时还起着对颗粒的夹持作用,常见的结构型式有百叶窗及多孔板等。百叶窗气体分布器阻力较小,结构简单,因此本书选择百叶窗作为气体分布器。百叶窗气体分布器的结构设计主要应保证颗粒不外漏、不在栅板上形成死区,同时保证进入颗粒层的气体分布均匀。根据百叶窗气体分布器的设计原则,确定栅板的长度 $L_1 = 56$ mm,两个栅板之间的间距 $L_2 = 40$ mm,下料段倾角 $\theta = 60°$,出口尺寸 60 mm。颗粒通过颗粒入口进入到床内,经星形给料器排出,颗粒的流动是连续的。

2.1.2　试验物料

在试验中采用的物料是黄豆(球形)、黑豆(椭球形)、玉米(玉米形)、活性焦(圆柱形),如表 2-1 所示。黄豆的当量直径为 5.7 mm,密度是 1 250 kg/m^3[10]。黑豆和玉米颗粒比黄豆稍大一点,但是摩擦系数和密度都和黄豆极为接近。选这三种物料的原因是想在相同的大小、密度、摩擦系数下,比较颗粒的形状对颗粒流动的影响。需要指出的是,在模拟中很容易实现不同形状颗粒具有相同的物性,但是在实际中,要找到几种大小、密度、摩擦系数等都相同的颗粒,十分困难。因此,这里近似认为颗粒其他物性相同,主要研究形状对流动的影响。

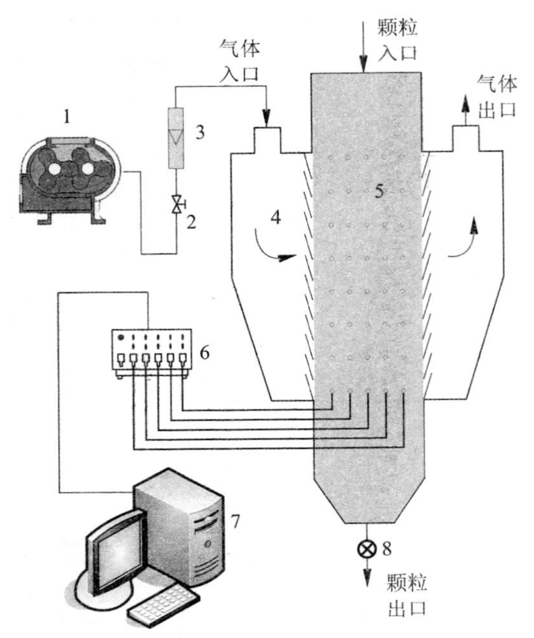

1—鼓风机;2—阀门;3—流量计;4—百叶窗气体分布器;
5—压力测点接口;6—传感器;7—数据采集计算机;8—星形给料器

图 2-1　错流移动床气固两相流动试验系统示意图

表 2-1　试验物料特性

试验物料	粒度(mm)	形状	当量直径(mm)	密度 ρ_p (kg/m^3)	堆积密度 ρ_b (kg/m^3)	堆积角(°)
活性焦	—	圆柱形	6.1	850	575	43
玉米	4~7	玉米形	6.5	1 280	778	26
黑豆	6.5~8	椭球形	7.6	1 018	672	39
黄豆	4.7~6	球形	5.7	1 250	696	32

本试验要通过示踪颗粒法来考察不同颗粒的流型,这就涉及示踪颗粒的选择。示踪颗粒选择的原则和原物料的物性一致。黑豆的示踪颗粒是青豆。活性焦颗粒的示踪颗粒是将颗粒浸泡在稀释的颜料中得到的。而黄豆、玉米的示踪颗粒是将其表面喷上红色和黑色的漆得到的。通过试验验证了示踪粒

子和原颗粒的堆积角、堆积密度等物性一致。

另外，对于所选颗粒的形状，活性焦是底面直径为9 mm、长度为15 mm的圆柱形颗粒。玉米是一个类六面体的形状，根据参考文献的提法，将其称为玉米形颗粒[11]。黑豆是一个椭球形的颗粒，长轴半径为5 mm，短轴半径为3 mm。黄豆的球形度是0.95，此处近似看成球形颗粒。

2.1.3　试验方法

2.1.3.1　流型

颗粒流动的流型主要是指颗粒流动的时间线图和流线图，也就是颗粒流动的轨迹。试验方法一般为示踪法，即在料层里加入可以随料层同步运动的跟踪物质，通过记录示踪颗粒的运动轨迹得到反映颗粒物料流动的流型变化图[12-13]。

对于示踪法主要有三类：摄像法、放射元素跟踪法及冷冻法。考虑到试验设备和试验条件的限制及可操作性，我们采用的方法为摄像法。即关闭出口，在床内加入物料，并在150 mm、300 mm、450 mm处加入三次厚度为30 mm的示踪颗粒。让颗粒自由下落，同时用照相机拍摄在下落过程中的流型。流型的测量分为连续加料和不连续加料两种情况。

2.1.3.2　示踪颗粒的浓度分布

由于流型的测量只能得到靠近壁面的颗粒的流动情况，因此浓度的测量就显得很重要，它能表示颗粒在纵向的运动情况。在床内450 mm处放置一层示踪颗粒，出口打开，颗粒自然卸出并且不断添加新的示踪颗粒。在水平方向上将床分成10个子区域，在每一个子区域内，浓度即为某一时刻或某一位置时的子区域的示踪颗粒个数和这一区域示踪颗粒最初个数的比值，即$c = n_i/n_t$，其中n_i表示某一时刻或某一位置的示踪颗粒个数，n_t表示总的示踪颗粒数。试验分别测量了示踪颗粒在400 mm、300 mm、200 mm时的浓度。

2.1.4　试验结果与分析

图2-2表示了球形、玉米形、圆柱形、椭球形四种颗粒在不同气速下的示踪颗粒位置图即示踪颗粒浓度分布图，图中u_g表示气体的速度。由图可以看出，在错流移动床中通入不同气速的气体时，对示踪颗粒位置及示踪颗粒浓度分布几乎没有影响。即通入气体时对移动床内的颗粒流动没有影响。这是因为错流移动床中气体通过颗粒的截面面积较大，使得一定流量的气体速度较小，以保证气体通过颗粒层时有较长的停留时间，使得气体中的硫氧化物和氮氧化物被活性焦颗粒充分吸附。且在脱硫脱硝中，使用的颗粒尺寸均较大，从

而气体对颗粒的流动不能产生影响。因此，研究颗粒单相流动特性具有十分重要的意义，且脱硫脱硝中所用到的活性焦是柱状颗粒，因此有必要对非球形颗粒的流动特性进行深入的研究。

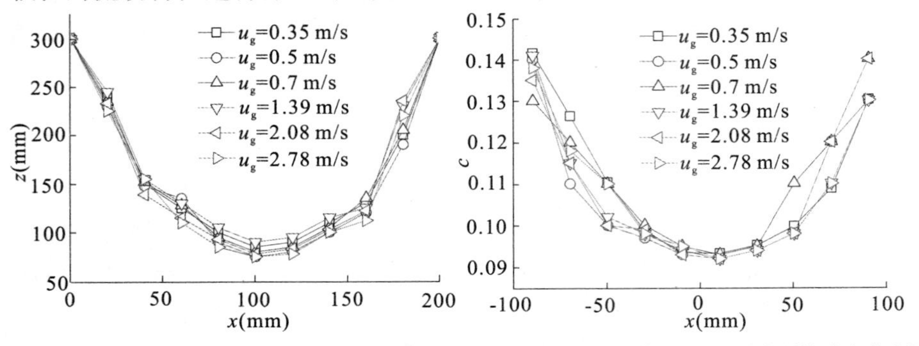

(a)球形颗粒在不同气速下的示踪颗粒位置图 (b)球形颗粒在不同气速下的示踪颗粒浓度分布图

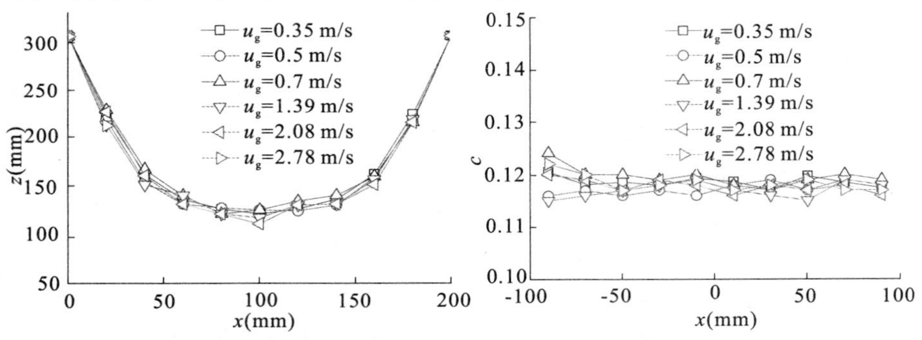

(c)圆柱形颗粒在不同气速下的示踪颗粒位置图

(d)圆柱形颗粒在不同气速下的示踪颗粒浓度分布图

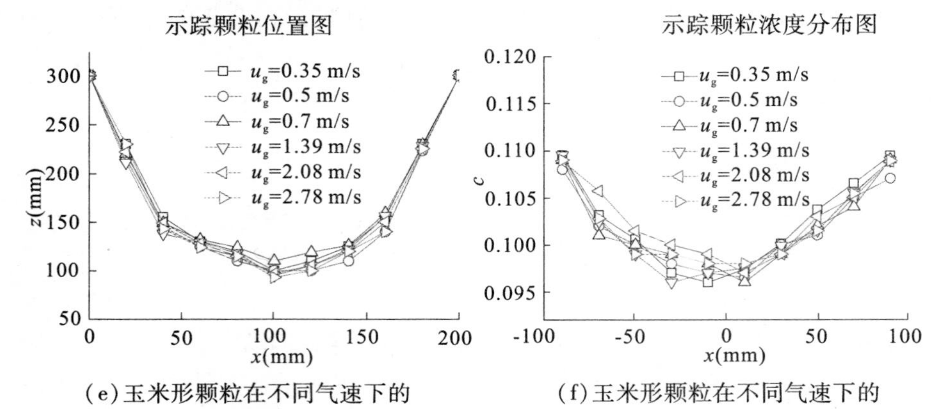

(e)玉米形颗粒在不同气速下的示踪颗粒位置图

(f)玉米形颗粒在不同气速下的示踪颗粒浓度分布图

图 2-2 颗粒在不同气速下的示踪颗粒位置图和示踪颗粒浓度分布图

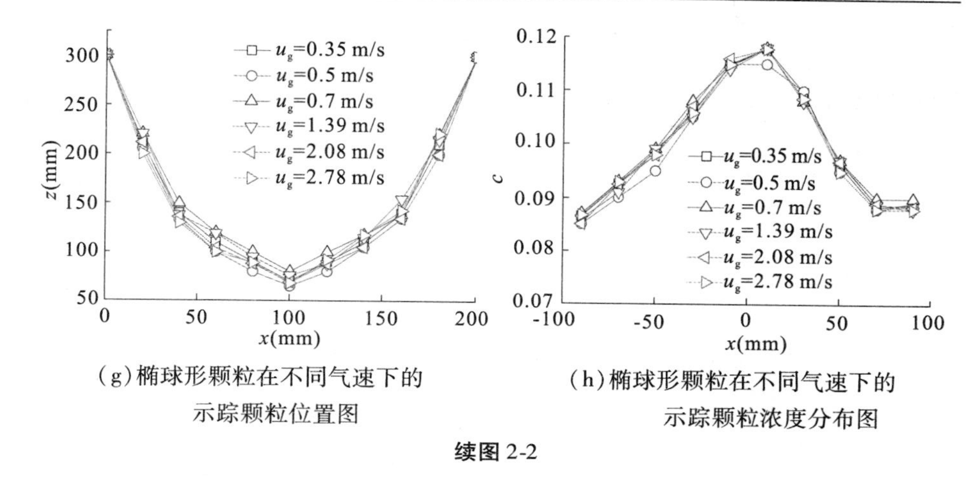

(g)椭球形颗粒在不同气速下的示踪颗粒位置图

(h)椭球形颗粒在不同气速下的示踪颗粒浓度分布图

续图 2-2

2.2 颗粒单相流动的试验研究

2.2.1 试验装置

2.2.1.1 **移动床**

为了考察移动床内颗粒流动的有关规律,建立了三维矩形移动床试验装置,几何结构如图 2-3 所示。装置是由有机玻璃制成的,目的是方便观察床内示踪颗粒的流动情况。床主体部分的几何尺寸是长 L =200 mm,宽 W =200 mm,高 H =600 mm。对于移动床的出口,采取渐缩下料段的形式,下料段的倾角 θ 分别取 30°、45°、60°,下料段的出口尺寸分别为 W_0 = 30mm、40mm、60 mm。变换不同的倾角和出口尺寸以得到不同结构的移动床,见表 2-2。移动床中内构件的尺寸和位置见图 2-4 和表 2-3。

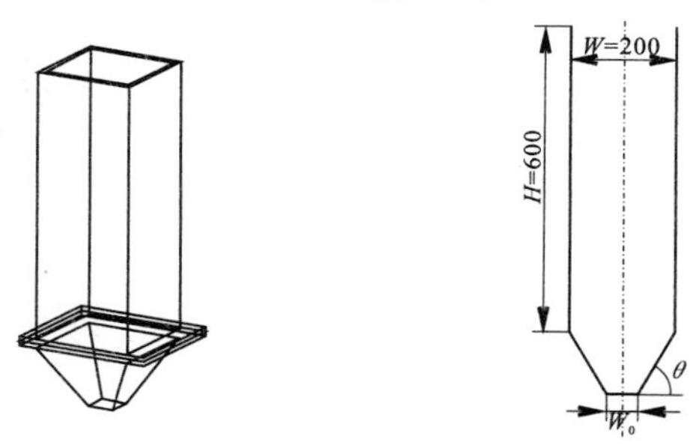

图 2-3　移动床的结构图　(单位:mm)

表 2-2　不同移动床的下料段尺寸和倾角

项目	出口尺寸 W_0（mm）	下料段倾角 θ（°）
A 床	40	60
B 床	50	60
C 床	60	60
D 床	60	30
E 床	60	45

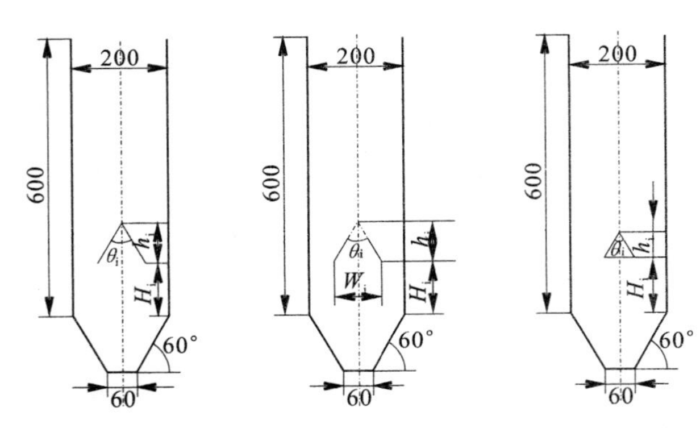

（a）人字形内构件　（b）八字形内构件　（c）三角形内构件

图 2-4　移动床内构件结构　（单位：mm）

表 2-3　内构件的尺寸

人字形内构件	内构件高度 h_i	86 mm
	安装高度 H_i	114 mm
	内构件锥角 θ_i	60°
八字形内构件	内构件高度 h_i	50 mm
	安装高度 H_i	114 mm
	内构件锥角 θ_i	60°
	内构件出口宽度 W_i	100 mm
三角形内构件	内构件高度 h_i	52 mm
	安装高度 H_i	148 mm
	内构件锥角 θ_i	60°

2.2.1.2　数字图像采集系统

数字图像采集系统用于实时记录不同操作工况下床内的气固流动结构，用于试验结束后进行后处理，并作进一步分析。数字图像的采集装置为快速高分辨率 CCD 数码相机（Nikon 5000）和一台高分辨率数码摄像机（Sony DCR-PC330E），CCD 数码相机可实现 3 帧高速连拍、16 帧高速连拍以及 100 帧高速连拍，数码摄像机可实现连续拍摄。

2.2.2　试验物料

2.2.2.1　所选颗粒

所选颗粒及物性参数见表 2-1。

2.2.2.2　颗粒参数的测量

1. 颗粒的粒度

粒度是颗粒状物质最基本的几何性能，它表示了颗粒的大小。球形颗粒的粒度就是颗粒的直径，而对于非球形颗粒，粒度大小是由通过颗粒重心，连接颗粒表面上两点间的直线段大小所确定的。因此，确定的直径不是单一的，而是一个分布，即连续地从一个上限值 D_{max} 变化到一个下限值 D_{min}，这时粒度值只能是所有这些直径的统计平均值。计算平均值的方法有三种：几何平均径、算术平均径和调和平均径。由于计算平均径需多次测量，且计算烦琐，所以人们直接定义一些等效直径值，有等效体积直径 D_V、等效表面积直径 D_S、等效表面积－体积直径 D_{SV}、阻力直径 D_d、Stokes 直径 D_{stk}、筛分直径 D_A、投影面积直径 D_P、周长直径 D_l、Feret 直径 D_F、Martin 直径 D_M、展开直径 D_R 等[14]。

2. 堆积角

由于散体物料的物理性质介于固体和液体之间，所以它的流动性是有限的，并且只有在边坡与水平面所成的角度不超过一定极限的情况下才能保持其形状，这个极限角度称为堆积角。

堆积角反映物料的流动性，堆积角越小，流动性越好。有两种形式的堆积角：一种称为注入角，是指在某一高度下将散体注入到一无限大的平板上所形成的堆积角；另一种是排出角，是指将散体注入到某一有限直径的圆板上，当散体堆积到圆板边缘时，如再注入散体，则将有散体从圆板边缘排出，此时在圆板上所形成的堆积角即排出角。

本书采用的是圆板排出法，如图 2-5 所示。

图 2-5　测量堆积角示意图

3. 堆积密度

堆积密度是颗粒直径、形状及其均匀性所决定的一个十分重要的参数。测量方法是:将颗粒自由填入一个已知容积的盒子,顶面持平,然后称量颗粒的净重,并除以盒子的容积,即可得到堆积密度。

4. 当量直径

当量直径是指和其具有相同质量、数量的球体直径,即

$$d_e = \sqrt[3]{\frac{6G}{n\pi\rho}} \tag{2-1}$$

2.2.3 试验方法

2.2.3.1 下料率

下料率的计算方法[15]如下:

(1)当卸料时间 $t_0 = 0$ 时,关闭床的出口,将颗粒从上面的入口填充到移动床中。床内填满自然堆积的颗粒,通过拍照记录下此时颗粒所占的体积,并定义为 V_0。

(2)当卸料时间 $t > t_0$时,打开出口,颗粒连续不断地从床内卸出。用数码摄像机记录下整个下料过程,把得到的图像导入到计算机中以备分析使用。取出任意 t 时刻的图片,得到此时颗粒所占的体积,定义为 $V(t)$,如图 2-6 所示。

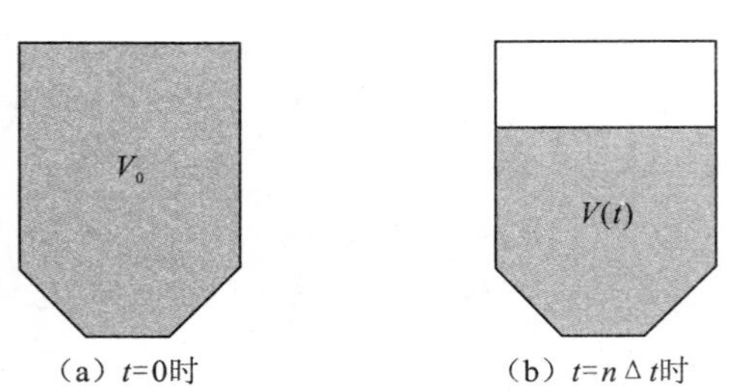

图 2-6 颗粒在卸料过程中所占的体积

因此,颗粒的下料率(M_d)可由下式计算:

$$M_d = 1 - \frac{V(t)}{V_0} \tag{2-2}$$

在此过程中,假设床内颗粒的空隙率一直保持不变,并且需要指出的是由于颗粒上表面在卸料过程中不一定保持一个水平面,因此这种方法存在一定的误差,但是这个误差小于1%,在可接受范围内。

2.2.3.2　颗粒平均速度

将整床沿水平方向划分成五个区域，在高度 450 mm 处，每个区域的中心处放置几颗示踪粒子。打开床的出口，同时开始用几个秒表一起计时，示踪颗粒随着其他颗粒一起下落，当示踪颗粒流出时，记下时间，并取几个秒表所记录时间的平均值作为此区域颗粒卸出的时间。因此，用颗粒的位移（假设为一条直线）除以时间即得到此处颗粒下落的平均速度。用同样的方法可以求出高度为 300 mm 和 150 mm 处五个水平位置上的平均速度。在示踪颗粒卸出的过程中，床内不断地加入新的物料，使得床内物料高度保持在 500 mm。将三个高度上的速度值进行平均作为颗粒的平均速度。

2.2.4　试验结果与分析

2.2.4.1　流型

图 2-7 ~ 图 2-9 分别表示了圆柱形颗粒、玉米形颗粒、球形颗粒、椭球形均质颗粒及混合颗粒在 B 床内流动时的流型，以及椭球形颗粒在不同结构床内流动时的流型。结果表明，不同形状颗粒在同一床中的流型有很大不同。圆柱形颗粒和玉米形颗粒的流型最接近整体流，除了靠近边壁的颗粒，其他基本在一条直线上，以相同的速度向下流动。球形玉米形混合颗粒、球形和椭球形颗粒的流型都可以用抛物线来描述。混合颗粒的流型与其相应的均质颗粒的流型十分相似。

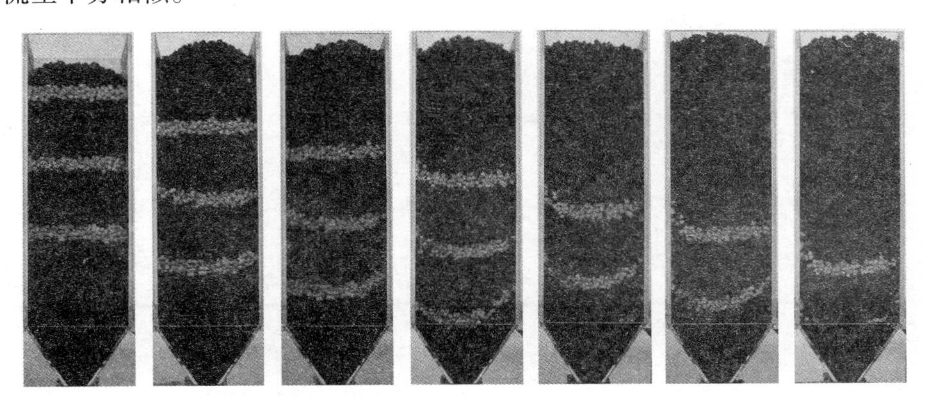

(a) 圆柱形颗粒

图 2-7　四种均质颗粒在 B 床内流动时的流型

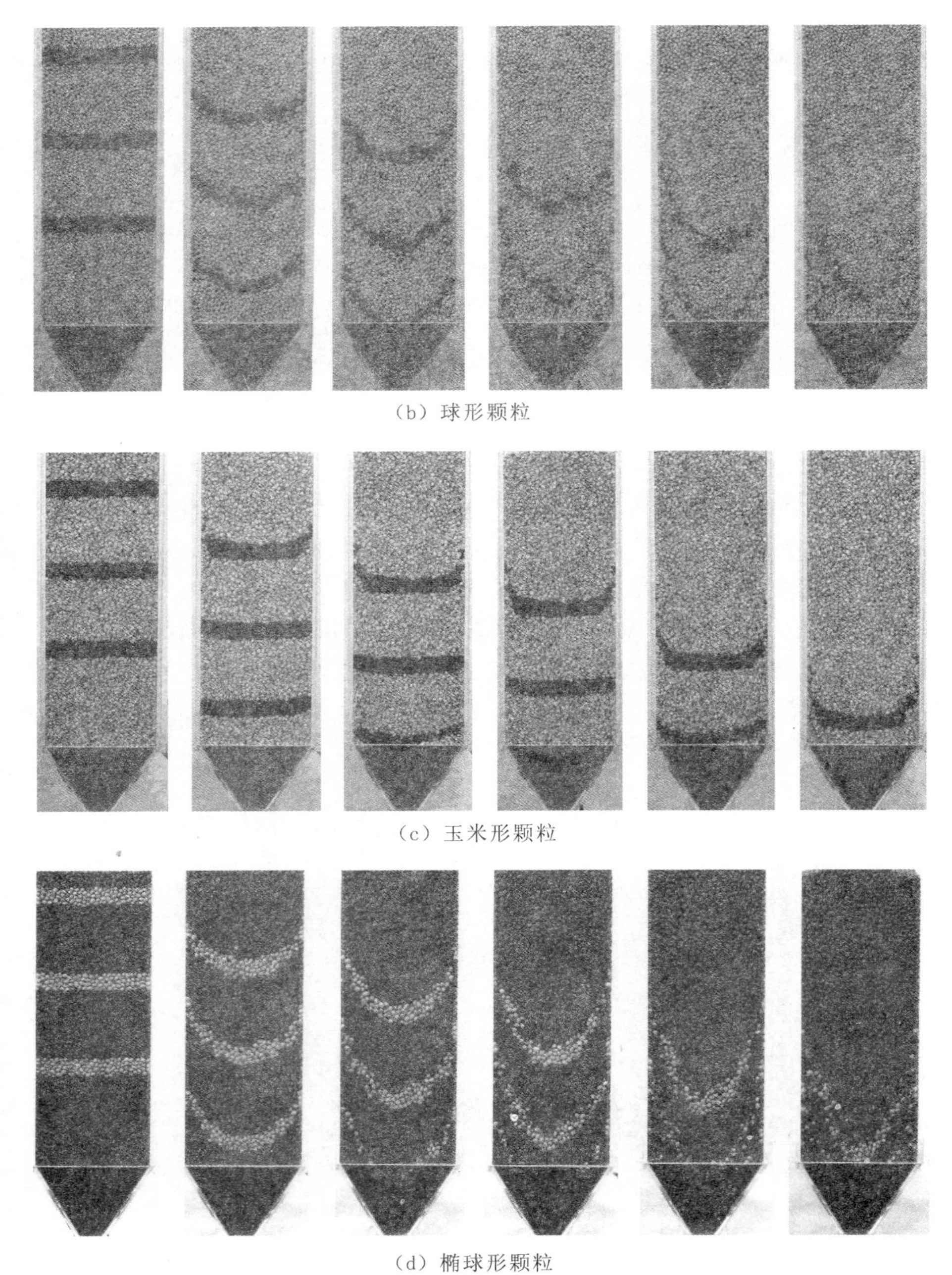

（b）球形颗粒

（c）玉米形颗粒

（d）椭球形颗粒

续图 2-7

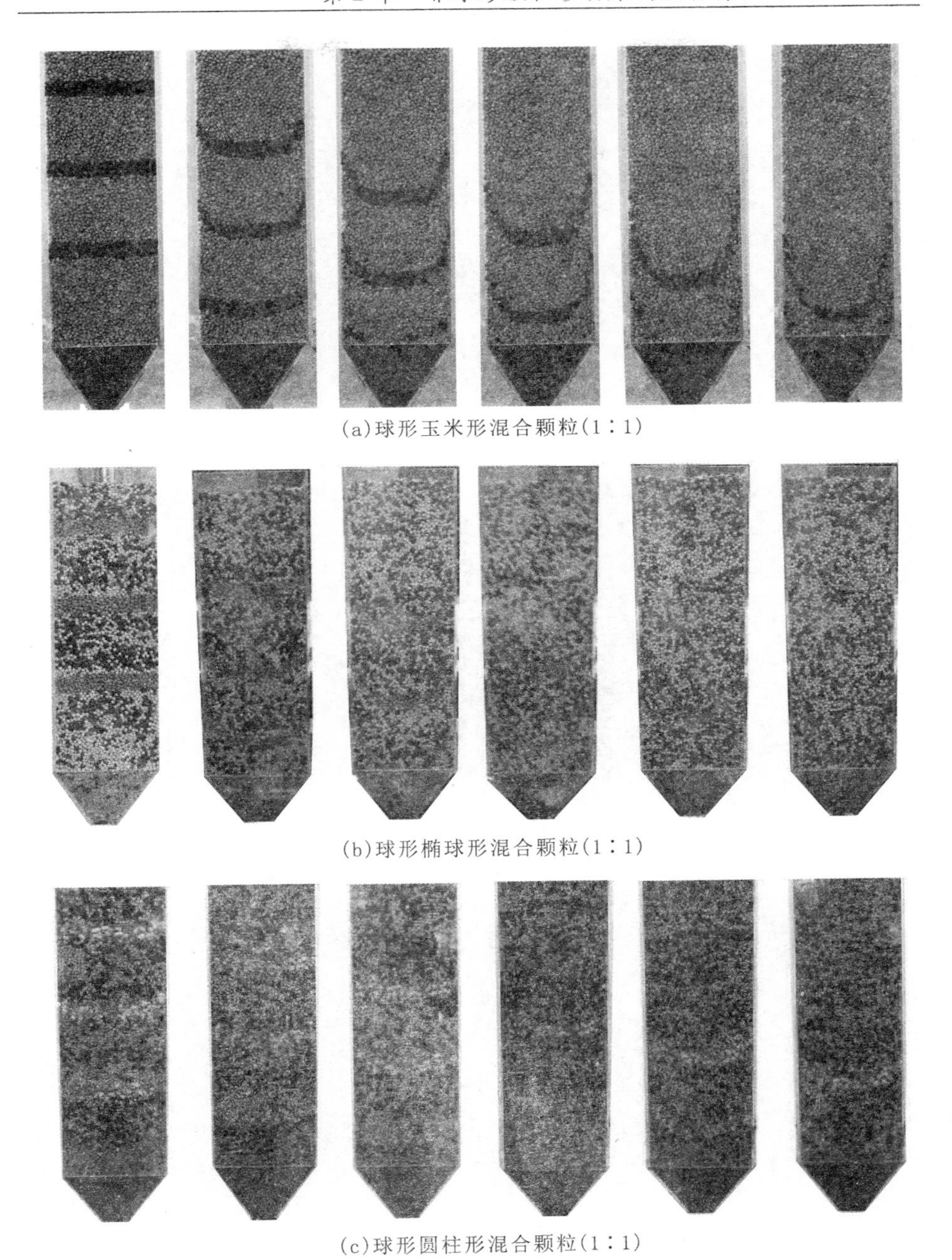

(a)球形玉米形混合颗粒(1∶1)

(b)球形椭球形混合颗粒(1∶1)

(c)球形圆柱形混合颗粒(1∶1)

图 2-8　不同混合颗粒在 B 床内流动时的流型

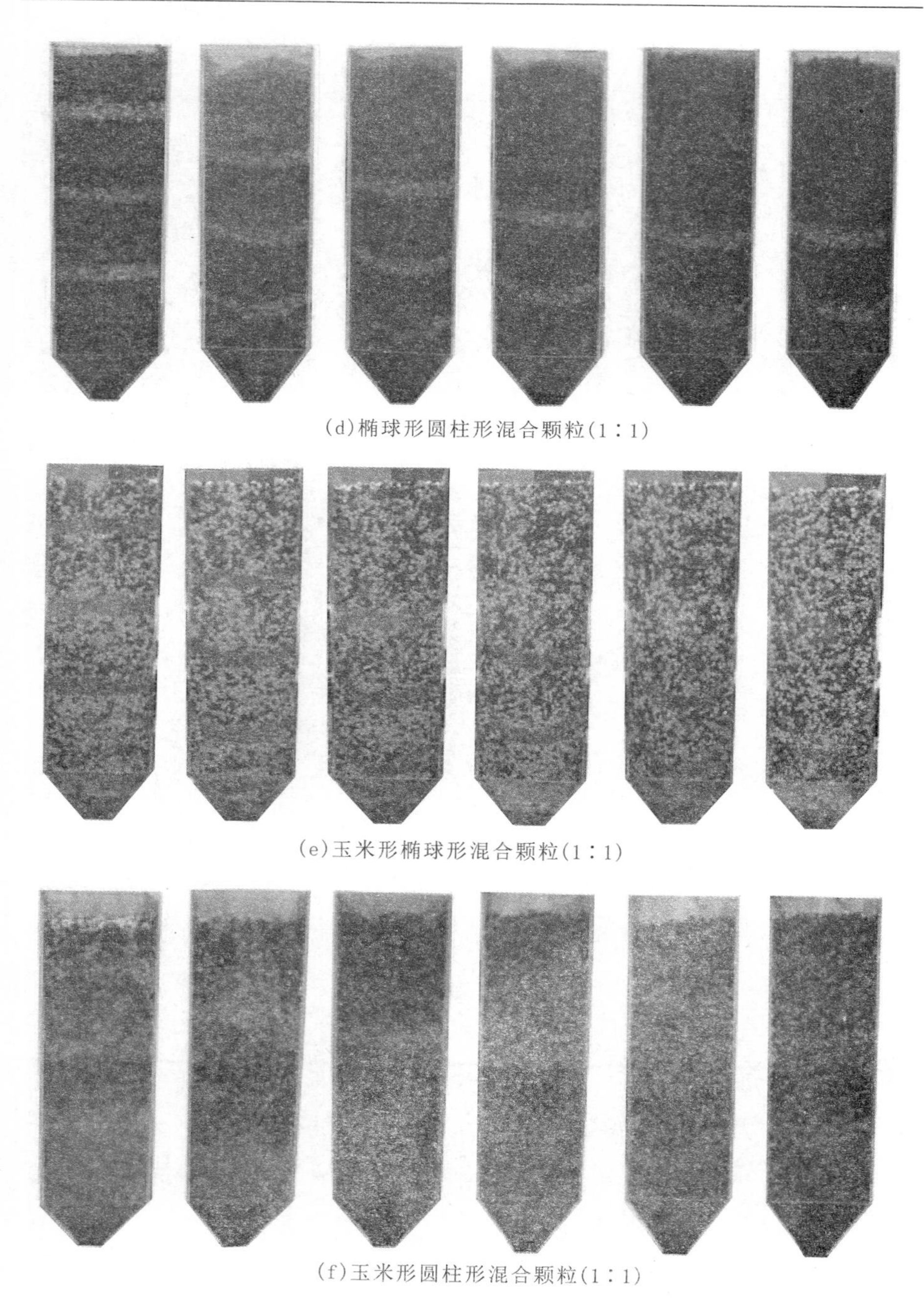

(d)椭球形圆柱形混合颗粒(1∶1)

(e)玉米形椭球形混合颗粒(1∶1)

(f)玉米形圆柱形混合颗粒(1∶1)

续图 2-8

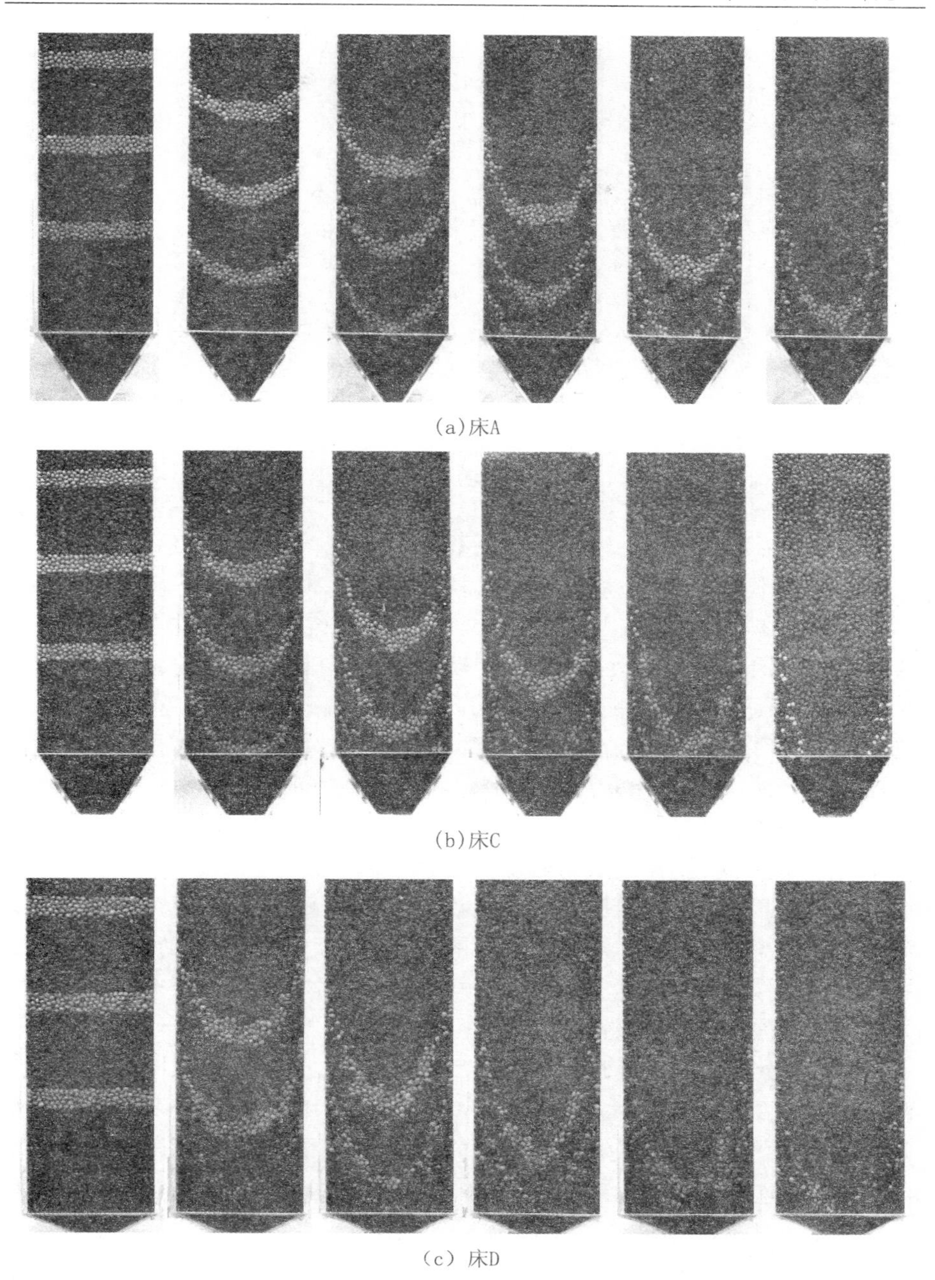

(a)床A

(b)床C

(c) 床D

图 2-9　椭球形颗粒在不同床内流动时的流型

（d）床E

续图 2-9

从玉米形颗粒和圆柱形颗粒的流型可以看出，当出口打开后，颗粒由于自重作用，克服阻力向下流动，开始时颗粒的流动基本处于整体流，但由于渐缩下料段的存在，横截面由上而下逐渐减小，截面收缩率不断地增大，颗粒在流动过程中，每下降一个微小的高度，颗粒都要重新排列，颗粒的原有层面呈不均匀下降，以适应截面收缩的变化。由于截面收缩率的增大，越接近出口，颗粒间挤压错动越大，颗粒流的内外摩擦力也急剧增大，颗粒原有层面破坏到一定程度时，示踪颗粒层呈现“V”字形形状特征，中间流动速度较边壁越来越快，且颗粒流向出口流动时会产生相对运动，导致颗粒层松散，有剪切面出现，散体层出现屈服。颗粒沿剪切面发生相对滑动[16]。

从椭球形颗粒、球形颗粒、混合颗粒的流型可以看出，在颗粒流动的初始阶段，流动已经向漏斗流转变，即在床的主体部分已经出现了剪切面，在卸料一开始，剪切运动就传播到了顶层的颗粒，而且三层示踪颗粒层几乎产生同样的流型，各层速度变化比较一致。

通过观察球形和椭球形颗粒的流型可以看出，在流动过程中，示踪颗粒和普通颗粒的界面逐渐模糊，颗粒间有一定的混合。而对于圆柱形颗粒、玉米形颗粒、混合颗粒，示踪颗粒和普通颗粒间的界面一直十分清晰，颗粒间没有混合的迹象。这可能是因为球形颗粒和椭球形颗粒的球形度比较接近 1，它们的流动性相对较好，使得颗粒间容易混合。而玉米形颗粒、圆柱形颗粒的形状偏离球形很远，非球形度高，导致它们颗粒间的内摩擦力比球形和椭球形差，流动性差，颗粒之间不容易混合。

另外，还有一个有趣的现象，即虽然床的出口在正中心的位置，但是颗粒的流动并不是对称的，尤其是圆柱形颗粒和椭球形颗粒。这是因为在颗粒流动时的动力失衡导致了颗粒流动的无序性[17,18]。

图 2-10 是椭球形颗粒在 E 床中不连续加料时流动的流型，与图 2-9(d)相比可以看出，连续加料和不连续加料时的流型虽然都是抛物线形状，但还是有很大差别。在同一时刻，不连续加料时颗粒中心处和边壁处的位移较连续加料时小。这可以由 Janssen 公式来解释，Janssen 公式的表达式为

$$W_{\mathrm{eff}} = \frac{\gamma_0 D}{4fn}\left(1 - \mathrm{e}^{-\frac{4nfH}{D}}\right)$$

式中　W_{eff} ——散料的有效重力，$\mathrm{kg/m^2}$；

γ_0 ——散料的堆积密度，$\mathrm{kg/m^3}$；

f ——散料与壁面的摩擦系数；

n ——散料层内任意一点的水平压力与垂直压力之比；

D ——床的直径，m；

H ——料层高度，m。

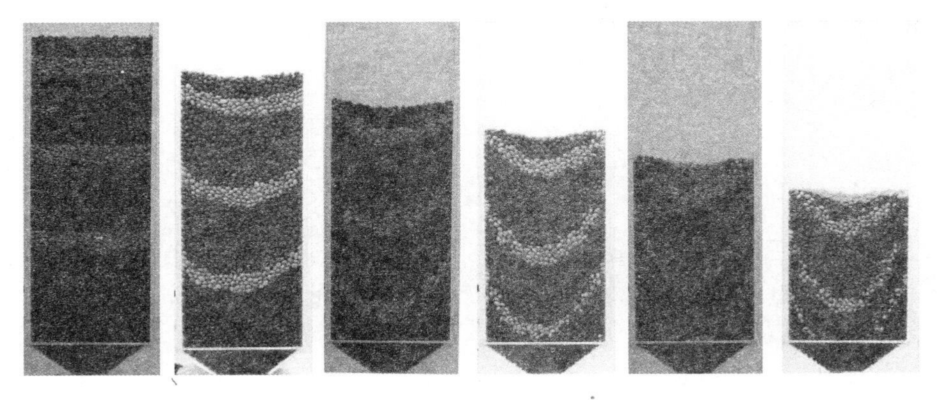

图 2-10　椭球形颗粒在 E 床中不连续加料时的流型

由式(2-3)可知，当料层高度增加时，有效重力变大，剪切作用加强，中心处和边壁处的相对位移变大。但是当 $H \to \infty$ 时，由式(2-3)可知，W_{eff}趋于一定值，即 $W_{\mathrm{eff}} = \frac{\gamma_0 D}{4fn}$，此时 W_{eff}已与 H 无关[12]。

图 2-7 ~ 图 2-9 是对流型的定性描述，而图 2-11 ~ 图 2-14 则定量地描述了示踪颗粒的位置。图 2-11 表示了最上面一层示踪粒子下降到高度 300 mm 时(以靠近左侧壁面处的示踪粒子为准)，四种不同种类的颗粒在床 B 中的示踪颗粒位置。由图可以明显看出，玉米形颗粒和圆柱形颗粒的流型接近一条

直线，且圆柱形颗粒较玉米形颗粒的速度梯度更小。其他两种颗粒的流型均为抛物线形状，且椭球形颗粒的速度梯度最大。图 2-12 比较了不同混合颗粒在床 B 中的示踪颗粒位置，由图中可以看出，圆柱形玉米形混合颗粒、圆柱形椭球形混合颗粒、球形圆柱形混合颗粒的示踪颗粒位置十分相近，几乎成一条直线。而球形玉米形混合颗粒、玉米形椭球形混合颗粒、球形椭球形混合颗粒的示踪颗粒位置呈抛物线形状，且顶角越来越小。图 2-13 和图 2-14 表示了最上面一层示踪粒子下降到高度 300 mm 时(以靠近左侧壁面处的示踪粒子为准)，不同床内的颗粒流动时的示踪颗粒位置图。由图中可以看出，颗粒在床 D、E、C 中的流型基本相同，即下料段倾角对流型几乎没有影响。而颗粒在床 A、B、C 中的流型虽然都是抛物线形状，但显然，随着出口尺寸的增大，边壁处和中心处的速度梯度越来越大，越接近漏斗流。

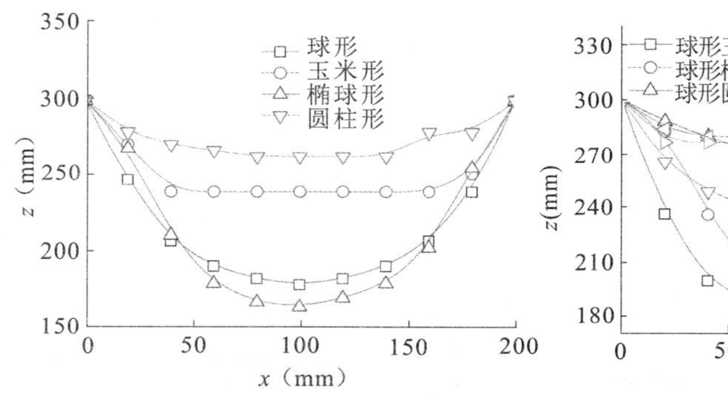

图 2-11　示踪颗粒高度下降到 300 mm 时，四种不同均质颗粒在床 B 中的示踪颗粒位置

图 2-12　示踪颗粒高度下降到 300 mm 时，不同混合颗粒在床 B 中的示踪颗粒位置

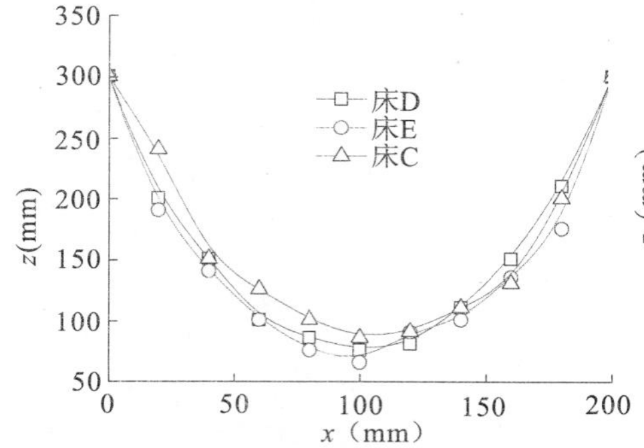

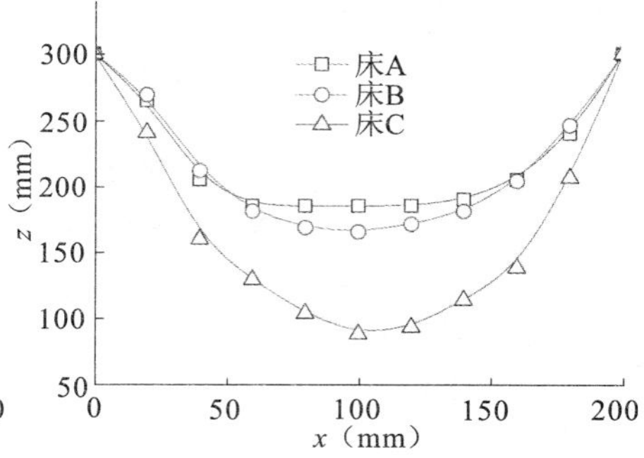

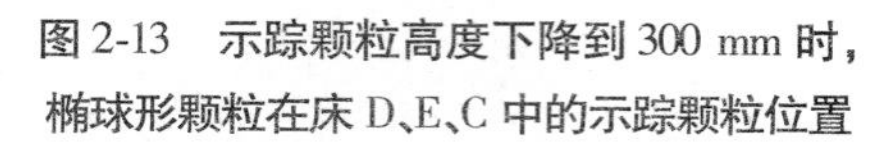

图 2-13　示踪颗粒高度下降到 300 mm 时，椭球形颗粒在床 D、E、C 中的示踪颗粒位置

图 2-14　示踪颗粒高度下降到 300 mm 时，椭球形颗粒在床 A、B、C 中的示踪颗粒位置

2.2.4.2　下料率

图 2-15 和图 2-16 表示了不同形状均质颗粒和混合颗粒的下料率情况，由图可以看出，对于均质颗粒，玉米形颗粒的下料率最大，圆柱形颗粒的下料率最小。球形颗粒的下料率较椭球形颗粒大，而比玉米形颗粒小。而混合颗粒的下料率介于相应的均质颗粒之间，球形玉米形混合颗粒的下料率最大，而圆柱形椭球形混合颗粒的下料率最小。图 2-17 和图 2-18 分别表示了不同出口尺寸和不同下料段倾角时的下料率，由图可以看出，下料率随着出口尺寸的增大而增大，随着下料段倾角的增大而增大。

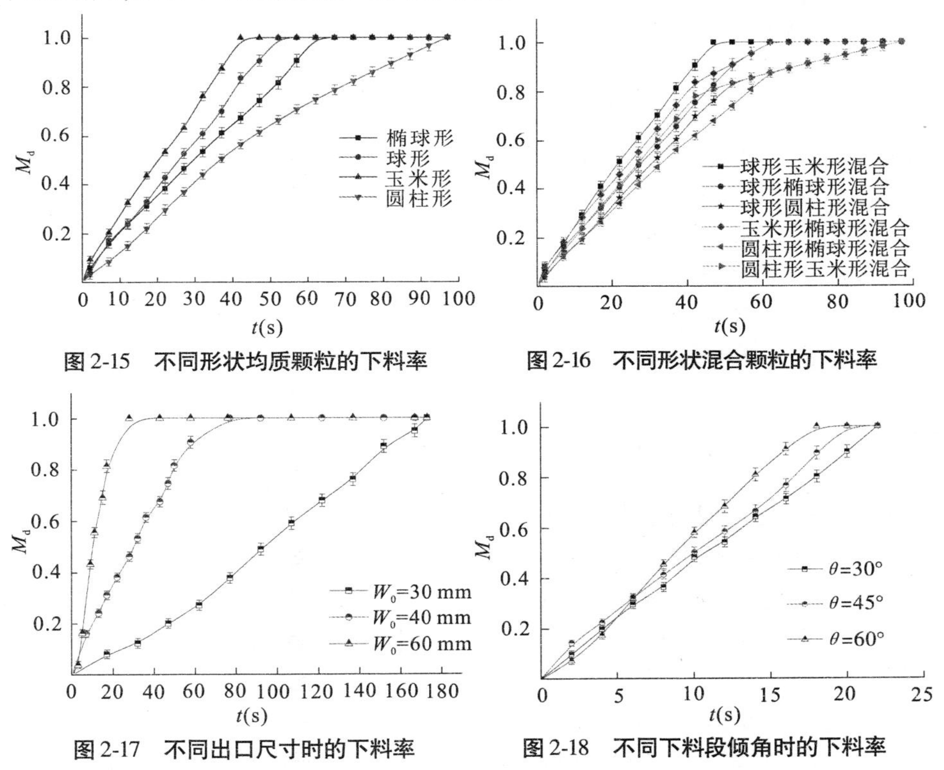

图 2-15　不同形状均质颗粒的下料率

图 2-16　不同形状混合颗粒的下料率

图 2-17　不同出口尺寸时的下料率

图 2-18　不同下料段倾角时的下料率

对于下料率，很多学者对其进行了研究和预测。对于颗粒下料率的预测，最经典的预测方程为 Beverloo 等[19]建立的方程式：

$$W = C\rho_b \sqrt{g}(D_0 - kd_p)^{5/2} \tag{2-4}$$

式中　W——平均质量流率；

ρ_b——堆积密度；

g——重力加速度；

d_p——颗粒直径；

D_0——床的出口直径；

C,k——经验常数，其中 C 与颗粒的堆积密度有关，而 k 是形状系数，与颗粒的形状有关。

此方程适用的范围是颗粒直径 d_p 大于0.5 mm，且出口直径要远远大于颗粒直径即 $D_0 \gg d_p$，否则在流动过程中会有拱形成，从而使流动中断[20]。Beverloo方程主要用于圆柱形的平底移动床的下料率的预测。

Myers 等[21]将上述预测方程式进行变换，使其应用于矩形的平底料斗中，即

$$W = 1.03\rho_{flow} g^{1/2}(L - kd)(W_0 - kd)^{3/2} \tag{2-5}$$

式中 ρ_{flow}——流动过程中的密度，ρ_{flow} = 质量流率/体积流率；

L——出口长度；

W_0——出口宽度；

k——经验常数；

d——颗粒粒径。

为了研究下料段对下料率的影响，Brown 等[22]对上述方程进行了进一步的改进，即

$$W_1 = W\frac{1 - \cos^{3/2}\theta}{\sin^{5/2}\theta} \tag{2-6}$$

式中 θ——下料段与垂直方向的角度。

由上述关系式可知，颗粒的下料率与堆积密度、出口尺寸、颗粒直径、颗粒形状、下料段角度等因素有关。出口尺寸越大，颗粒直径越小，下料率越大；下料段与垂直方向的角度越小，下料率越大；这与本试验研究结果一致。Brown 等[23]的研究表明，当床的宽度大于出口宽度的2.5倍时，下料率与床的宽度大小无关。Nedderman 等[24]的研究表明，当出口尺寸大于颗粒直径的6倍时，颗粒直径的大小对下料率影响很小。而 Nguyen 等[25]的研究表明，颗粒与壁面之间的摩擦系数对下料率的影响不大。

与流体的流动不同，移动床内颗粒的流动是由重力引起的，但颗粒的下料率与颗粒层的高度不成正比关系，因为超过一定的高度后，颗粒的支撑力变成了颗粒间和颗粒与壁面间的摩擦力，颗粒层对床底部的压力不随高度的增加而增加。床内颗粒的流动是由靠近出口处颗粒的流动所引起的，在仅靠出口的上部，有一个自由下落的区域，在此区域的上面是一个动态的拱，拱上面的

区域堆积在一起，速度几乎可以忽略；而拱下面的区域由于重力的作用加速地向下流动。在流动的过程中，拱不断地形成和破坏，颗粒不断地向下流动。

2.2.4.3　颗粒平均速度分布

图 2-19 表示了不同形状均质颗粒及混合颗粒在同一床内的平均速度分布情况。从图 2-19(a)、(b)两图中可以看出，在床内三个高度上，各种颗粒的速度分布均呈漏斗流形式，即中心速度大，边壁速度相对较小。且玉米形颗粒中心处的速度最大，球形颗粒和椭球形颗粒其次，圆柱形颗粒的速度最小，这可能是因为圆柱形颗粒的体积略大且摩擦系数较大。从图中可以看出，玉米形颗粒的速度分布并不是十分对称，这表明了玉米形颗粒在流动过程中的不稳定性和不确定性，这是由玉米形颗粒的不规则形状决定的。对于混合颗粒，通过比较可以看出，球形玉米形混合颗粒的速度最大，而圆柱形椭球形混合颗粒的速度最小。

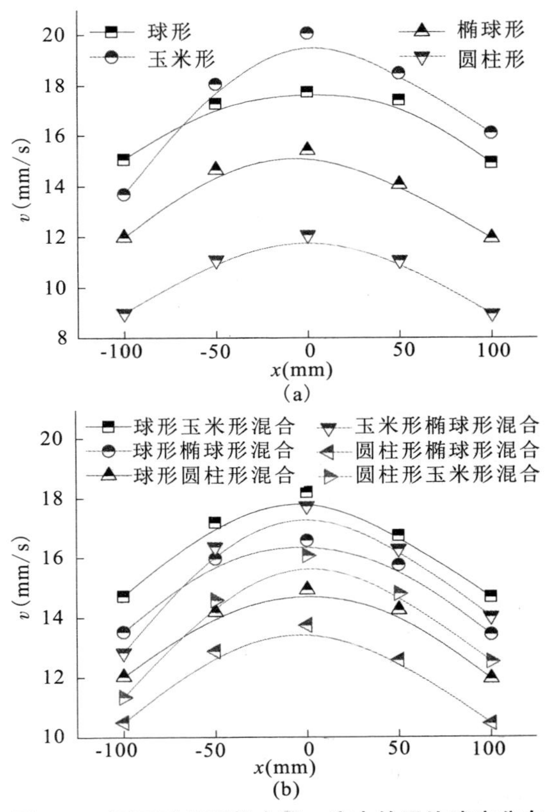

图 2-19　不同形状颗粒在同一床内的平均速度分布

图 2-20 表示了椭球形颗粒在不同床内的平均速度分布情况。从床 A、B、C 中颗粒的速度分布情况来看,出口尺寸越大,平均速度越大,这是显而易见的。且床的出口尺寸越大,中心和边壁处的速度差越大,流动越接近漏斗流;反之,床的出口尺寸越小,中心和边壁处的速度差越小,流动越接近整体流。另外,比较床 C、D、E 的速度分布情况可知,下料段角度对速度分布的影响较小。

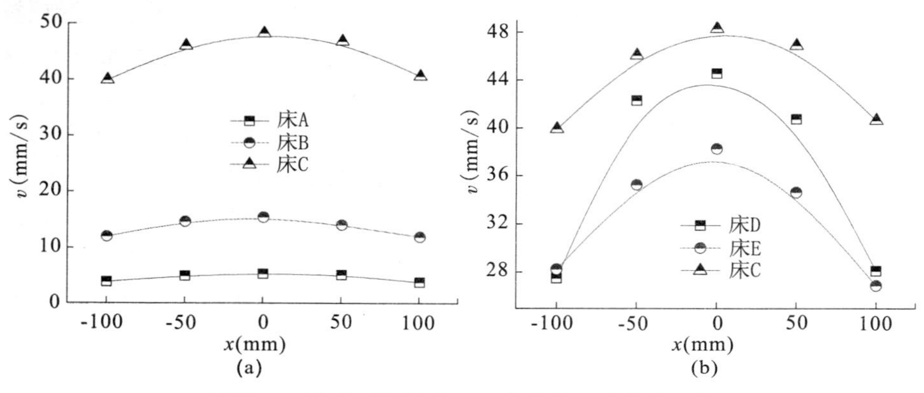

图 2-20　椭球形颗粒在不同床内的平均速度分布

2.2.4.4　示踪颗粒浓度分布

浓度分布是一个比较重要的参数,因为通过观察流型,我们只能看到贴近壁面的示踪颗粒的流动情况,而通过浓度的变化,可以得到床内示踪颗粒的流动信息。

图 2-21 表示了不同均质颗粒在床 B 内的示踪颗粒浓度分布。由图中可以看出,随着颗粒的流动,任一颗粒的总的示踪颗粒浓度都是变小的,这主要是由于渐缩下料段,使得边壁的颗粒向中心汇聚。圆柱形颗粒的示踪颗粒浓度变化非常相近,在任一高度上,示踪颗粒在横向上的示踪颗粒浓度都是非常均匀的。而玉米形颗粒的示踪颗粒浓度在床的一侧比另一侧要高,有不对称现象发生,这是在流动过程中受力失衡产生的无序性引起的。图 2-21 中的(c)、(d)表示了球形和椭球形颗粒的浓度变化,由图中可知,两种颗粒的浓度变化趋势相反。在三个高度下,球形的示踪颗粒浓度中心处低,而边壁处高,这说明中心处的示踪颗粒更容易向床内汇聚,与床内普通颗粒混合。椭球形颗粒的示踪颗粒浓度中心处高,而边壁处低。这主要是椭球形颗粒在流动过程中,两侧的颗粒首先向中心处汇聚,导致中心处浓度变高,之后再向床内流动,与床内普通颗粒混合。

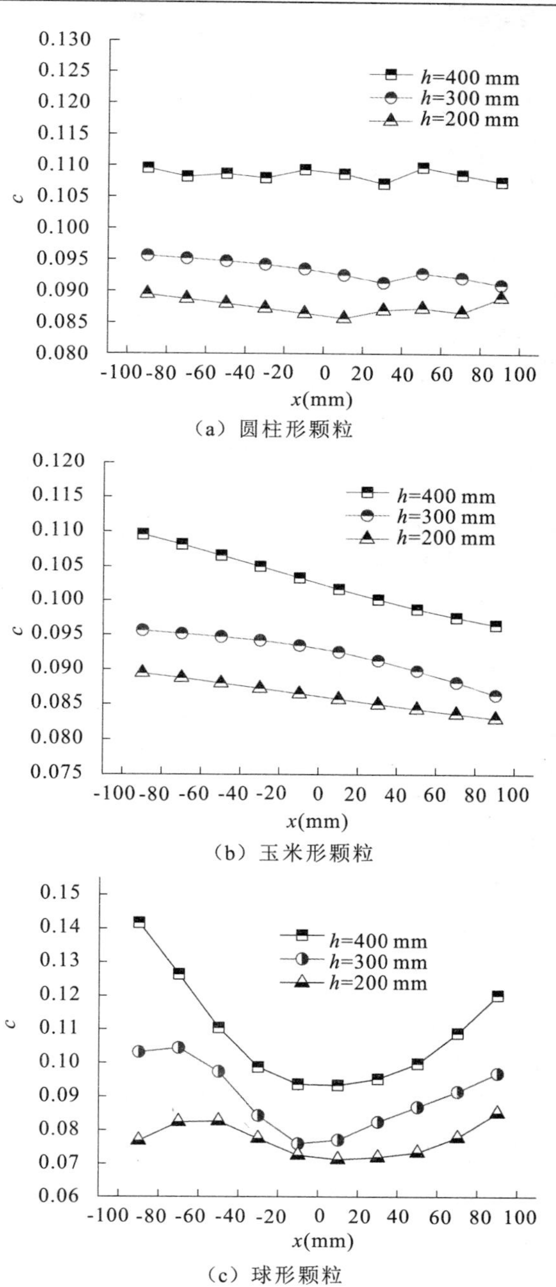

（a）圆柱形颗粒

（b）玉米形颗粒

（c）球形颗粒

图 2-21　不同均质颗粒在床 B 中的示踪颗粒浓度分布

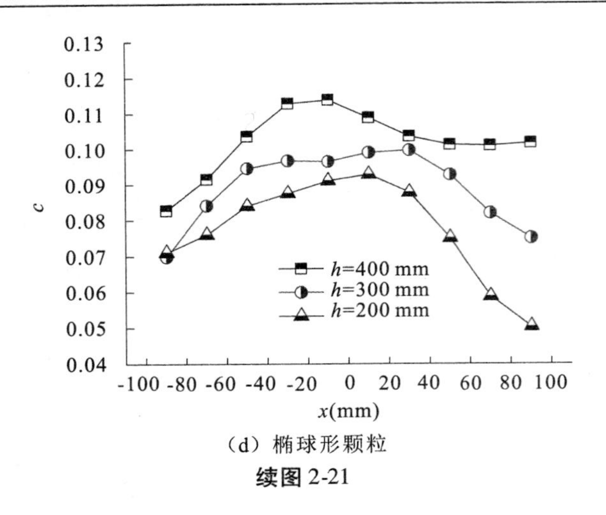

（d）椭球形颗粒

续图 2-21

图 2-22 表示了不同混合颗粒在床 B 内的示踪颗粒浓度分布。通过图中可以看出，球形玉米形混合颗粒开始时示踪颗粒浓度较均匀，但当颗粒向下流动到高度为 200 mm 时，在 $x=-40$ mm 处示踪颗粒浓度最小，即在流动过程中此处的示踪颗粒与床内的普通颗粒进行了混合，而边壁处的浓度较大；球形圆柱形混合颗粒的浓度分布在各个高度上都较均匀；球形椭球形混合颗粒的浓度在高度为 400 mm 时，浓度分布为中间低、两边高，随着高度的降低，逐渐转变为中间高、两边低，这是由于两侧的示踪颗粒向中心处汇聚。圆柱形玉米形混合颗粒的浓度分布床的右侧较左侧要高，是流动过程中受力失衡产生的无序性引起的。玉米形椭球形混合颗粒及圆柱形椭球形混合颗粒的浓度分布基本相同，均是中间高、两边低，两侧的示踪颗粒向中心处汇聚。

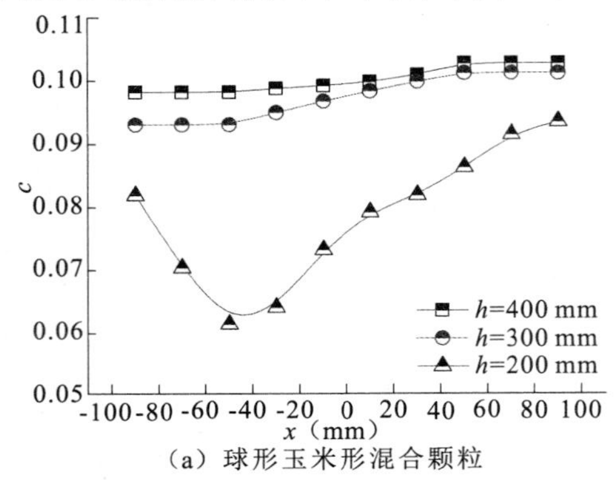

（a）球形玉米形混合颗粒

图 2-22 不同混合颗粒在床 B 中的示踪颗粒浓度分布

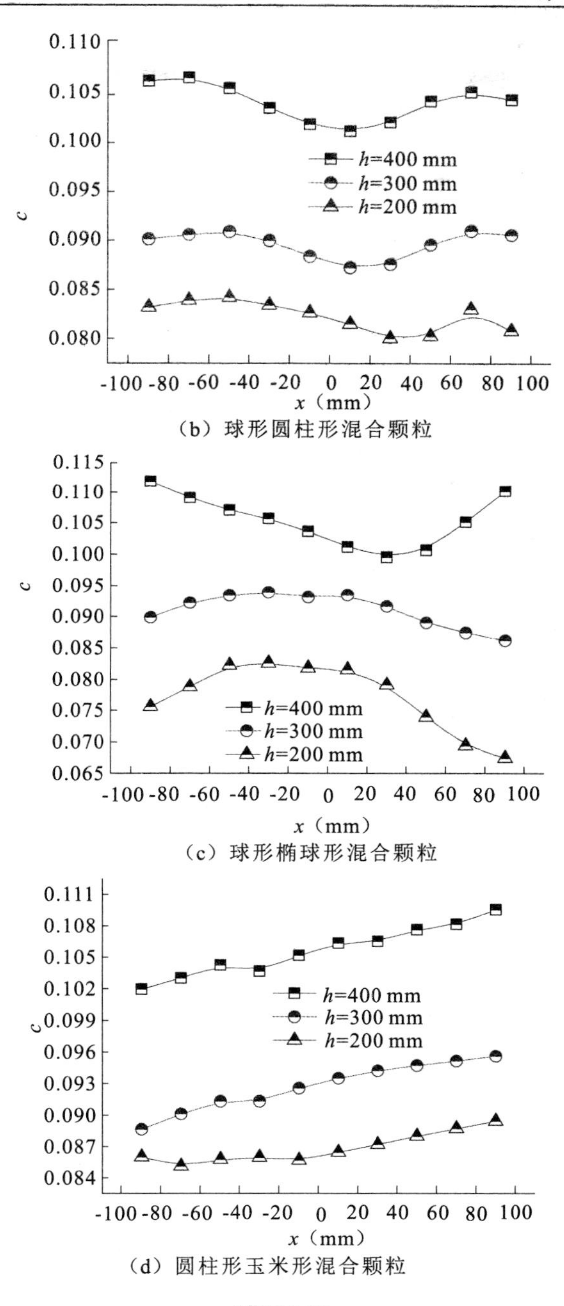

（b）球形圆柱形混合颗粒

（c）球形椭球形混合颗粒

（d）圆柱形玉米形混合颗粒

续图 2-22

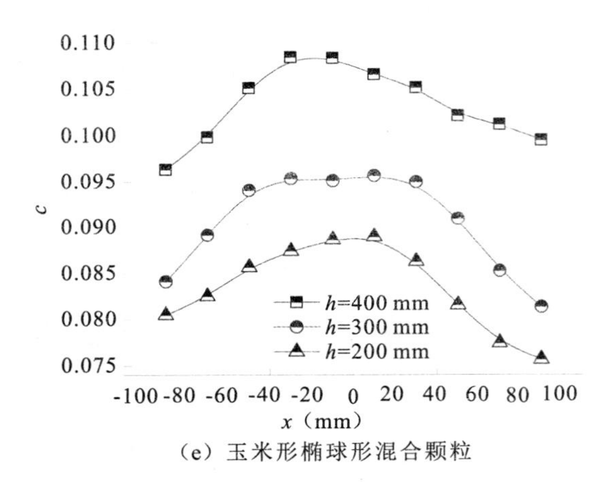

(e) 玉米形椭球形混合颗粒

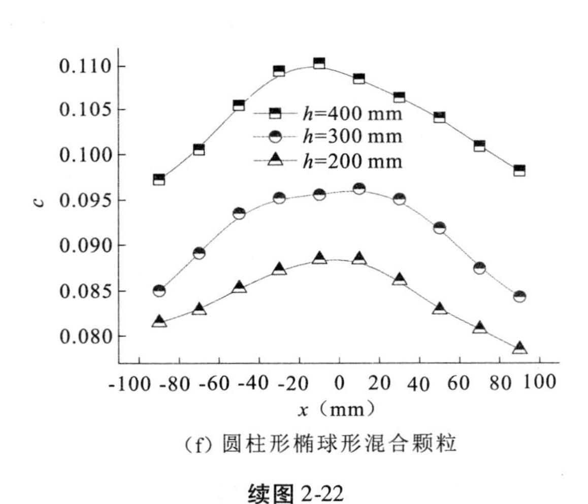

(f) 圆柱形椭球形混合颗粒

续图 2-22

图 2-23 表示了椭球形颗粒在不同床内的示踪颗粒浓度分布。由图中可知,随着颗粒的流动,在任一床内示踪颗粒的浓度都是变小的。不同床内的浓度分布趋势只有两种情况:一种是中心处浓度高,边壁处低;另一种是中心处浓度低,边壁处高。原因和上面分析的一致。需要指出的是,浓度分布并不是十分对称的,这和颗粒流动的无序现象有关。

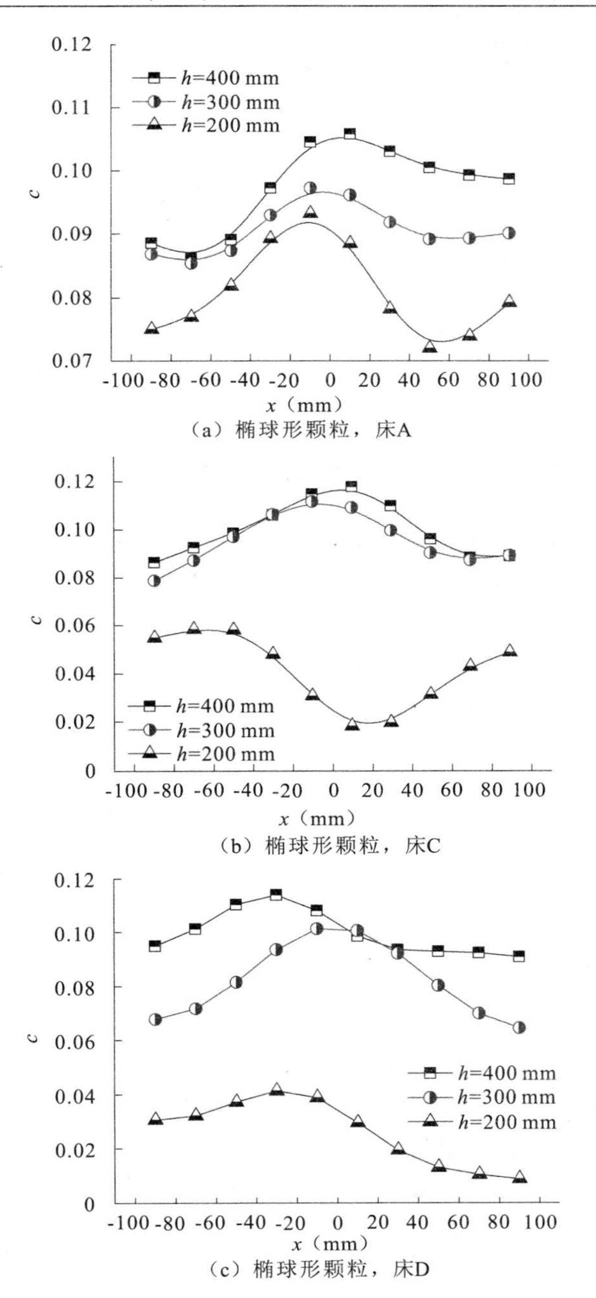

图 2-23　椭球颗粒在不同床内的示踪颗粒浓度分布

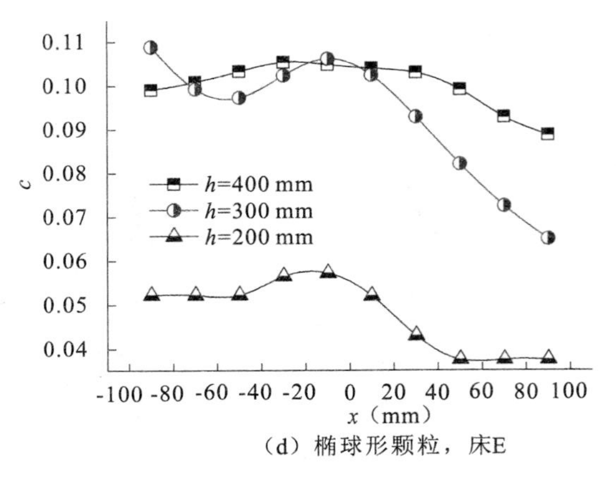

（d）椭球形颗粒，床E

续图 2-23

2.2.4.5 内构件对颗粒流动的影响

众所周知,在移动床中,颗粒的流动分为两种形式,即整体流和漏斗流。整体流的特点是床内所有的颗粒都以相对均匀的速度流动,并且遵循先进先出的原则;而漏斗流则会产生先进后出的现象,边壁速度很小,甚至为0。整体流是移动床内颗粒流动的理想形式,一般来说,物料的特性及床的几何结构对颗粒的流动形式有很大的影响。为了改变漏斗流的流动状态,通常采用床内加装内构件的方法。很多学者对内构件进行过研究[17,18, 26-29]。本书选用的三种内构件形式是比较常用的内构件,其他种类的内构件都是由这几种内构件演化而来的。

图2-24所示是加装三角形内构件后床内颗粒的流动情况。由图中可以看出,在内构件上方,颗粒一直保持整体流的流动形式,在通过内构件时,中心处颗粒的速度明显较无内构件时减慢,和边壁速度持平,并且稳定有序地通过内构件。通过内构件后也保持着整体流的形式,但到了渐缩下料段的上端,由于侧面倾斜壁面的影响,颗粒在流动过程中不断地重新排列,使得中心处颗粒流速稍快,边壁处稍慢。整体来讲,三角形内构件的增加较好地改善了床内颗粒的流型。图2-25表示了加装人字形内构件后床内颗粒的流动情况。可以看出,中心处的速度明显降低,颗粒流动呈现整体流形式。上述两种内构件较好地改善了颗粒的流动,其缺点是存在一定的空间颗粒不能通过,因此研究了另一种八字形内构件。图2-26表示了加装八字形内构件后床内颗粒的流动情况。显然,在未通过内构件时,颗粒流动保持整体流。但颗粒经过内构件时,中间的颗粒先通过,两侧的颗粒再通过,呈现阶梯的形式,效果没有前两种内构件好,但是床内不存在颗粒不能通过的“死区”。

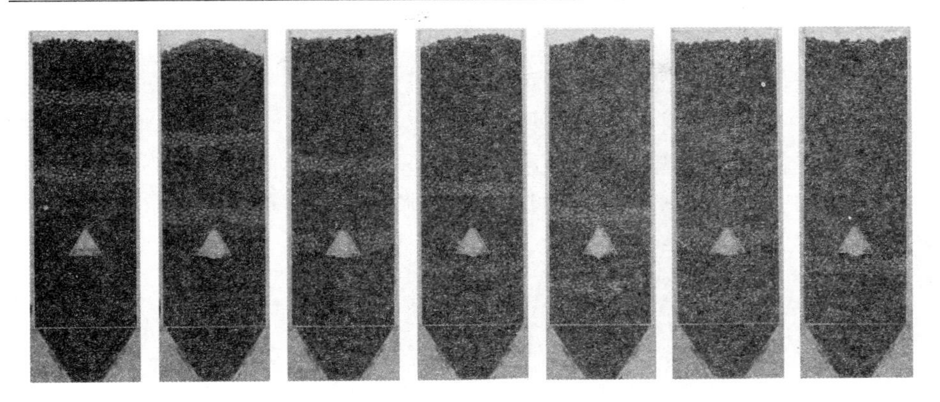

图 2-24　内置三角形内构件时椭球形颗粒的流型

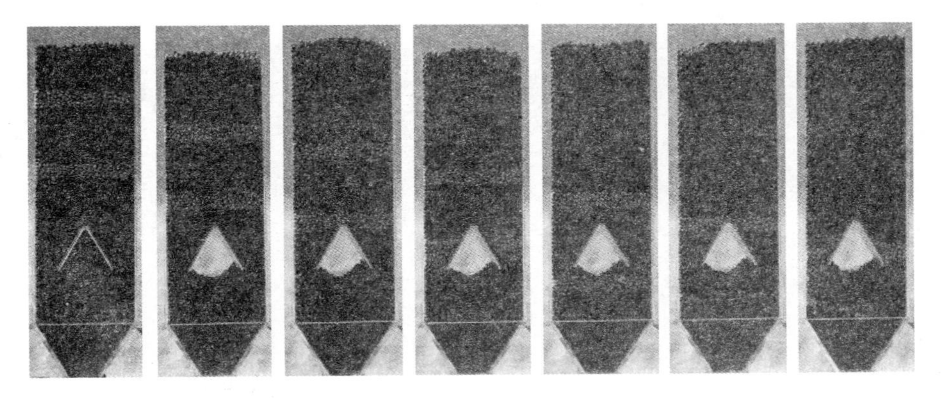

图 2-25　内置人字形内构件时椭球形颗粒的流型

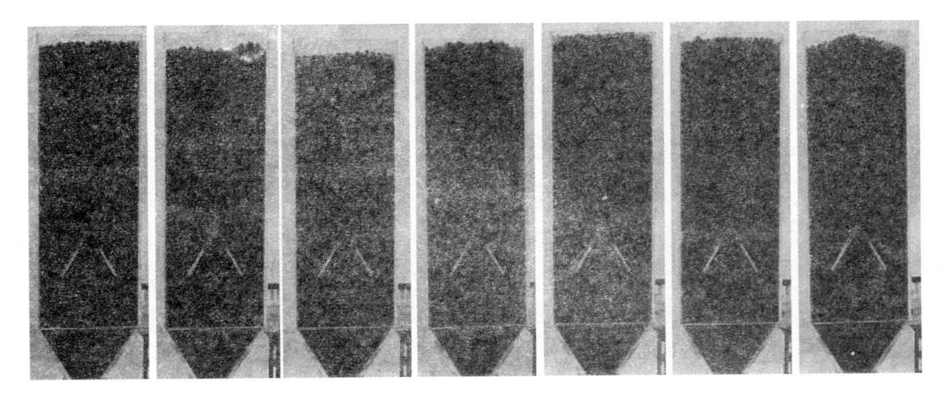

图 2-26　内置八字形内构件时椭球形颗粒的流型

图 2-27 比较了不同内构件时的示踪颗粒位置图,定量地分析了不同内构件及无内构件时的流型。从图中可以看出,较无内构件而言,安装三种不同类型的内构件对床内漏斗流均有不同程度的改善。其中,安装三角形内构件的移动床内颗粒的流动速度梯度最小。图 2-28 比较了不同内构件时的下料率。由图中可知,加装内构件对颗粒的流率影响不大,三角形内构件的下料率稍快。

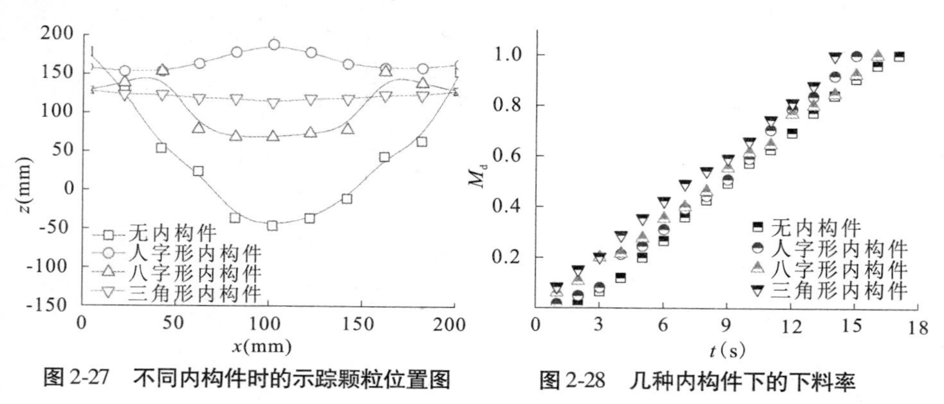

图 2-27 不同内构件时的示踪颗粒位置图 **图 2-28 几种内构件下的下料率**

2.3 本章小结

本章在横截面为 200 mm × 200 mm、高为 600 mm 的可视化移动床中,应用快速摄像图像处理技术和示踪颗粒技术,对移动床中球形及非球形颗粒的流动特性进行了试验研究,即研究了不同颗粒在不同移动床内的流动规律,得到的主要结论如下:

(1)不同形状颗粒在移动床中流动时的流型有很大不同。圆柱形颗粒和玉米形颗粒在流动过程中除了靠近边壁的颗粒,其他基本在一条直线上,流型为整体流;而球形玉米形混合颗粒、球形颗粒以及椭球形颗粒的颗粒流动呈抛物线形状,流型为漏斗流。且在流动过程中,球形和椭球形颗粒的示踪颗粒与普通颗粒间有一定程度的混合,而圆柱形颗粒、玉米形颗粒以及球形玉米形混合颗粒的示踪颗粒和普通颗粒的界限十分明显,基本没有混合现象。且虽然床的出口在正中心位置,但颗粒的流动并不是完全对称的,此现象在圆柱形和椭球形颗粒的流动中尤为明显。

(2)不同颗粒在同一移动床内流动时,玉米形颗粒的下料最快,而圆柱形颗粒的下料最慢。球形颗粒的下料率较椭球形颗粒快,但比玉米形颗粒慢。

且下料率随着移动床出口尺寸的增大而增大,随着下料段倾角的增大而增大。

(3)在同一移动床中,玉米形颗粒中心处的速度最大,混合颗粒和球形颗粒其次,椭球形颗粒的速度明显变小,而圆柱形颗粒的速度最小。且出口尺寸越大,平均速度越大,中心与边壁处的速度梯度越大。反之,床的出口尺寸越小,速度梯度越小。另外,不同下料段角度时的平均速度分布基本相同。

(4)通过试验研究得出了不同颗粒的浓度分布状况,任一颗粒在流动过程中由于向中心处或内部汇聚,导致示踪颗粒的浓度均是变小的。圆柱形颗粒的示踪颗粒浓度在水平方向上最为均匀,其次为玉米形颗粒,球形颗粒的示踪颗粒浓度为中间处低、边壁处高,而椭球形颗粒的情况与球形正好相反。

(5)当加装内构件后,三种类型的内构件对颗粒的流型均有不同程度的改善。其中,加装三角形内构件的移动床内对颗粒流动的改善情况最好,无论内构件上部还是下部,颗粒均能保持整体流流型。

参考文献

[1] Hamel S, Krumm W. Near-wall porosity characteristics of fixed beds packed with wood chips[J]. Powder Technology, 2008, 188:55 - 63.

[2] Jasmina K, Nanda A. Flow of granules through cylindrical hopper[J]. Powder Technology, 2005, 150: 30 - 35.

[3] Hoffmann A C, Finkers H J. A relation for the void fraction of randomly packed particle beds[J]. Powder Technology, 1995, 82:197 - 203.

[4] Sharma S, Mantle M D, Gladden L F, et al. Determination of bed voidage using water substitution and 3D magnetic resonance imaging, bed density and pressure drop[J]. Chemical Engineering Science, 2001, 56: 587 - 595.

[5] Zou R P, Yu A B. Evaluation of the packing characteristics of mono-sized non-spherical particles[J]. Powder Technology, 1996, 88:71 - 79.

[6] Wu J T, Chen J Z, Yang Y G. A modified kinematic model for particle flow in moving beds[J]. Powder Technology, 2008, 181:74 - 82.

[7] Ahn H, Basaranoglu Z, Yilmaz M, et al. Experimental investigation of granular flow through an orifice[J]. Powder Technology, 2008, 186: 65 - 71.

[8] To K, Lai P Y, Pak H K. Flow and jam of granular particles in a two-dimensional hopper[J]. Physica A, 2002, 315: 174 - 180.

[9] Mankoc C, Janda A, A Revalo R, et al. The flow rate of granular materials through an orifice[J]. Granular Matter, 2007, 9:407 - 414.

[10] Quoc L V, Zhang X, Walton O R. A 3D discrete element method for dry granular flows of ellipsoidal particles[J]. Comput. Methods Appl. Mech. Engrg, 2000, 187:

483 – 528.

[11]Coetzee C J, Els D N J. Calibration of discrete element parameters and the modeling of silo discharge and bucket filling[J]. Computers and electronics in agriculture, 2009, 65: 198 – 212.

[12]傅巍. 移动床内颗粒物料流动的数值模拟与试验研究[D]. 沈阳:东北大学, 2006.

[13]Chen J F, Rotter J M, Ooi J Y, et al. Flow pattern measurement in a full scale silo containing iron ore[J]. Chemical Engineering Science, 2005,60:3029 – 3041.

[14]黄长雄, 马兴华, 李佑楚. 化学工程手册第 19 篇:颗粒及颗粒系统[M]. 北京:化学工业出版社, 1989.

[15]Fraige F Y, Langston P A, Chen G Z. Distinct element modeling of cubic particle packing and flow[J]. Powder Technology, 2008,186: 224 – 240.

[16]曹晏, 张建民, 王洋. 矩形错流移动床床内颗粒流速分布的考察[J]. 化学反应工程与工艺, 1999,15(3):249 – 261.

[17]Wu J T, Jiang B B, Chen J Z, et al. Multi-scale study of particle flow silos[J]. Advanced Powder Technology, 2009,20:62 – 73.

[18]Yang S C, Hsiau S S. The simulation and experimental study of granular materials discharged from a silo with the placement of inserts[J]. Powder Technology, 2001, 120:244 – 255.

[19]Beverloo W A, Leniger H A, Vande V J. The flow of granular material through orifices[J]. Chem. Eng. Sci, 1961,15:260 – 296.

[20]Zuriguel I, Pugnaloni L A, Garcimartin A, et al. Jamming during the discharge of grains from a silo described as a percolating transition[J]. Phys. Rev. E, 2003, 68: 301 – 306.

[21]Myers M E, Laohakul C. Chemical engineering, tripos part 2. Research project report [M]. University of Cambridge, 1971.

[22]Brown R L, Richards J C. Kinematics of the flow of dry powders and bulk solids[J]. Rheologica Acta, 1965,4:153 – 158.

[23]Brown R L, Richards J C. Profile of flow of granules through apertures[J]. Transactions of the Institution of Chemical Engineers, 1960,38:243 – 250.

[24]Nedderman R M, Tuzun U, Savage S B, et al. The flow o fgranular materials I:Discharge rates from hoppers[J]. Chemical Engineering Science, 1982,37(11):1597 – 1609.

[25]Nguyen T V, Brennen C, Sabersky R H. Gravity flow of granular materials in conical hoppers[J]. Journal of Applied Mechanics, 1979,46:529 – 535.

[26]Hsiau S S, Smid J, Tsai F H, et al. Placement of flow-corrective elements in a moving granular bed with louvered-walls[J]. Chemical Engineering Science, 2004, 43:

1037 - 1045.

[27]Chou C S, Yang T L, Chang J C. Flow patterns and wall stresses in a moving granular filter bed with an asymmetric louvered-wall and obstacles[J]. Chemical Engineering Science, 2006,45:79 - 89.

[28]陈允华,朱学栋,吴勇强,等. 两种类型内构件对矩形错流移动床贴壁的影响[J]. 华东理工大学学报:自然科学版,2007,33(5):593 - 599.

[29]曹晏,张建民,王洋,等. 内构件对矩形移动床床内颗粒流动影响的试验研究[J]. 化学工业与工程, 1999,16(2):63 - 72.

第3章 非球形颗粒的构建方法及其在三维空间受力和运动模型的建立

为了简单起见,以往在模拟颗粒流动时是将非球形颗粒近似为球形颗粒来处理的。随着计算机技术的发展,一些研究者开始对非球形颗粒,如椭球形、多面体、药片形、圆柱形等颗粒进行模拟研究[1-8]。Quoc 等(2000)[9]通过DEM 方法模拟椭球形颗粒的流动。文中详细描述了非球形颗粒的碰撞机理和计算过程,并通过试验进行了验证。Matuttis 等(2000)[10]构建了多边形的非球形颗粒的碰撞机理,介绍了法向碰撞力和切向碰撞力的算法。Im 等(2003)[11]通过 Monte-Carlo 法成功模拟了椭球形颗粒的浓度分布。Renzo 等(2004)[12]比较了模拟过程中使用的几种碰撞模型。Langston 等(2004)[13]通过模拟椭球形颗粒,分析了无摩擦圆柱形颗粒的下料率,并通过试验验证了模拟的可靠性,如图 3-1 所示。

Li 等(2004)[14]建立了圆盘形颗粒的碰撞机理,通过 DEM 方法模拟了圆盘形颗粒的下料过程,并与试验进行了比较,如图 3-2 所示。Fard(2004)[15]模拟了圆柱形颗粒的滚动、自由下落和传输过程,并通过试验进行了验证。Song 等(2006)[16]通过三个相互交叉的球体的表面构建了一个药片状颗粒,建立了药片状颗粒的碰撞机理,并且比较了和球元组成的药片状颗粒的相同与不同之处。Grof 等(2007)[17]模拟了针状颗粒的破裂过程。研究表明在堆积密度小时,初始长度越长的颗粒越容易破碎,且颗粒容易在中心而不是在靠近边缘处断裂。Chung 等(2008)[18]通过模拟研究了在加载力的玉米形颗粒堆的流动特性。结果表明重力对密实堆积的颗粒堆的力的分布没有明显影响,而卸料时的质量流率与重力的平方根成正比,堆积角随着重力的减小而增大。Emden 等(2008)[19]通过模拟研究了一个大的球形颗粒由一群小的球元组成的情况。通过分析碰撞时间、弹性恢复系数、法向速度、切向速度、转动速度、碰撞角度等参数验证了多元颗粒模型的可靠性。Fraige 等(2008)[20]通过模拟研究了立方体颗粒在二维料斗中的流动过程。同时文中研究了下料率与开口尺寸的关系,通过试验进行了验证,如图 3-3 所示。Cleary 等(2002)[21]模拟了非球形颗粒流动、传输以及混合等过程,并研究了不同形状颗粒在斜板上的流动情况,结果表明颗粒非球形度越大,剪切力越大,斜板中心处的颗粒温度越高。

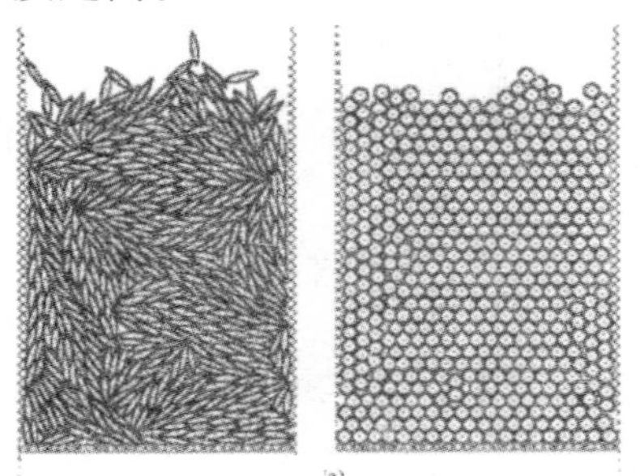

图 3-1　球形和椭球形颗粒的二维模拟结果

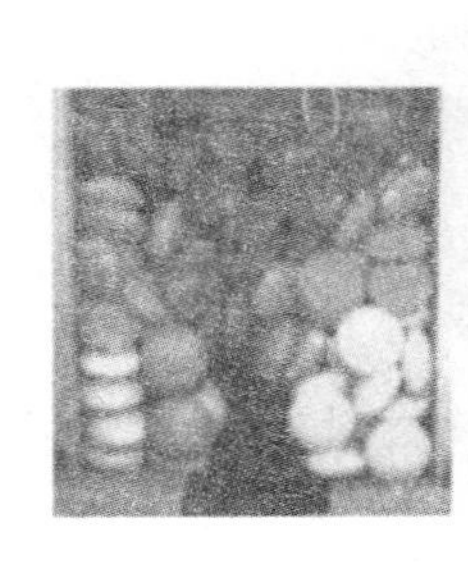
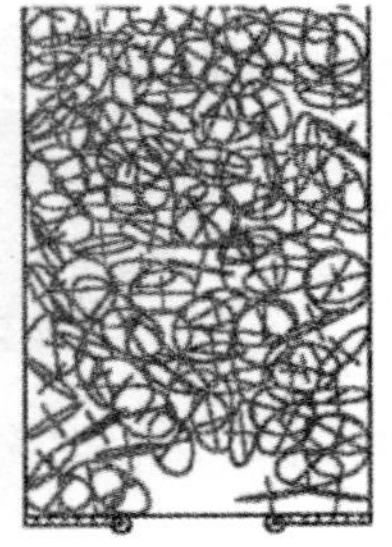

图 3-2　圆盘形颗粒的二维模拟结果

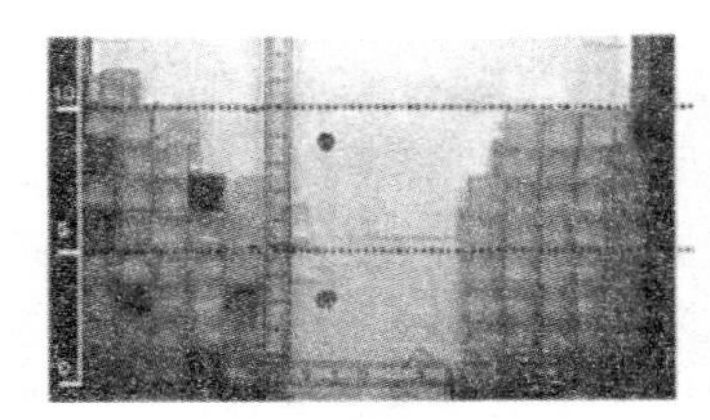

图 3-3　立方体颗粒的二维模拟结果

综上所述,目前对非球形颗粒的模拟多数局限于二维的形式,对三维的模拟研究极少。而对非球形颗粒在三维空间上的数值模拟更符合实际颗粒的流动情况。因此,在非球形颗粒的模拟问题上,仍需进行深入的研究。

本章即采用多元颗粒模型在三维空间上描述了非球形颗粒,建立了非球形颗粒的构建理论,即对于一定形状和尺寸的非球形颗粒,采用多大的球元和多少数量的球元以及按照怎样的排列规则来构建非球形颗粒最为合适,以达到在计算精度上和计算资源消耗上最优。研究了模拟非球形颗粒过程中最关键的问题即非球形颗粒的碰撞机理,分析了非球形颗粒的受力情况,并建立了非球形颗粒的受力及运动通用性模型。

3.1　基于球元思想的非球形颗粒的构建方法

3.1.1　玉米形颗粒

玉米形颗粒的外观图如图 3-4 所示。图 3-5 表示的是玉米形颗粒的两种构建方式,包括4球元和2球元两种[22-24]。

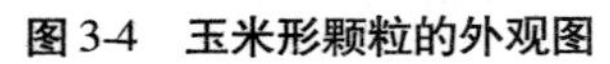

图3-4 玉米形颗粒的外观图

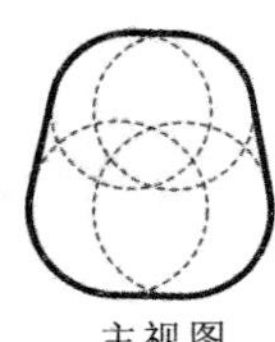

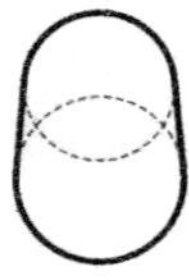

(a) 4球元

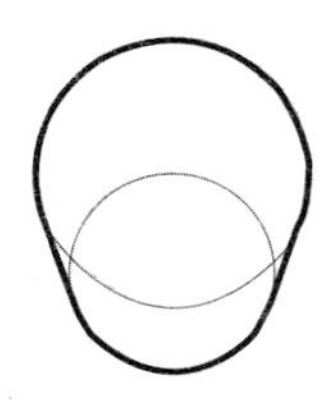

(b) 2球元

图3-5 玉米形颗粒的两种构建模型示意图

3.1.2 椭球形颗粒

图3-6是椭球形颗粒的外观图。图3-7是椭球形颗粒的三种模型示意图,其中图3-7(a)和(b)都是由三个球元组成的,两者之间的区别是球元的尺寸和位置不同。图(a)中两球元之间的距离是两球元半径的和,即 $D=0.5d_1+0.5d_2$,而图(b)中 $D=0.5d_2<0.5d_1+0.5d_2$,显然图(b)中的构建方式更加接近真实颗粒的形状,但是图(a)的构建方式也有一定优势,球元间没有重叠,会使得计算时间减少。图3-7(c)是5球元的构建方式,此时 $D<0.5d_2$,这种构建方式下,模型的形状和体积更加接近真实颗粒,但是构成颗粒的球元变得更多,球元间的重叠面积很大,模拟时间很长。

图3-6 椭球形颗粒的外观图

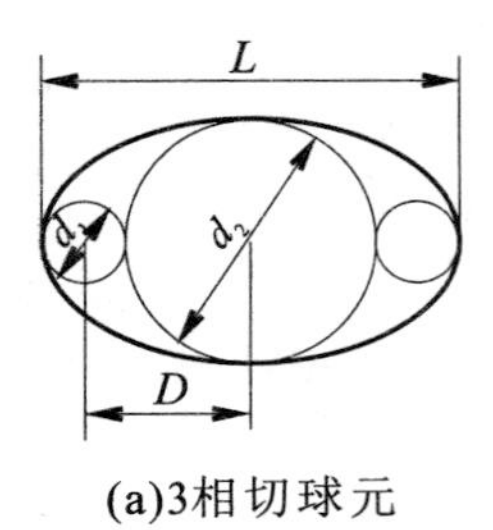

(a)3相切球元

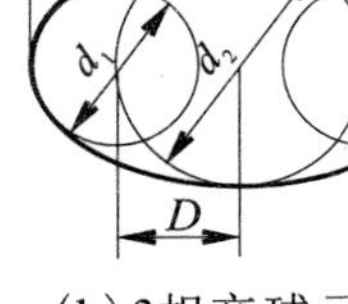

(b) 3相交球元

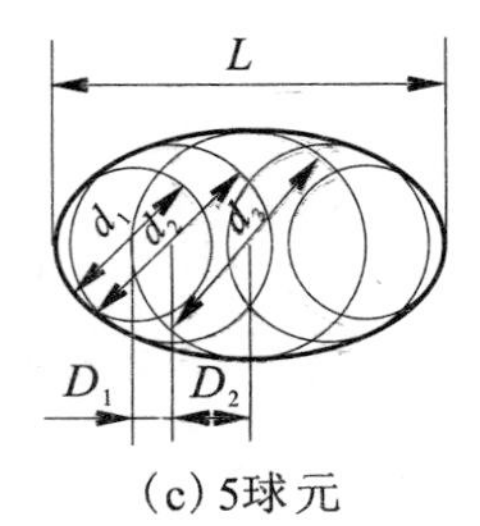

(c) 5球元

图3-7 椭球形颗粒的三种构建模型示意图

3.1.3 圆柱形颗粒

图3-8是圆柱形颗粒的外观图。图3-9是圆柱形颗粒的构建方式。圆柱

形列出了四种构建方式,其中 2 球元和 3 球元的构建方式和前述构建方式相同。

图 3-8　圆柱形颗粒的外观图

但因为圆柱形颗粒的底面直径和长度相差较小,这种两端带圆头的近似方法误差会较大,因此为更准确地模拟圆柱形颗粒,提出了 42 球元和 32 球元的构建方式,如图 3-9(c)和(d)所示,在图(c)中,圆柱体底面通过 9 个球元来构成,侧面由 24 个球元构成,而图(c)和图(d)的区别在于底面球元的排列方式不同。

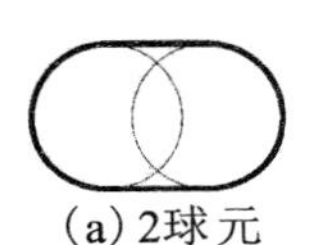

(a) 2球元

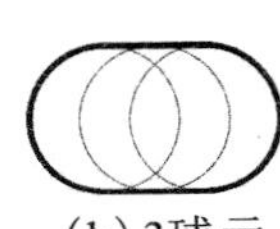

(b) 3球元

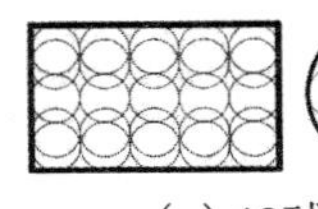
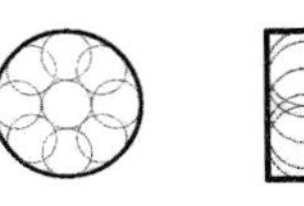

(c) 42球元

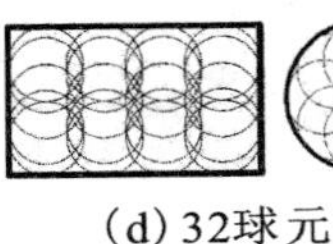
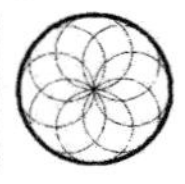

(d) 32球元

图 3-9　圆柱形颗粒的四种构建模型示意图

3.2　碰撞机理

在模拟过程中,确定碰撞时的碰撞点十分关键。下面即详细分析均质非球形颗粒以及混合非球形颗粒的碰撞机理和典型的碰撞形式。

3.2.1　均质非球形颗粒的碰撞机理

3.2.1.1　玉米形颗粒

两种构建方式下玉米形颗粒的碰撞方式如图 3-10 所示,主要包括球元 - 球元碰撞(见图 3-10(a))、颗粒 - 球元碰撞(见图 3-10(b))、颗粒 - 颗粒交叉碰撞(见图 3-10(c))、颗粒 - 颗粒平行碰撞(见图 3-10(d))、球元 - 壁面碰撞(见图 3-10(e))和颗粒 - 壁面碰撞(见图 3-10(f))。将图 3-10 中的各种碰撞方式加以总结,可以得到玉米形颗粒两种典型的碰撞方式,见图 3-11。通过确定碰撞点,可以得到颗粒的两种碰撞分别为一个球元和一个球元相碰撞(见图3-11(a)中的球元 B 和球元 N 的碰撞),或者一个球元和两个球元同时碰撞(见图 3-11(b)中的球元 P 和球元 B、D 的碰撞,球元 N 和球元 A、B 的碰撞)[25]。

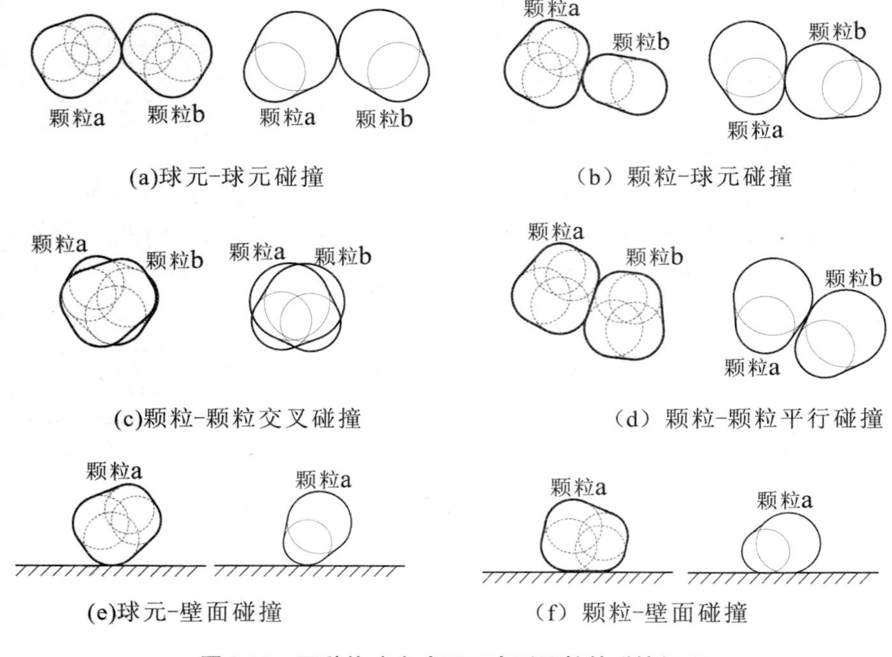

图 3-10　两种构建方式下玉米形颗粒的碰撞机理

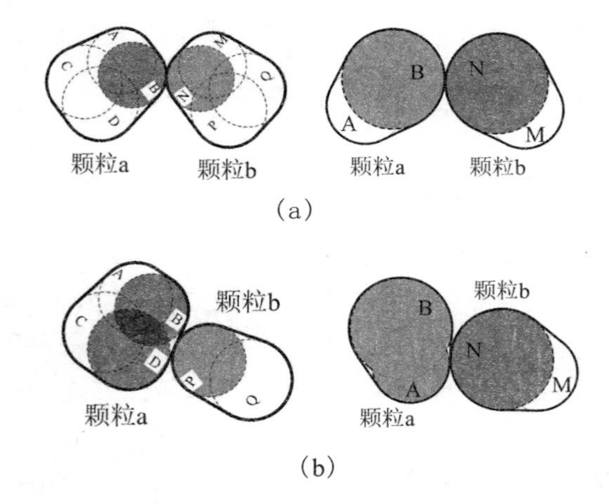

图 3-11　玉米形颗粒典型的碰撞形式

3.2.1.2　椭球形颗粒

图 3-12 表示了椭球形颗粒的碰撞机理，和玉米形颗粒一样，碰撞方式分

为球元 - 球元碰撞、颗粒 - 球元碰撞、颗粒 - 颗粒交叉碰撞、颗粒 - 颗粒平行碰撞、球元 - 壁面碰撞和颗粒 - 壁面碰撞。需要说明的是,三种构建方式下的碰撞机理是相同的,图 3-12 以第二种模型的碰撞为例。

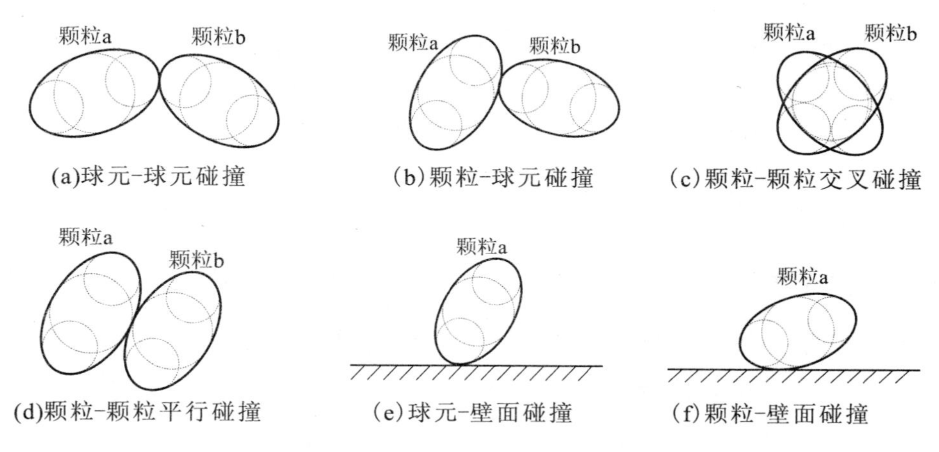

图 3-12　椭球形颗粒的碰撞机理

图 3-13 是椭球形颗粒典型的碰撞形式。在三种构建方式下,典型的碰撞方式只有两种:一种是单个球元相互碰撞,如图 3-13(a)所示,球元 A 和 D 相互碰撞,或球元 A 和 F 的碰撞;另一种是一个球元和几个球元同时碰撞,如图 3-13(b)所示,球元 D 和球元 A、B 的碰撞,或球元 F 和球元 A、B 的碰撞。

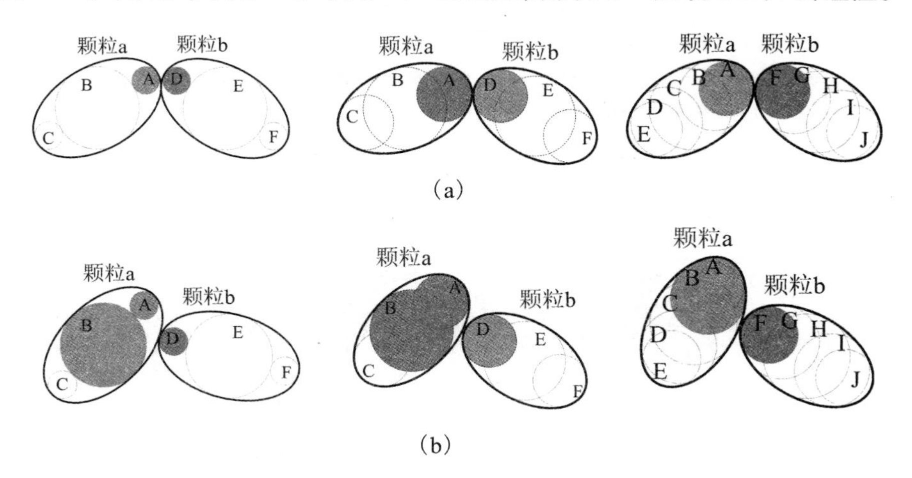

图 3-13　椭球形颗粒典型的碰撞形式

3.2.1.3 圆柱形颗粒

图 3-14 所示是圆柱形颗粒的碰撞机理,包括球元 - 球元碰撞,颗粒 - 球元碰撞、颗粒 - 颗粒交叉碰撞、颗粒 - 颗粒平行碰撞、球元 - 壁面碰撞和颗粒 - 壁面碰撞。通过分析这些碰撞方式,得出了圆柱形颗粒的典型碰撞方式,如图 3-15 所示。图 3-15(a)中是单个球元之间的碰撞,即图中球元 A 和 C、A 和 D、A 和 B 的碰撞;图 3-15(b)是一个球元和两个球元甚至更多球元之间的碰撞,即球元 C 和 A、B 的碰撞,球元 D 和 A、B 的碰撞,以及球元 D 和圆柱底面上的三个球元 A、B、C 同时碰撞。

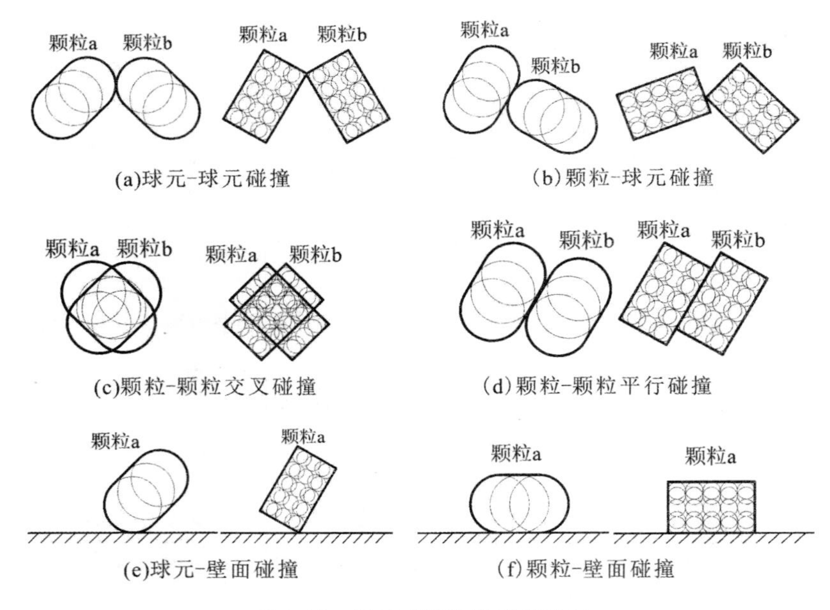

图 3-14 圆柱形颗粒的碰撞机理

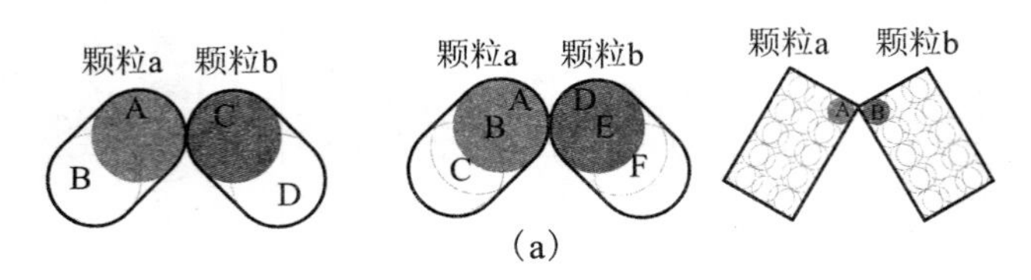

图 3-15 圆柱形颗粒典型的碰撞形式

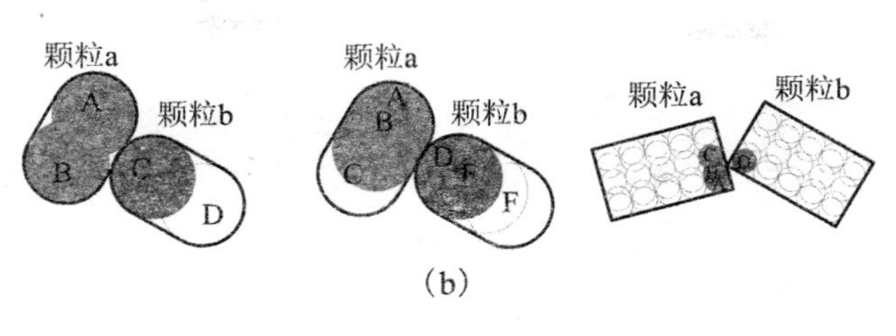

(b)

续图 3-15

3.2.2　混合非球形颗粒的碰撞机理

3.2.2.1　玉米形椭球形混合颗粒

图 3-16 描述了玉米形椭球形混合颗粒的碰撞机理。由图 3-16 中可以看出，玉米形颗粒由 4 个球元组成，而椭球形颗粒由 3 个球元组成。玉米形颗粒和椭球形颗粒的碰撞主要分为六种，即球元－球元碰撞、颗粒－球元碰撞、颗粒－颗粒交叉碰撞、颗粒－颗粒平行碰撞、球元－壁面碰撞、颗粒－壁面碰撞。通过碰撞机理可以得出玉米形椭球形混合颗粒典型的碰撞形式，如图 3-17所示，一个球元同一个球元的碰撞，如球元 A 和球元 E 的碰撞，或一个球元同两个球元同时碰撞，如球元 E 和球元 A、C 的碰撞。

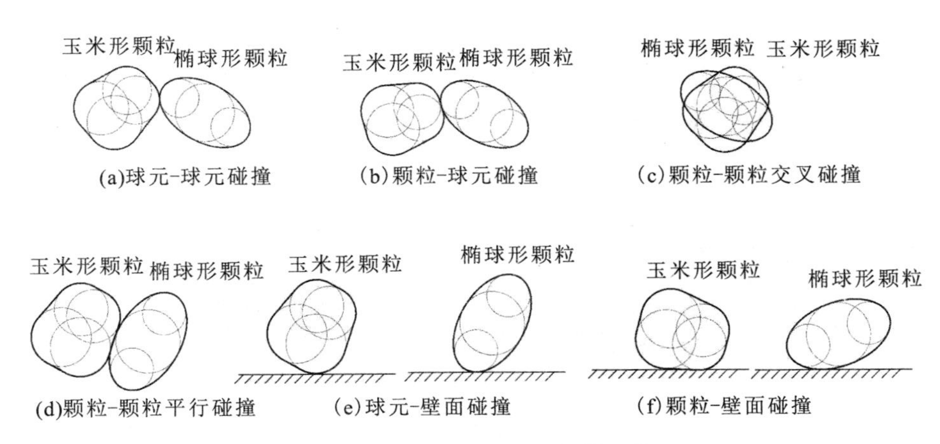

图 3-16　玉米形椭球形混合颗粒的碰撞机理

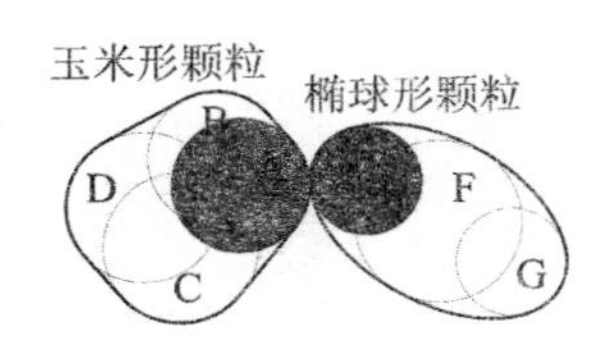

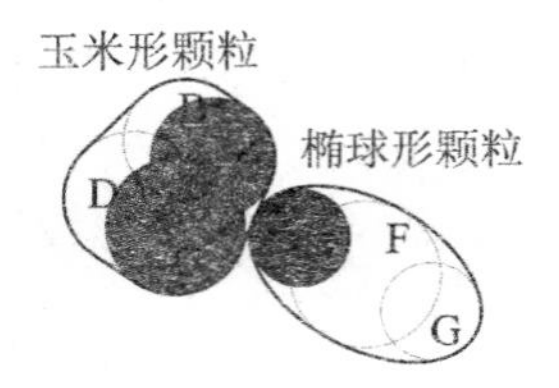

图 3-17 玉米形椭球形混合颗粒典型的碰撞形式

3.2.2.2 玉米形圆柱形混合颗粒

图 3-18 所示为玉米形圆柱形混合颗粒的碰撞机理,由图可以看出圆柱形颗粒和玉米形颗粒的碰撞方式。图 3-19 所示为玉米形圆柱形混合颗粒的典型碰撞形式,即两种形状颗粒的碰撞可归结为球元 A 和球元 E 的碰撞或球元 A 与球元 E、F 的碰撞这两种典型的碰撞方式。

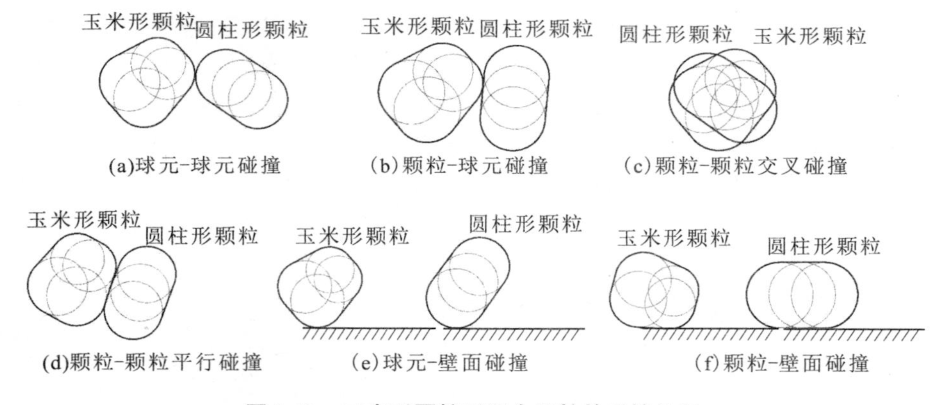

图 3-18 玉米形圆柱形混合颗粒的碰撞机理

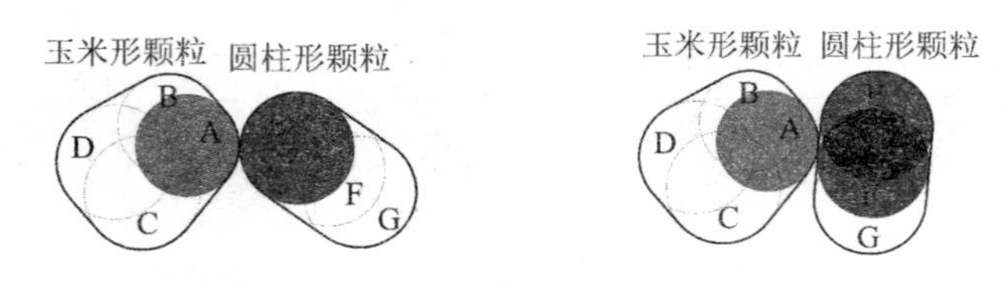

图 3-19 玉米形圆柱形混合颗粒典型的碰撞形式

3.2.2.3 圆柱形椭球形混合颗粒

图 3-20 和图 3-21 所示为圆柱形椭球形混合颗粒的碰撞机理及典型碰撞

形式。由图中可知,这两种非球形颗粒的碰撞可以归结为球元 A 和球元 E 的碰撞,或者是球元 A 和球元 E、F 的碰撞这两种典型的碰撞方式。

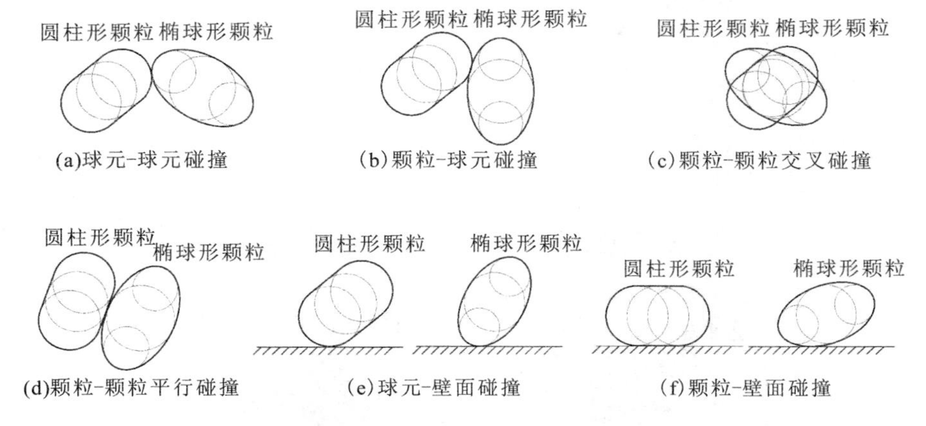

图 3-20　圆柱形椭球形混合颗粒的碰撞机理

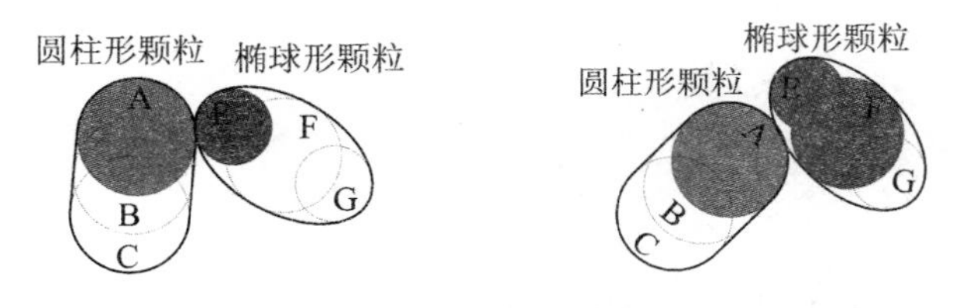

图 3-21　圆柱形椭球形混合颗粒典型的碰撞形式

3.2.2.4　球形玉米形混合颗粒

图 3-22 和图 3-23 表示了球形玉米形颗粒的碰撞机理和典型的碰撞形式。由图中可以看出,球形和玉米形的混合颗粒主要碰撞有球元 - 球元碰撞、颗粒 - 球元碰撞、球元 - 壁面碰撞、颗粒 - 壁面碰撞。总结以上碰撞,球形玉米形混合颗粒典型的碰撞方式为球元 A 和球元 E 的碰撞、球元 E 与球元 A、C 同时碰撞以及球元 E 与球元 A、B、C、D 同时碰撞。

3.2.2.5　球形椭球形混合颗粒

球形椭球形混合颗粒的碰撞机理和前面所述基本相同,如图 3-24 和图 3-25所示。典型的碰撞形式为球元 A 和球元 E 的碰撞,或球元 A 和球元 E、F 的碰撞。

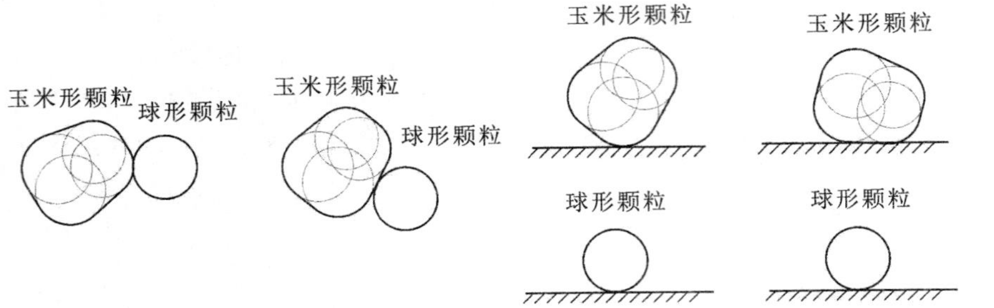

玉米形颗粒 球形颗粒 玉米形颗粒 球形颗粒 玉米形颗粒 玉米形颗粒

球形颗粒 球形颗粒

(a)球元-球元碰撞 (b)颗粒-球元碰撞 (c)球元-壁面碰撞 (d)颗粒-壁面碰撞

图 3-22 **球形玉米形混合颗粒的碰撞机理**

玉米形颗粒 球形颗粒 D C 玉米形颗粒 球形颗粒 D

图 3-23 **球形玉米形混合颗粒典型的碰撞形式**

椭球形颗粒 椭球形颗粒

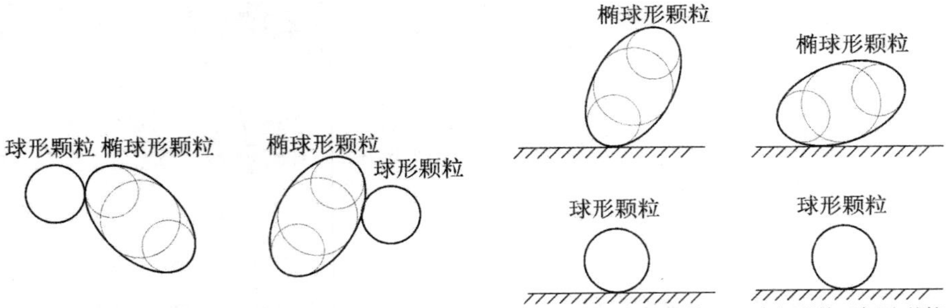

球形颗粒 椭球形颗粒 椭球形颗粒 球形颗粒

球形颗粒 球形颗粒

(a)球元-球元碰撞 (b)颗粒-球元碰撞 (c)球元-壁面碰撞 (d)颗粒-壁面碰撞

图 3-24 **球形椭球形混合颗粒的碰撞机理**

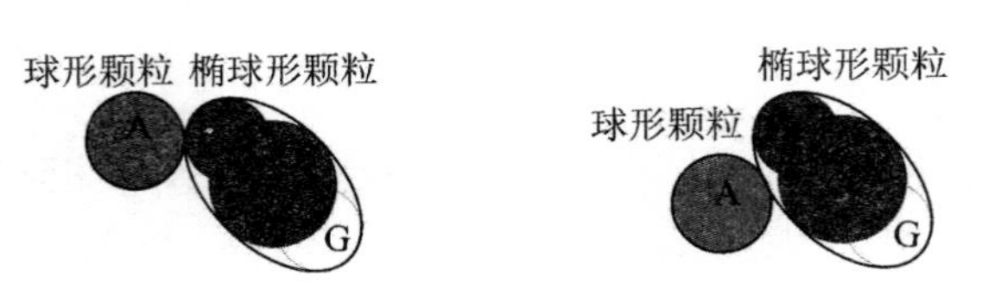

图 3-25 **球形椭球形混合颗粒典型的碰撞形式**

3.2.2.6　球形圆柱形混合颗粒

图 3-26 和图 3-27 表示了球形圆柱形混合颗粒的碰撞机理以及典型的碰撞形式。由图中可以看出，球形和圆柱形颗粒的碰撞可以归结为两种形式，即球元 A 和球元 D 的碰撞，或球元 D 和球元 A、B 的碰撞。

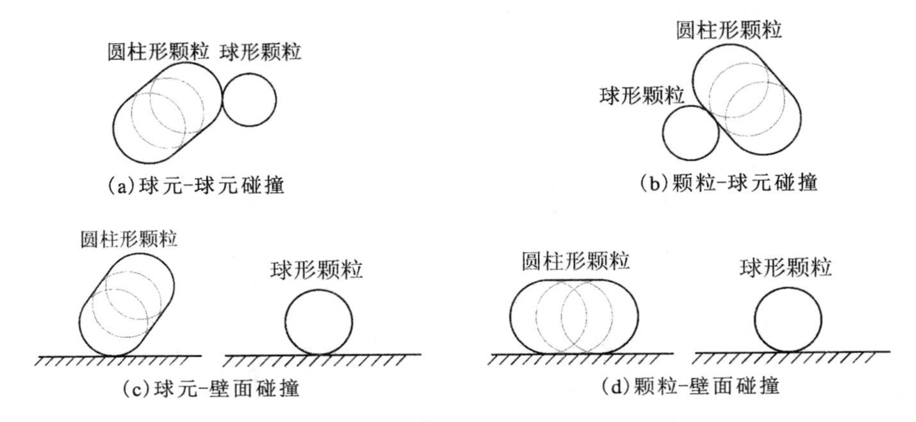

图 3-26　球形圆柱形混合颗粒的碰撞机理

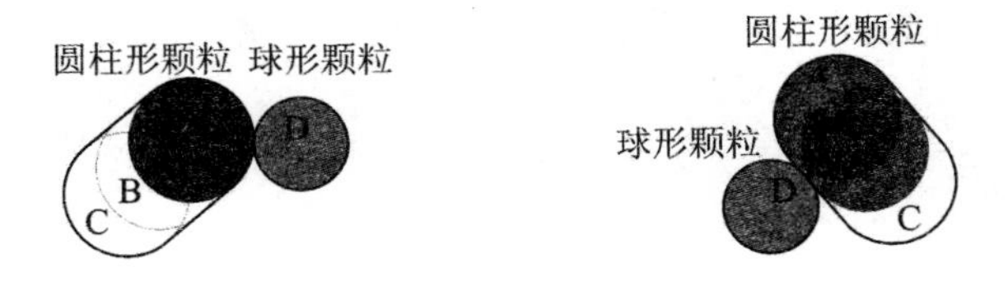

图 3-27　球形圆柱形混合颗粒典型的碰撞形式

3.3　基于球元思想的非球形颗粒的运动方程

图 3-28 所示为椭球形颗粒碰撞后的受力情况。由图中可知，颗粒受到了重力和碰撞力的作用。颗粒在运动过程中遵循牛顿第二定律，其平动和转动的运动方程为

$$m_{\mathrm{p}} \frac{\mathrm{d}\vec{V}_{\mathrm{p}}}{\mathrm{d}t} = \vec{G}_{\mathrm{p}} + \vec{F}_{\mathrm{c}} \tag{3-1}$$

$$\frac{\mathrm{d}\vec{\omega}_{\mathrm{p}}}{\mathrm{d}t} = \frac{\vec{M}_{\mathrm{p}}}{I_{\mathrm{p}}} \tag{3-2}$$

式中 m_p ——椭球形颗粒的质量；

$\vec{V}_p$ ——颗粒的速度；

$\vec{G}_p$ ——重力；

$\vec{F}_c$ ——碰撞力；

$\vec{\omega}_p$ ——颗粒的转速；

$\vec{M}_p$ ——椭球形颗粒转动的合力矩；

I_p ——椭球形颗粒的转动惯量。

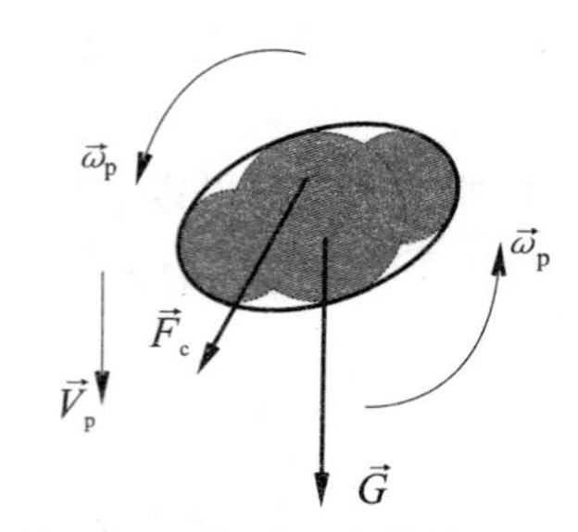

图 3-28 非球形颗粒的受力示意图(以椭球形为例)

颗粒的平动是由重力和碰撞力引起的，而转动是由碰撞力引起的。

3.3.1 重力

椭球形颗粒的重力由下式计算：

$$\vec{G}_p = m_p\vec{g} \tag{3-3}$$

其中，m_p 是椭球形颗粒的质量。这个质量是椭球形颗粒的实际质量，而不是用于组成椭球形颗粒的元的质量和。因为虽然颗粒的重力是由组成颗粒的元计算得来，但是颗粒元之间的重叠和空隙又使得颗粒元的重力和和颗粒的实际重力不一致。

3.3.2 碰撞力

每一个椭球形颗粒所受到的碰撞力是组成它的颗粒元的碰撞力的总和，即

$$\vec{F}_c = \sum_{1}^{N_e}\vec{F}_{ce} \tag{3-4}$$

式中 $\vec{F}_{ce}$ ——作用在用于组成椭球形颗粒的颗粒元 j 上的所有碰撞力。

用于组成一个椭球形颗粒的各个颗粒元之间不存在碰撞力，因为它们的相对位置是固定的。一个椭球形颗粒上的每一个颗粒元都有可能和其他颗粒的颗粒元或者壁面发生碰撞。因此，作用在一个颗粒元 j 上的碰撞力为颗粒元 - 颗粒元碰撞力和颗粒元 - 壁面碰撞力的总和，即

$$\vec{F}_{ce} = \sum_{0}^{(N_p-1)N_e}\vec{F}_{cee} + \sum_{0}^{N_w}\vec{F}_{cew} \tag{3-5}$$

式中 N_p ——椭球形颗粒的数量；

N_e ——用于组成一个椭球形颗粒的颗粒元的数量；

N_w ——壁面的数量；

$\vec{F}_{cee}$、$\vec{F}_{cew}$——颗粒元之间的碰撞力。

颗粒元之间的碰撞力 $\vec{F}_{cee}$ 和 $\vec{F}_{cew}$ 通过弹簧－阻尼模型来计算[26]。颗粒元碰撞时，颗粒之间的碰撞力可以分解为切向分力（$\vec{F}_{ctij}$）和法向分力（$\vec{F}_{cnij}$），即

$$\vec{F}_{ctij} = -k_t \vec{\delta}_{tij} - \eta_t v_{tij} \tag{3-6}$$

$$\vec{F}_{cnij} = (-k_n \vec{\delta}_{nij}^{1.5} - \eta_n v_{rij} n_{ij}) n_{ij} \tag{3-7}$$

$$v_{tij} = v_{rij} - (v_{rij} \cdot n_{ij}) n_{ij} + \frac{d_p}{2}(\omega_i - \omega_j) n_{ij} \tag{3-8}$$

式中 $\vec{\delta}_{nij}$、$\vec{\delta}_{tij}$ ——颗粒元法向和切向的变形量；

k_n、k_t ——法向和切向弹性系数，N/m；

v_{ij}——颗粒碰撞时在接触点上产生的切向速度，m/s；

ω_i、ω_j ——球元 i 和球元 j 的转动速度；

n_{ij}——单位法向量；

η_n、η_t——法向和切向阻尼系数，kg/s。

当 $|\vec{F}_{ctij}| \geq \mu \vec{F}_{cnij}$ 时，切向分力为

$$|\vec{F}_{ctij}| = \mu |\vec{F}_{cnij}| \tag{3-9}$$

式中 μ ——摩擦系数。

对于颗粒和壁面之间的碰撞，计算方法和颗粒元之间的碰撞类似，只需将壁面看作速度为零、直径为无穷大的颗粒。

方程(3-2)中的椭球形颗粒所受到的合力矩 $\vec{M}_p$ 由下式计算：

$$\vec{M}_p = (\vec{x}_j - \vec{X}_i) \times \vec{F}_c \tag{3-10}$$

式中 $\vec{x}_j$ ——非球形颗粒 i 上的颗粒元 j 的质心；

$\vec{X}_i$ ——非球形颗粒 i 的质心。

需要指出的是，方程(3-10)中考虑的碰撞力的作用点不是实际的碰撞点，而是颗粒元 j 的质心。

弹性系数 k_n 和 k_t 可以由 Hert'z 和 Mindlin[27] 方法求出，计算公式见表3-1。

表 3-1　颗粒元 - 颗粒元碰撞、颗粒元 - 壁面碰撞系数计算公式

颗粒元 - 颗粒元碰撞	颗粒元 - 壁面碰撞
$k_n = \dfrac{E_p\sqrt{d_p}}{3(1-\gamma_p^2)}$	$k_n = \dfrac{4}{3}\left(\dfrac{1-\gamma_p^2}{E_p}+\dfrac{1-\gamma_w^2}{E_w}\right)^{-1}\sqrt{\dfrac{d_p}{2}}$
$k_t = \dfrac{2G_p\sqrt{d_p}}{2-\gamma_p}\delta_n^{0.5}$	$k_t = 8\delta_n^{0.5}\left(\dfrac{2-\gamma_p}{G_p}+\dfrac{2-\gamma_w}{G_w}\right)\sqrt{\dfrac{d_p}{2}}$
$\eta_n = \alpha\delta_n^{0.25}\sqrt{mk_n}$	$\eta_n = \alpha\delta_n^{0.25}\sqrt{mk_n}$
$\eta_t = \eta_n$	$\eta_t = \eta_n$
$G_p = \dfrac{E_p}{2(1+\gamma_p)}$	$G_p = \dfrac{E_p}{2(1+\gamma_p)}\ G_w = \dfrac{E_w}{2(1+\gamma_w)}$

其中，γ_p 和 γ_w 分别为颗粒的泊松比和壁面的泊松比；E_p和 E_w分别为颗粒和壁面的纵向弹性模量；G_p 和 G_w分别为颗粒和壁面的横向弹性模量。

其他形状的非球形颗粒的运动方程和椭球形颗粒的运动方程是相同的。

3.4　离散单元法参数的确定

在 DEM 模拟过程中，确定了非球形颗粒的构建方式、碰撞力以及运动方程之后，还要确定有关参数。比如弹性恢复系数 e、滑动摩擦系数 μ、滚动摩擦系数 r 以及时间步长 Δt。关于弹性恢复系数、滑动摩擦系数及滚动摩擦系数的选择参见文献[7, 24, 26, 28]。关于时间步长，所选的 Δt 要小于临界时间步长 Δt_c，才可以保证对时间积分的数值计算获得稳定、准确的解。显然，时间步长越小，对计算机容量的要求越高。被广泛应用的计算临界时间步长 Δt_c的方程是：

$$\Delta t_c = \frac{\pi R_{min}}{\xi}\sqrt{\frac{\rho}{G}} \tag{3-11}$$

式中　R_{min}——颗粒群中最小颗粒的半径；

ξ——与泊松比有关的参数；

G、ρ——物料的剪切模量和密度。

由式(3-11)可知，临界时间步长与材料性能有关。

模型的计算条件或参数如表 3-2 所示。

表3-2　模型的计算条件或参数

计算条件或参数	
床高 H	600 mm
床长 L	200 mm
床宽 W	200 mm
下料段倾角 θ	60°
出口宽度 W_0	30 mm
颗粒形状	玉米形，椭球形，圆柱形
颗粒尺寸	见图3-29
弹性恢复系数 e	0.59
弹性模量	
颗粒 E_p	3.0×10^9 N/m^2
壁面 E_w	3.0×10^9 N/m^2
泊松比	
颗粒 γ_p	0.33
壁面 γ_w	0.33
滑动摩擦系数	
玉米形颗粒 颗粒-颗粒 μ_p	0.12
颗粒-壁面 μ_w	0.24
椭球形颗粒 颗粒-颗粒 μ_p	0.34
颗粒-壁面 μ_w	0.34
圆柱形颗粒 颗粒-颗粒 μ_p	0.64
颗粒-壁面 μ_w	0.34
滚动摩擦系数	
玉米形颗粒 颗粒-颗粒 r_p	0.003
颗粒-壁面 r_w	0.003
椭球形颗粒 颗粒-颗粒 r_p	0.001
颗粒-壁面 r_w	0.001
圆柱形颗粒 颗粒-颗粒 r_p	0.001
颗粒-壁面 r_w	0.001

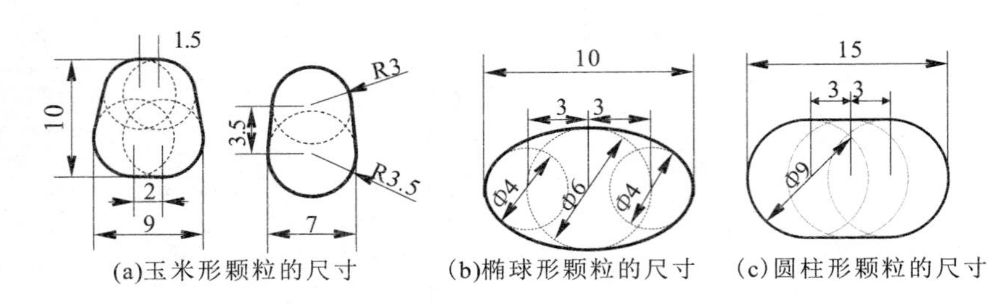

(a)玉米形颗粒的尺寸　　(b)椭球形颗粒的尺寸　　(c)圆柱形颗粒的尺寸

图 3-29　非球形颗粒的尺寸

3.5　非球形颗粒的几种构建方式的比较以及试验验证

3.5.1　玉米形颗粒

3.5.1.1　两种构建方式下的微观参数的变化

图 3-30 比较了两种构建方式下的动能(E_{K2}、E_{K1})。由图中可以看出，两种构建方式下的动能(E_{K1}、E_{K2})的相对差值很大，最大达到 80%。并且随着物料不断卸出，两种构建方式下的动能在不断地变化，其相对差值在 -80% ~ 60%，大致均匀地分布在零线上下两端。但在整个下料过程中，4 球元的平均动能是 9.98×10^{-6} J，2 球元的平均动能是 9.82×10^{-6} J，仅相差 1.6%。

图 3-31 比较了两种构建方式的转动动能(KE_{r1}、KE_{r2})。从图中得知，在卸料过程中的任意时间，2 球元都较 4 球元的颗粒转动动能大，最大差值达到 45%。这是由于 2 球元组成的玉米形颗粒更接近于球形，堆积角更小，转动动能更大。

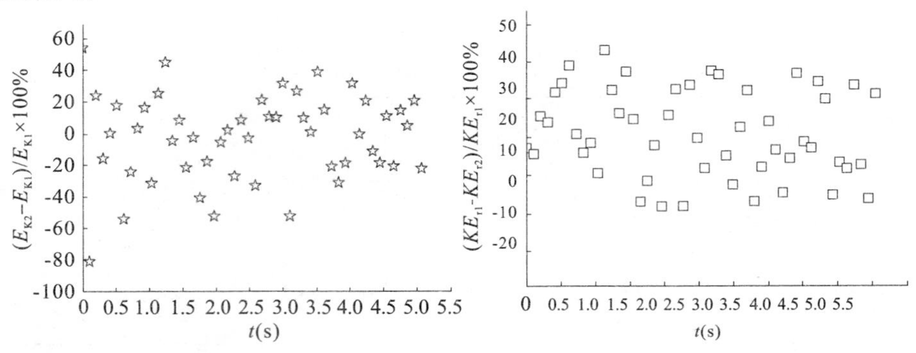

图 3-30　两种构建方式下的动能　　图 3-31　两种构建方式下的转动动能

图 3-32 表示了两种构建方式下的变形量(δ_1、δ_2)的相对差值。颗粒碰撞时的变形量 δ 与弹性恢复系数、碰撞模型、法向应力、球元的直径等有关[8, 12]。在两种模拟中,所采用的弹性恢复系数都是固定值 0.7,采用的碰撞模型均是弹簧 - 阻尼模型。而 4 球元和 2 球元构建方式下,显然,球元的直径是不同的。因此,不同的法向应力和球元直径导致变形量的差异。从图 3-32 中可以看出,在不同时刻,两种构建方式下的变形量的相对差值分布范围为 -80% ~ 60%。而在整个下料过程中两种构建方式的平均变形量分别为 0.000 468 mm 和 0.000 451 mm,仅相差 3.63%。

图 3-33 表示的是两种构建方式下的碰撞次数(N_1、N_2)。由前面碰撞机理的分析可以知道,对于 4 球元的玉米形颗粒,一个球元最多可以同时与四个球元相碰撞,而对于 2 球元的玉米形颗粒,一个球元最多可以同时与两个球元相碰撞。显然,4 球元构建方式的碰撞机会相对要多很多。从图中也可以看出,2 球元的碰撞次数比 4 球元的碰撞次数明显要少。

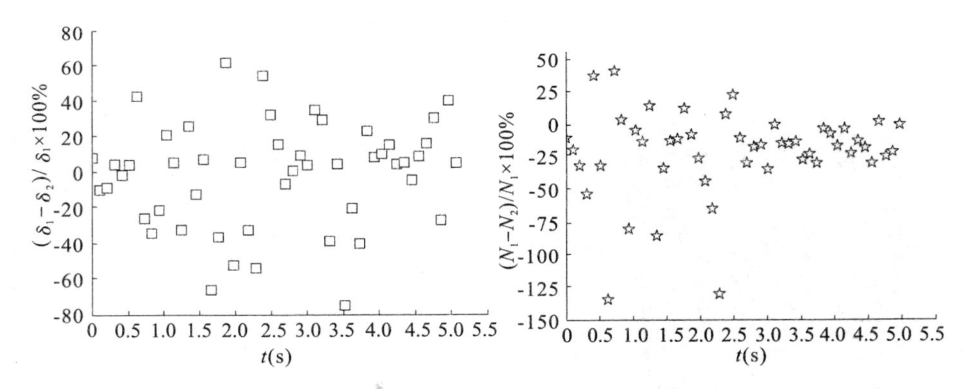

图 3-32　两种构建方式下的变形量　　**图 3-33　两种构建方式下的碰撞次数**

图 3-34 表示了两种构建方式下的法向碰撞力(F_1、F_2)。一个玉米形颗粒所受到的碰撞力是组成它的颗粒元的碰撞力的总和,而球元之间的法向碰撞力可以通过弹簧 - 阻尼模型来计算。因此,法向碰撞力与变形量以及弹性系数有关。而弹性系数是弹性模量、泊松比以及球元直径的函数,弹性模量和泊松比在模拟中是固定值,因此法向碰撞力的大小与变形量以及球元直径有关。从图 3-34 可以看出,两种构建方式下的法向碰撞力相对差值在 -180% ~ 100%,分布范围较宽。平均碰撞力分别为 4.32 N 和 4.31 N,基本相同。

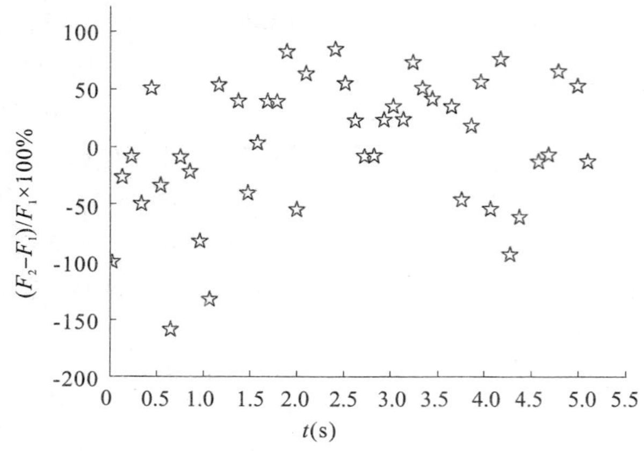

图 3-34　两种构建方式下的法向碰撞力

3.5.1.2　两种构建方式下的宏观参数的变化

图 3-35 表示了两种构建方式下的颗粒位置图，并与试验结果进行比较，从图中可以看出，两种构建方式下的流型基本相同，与试验值吻合得较好。

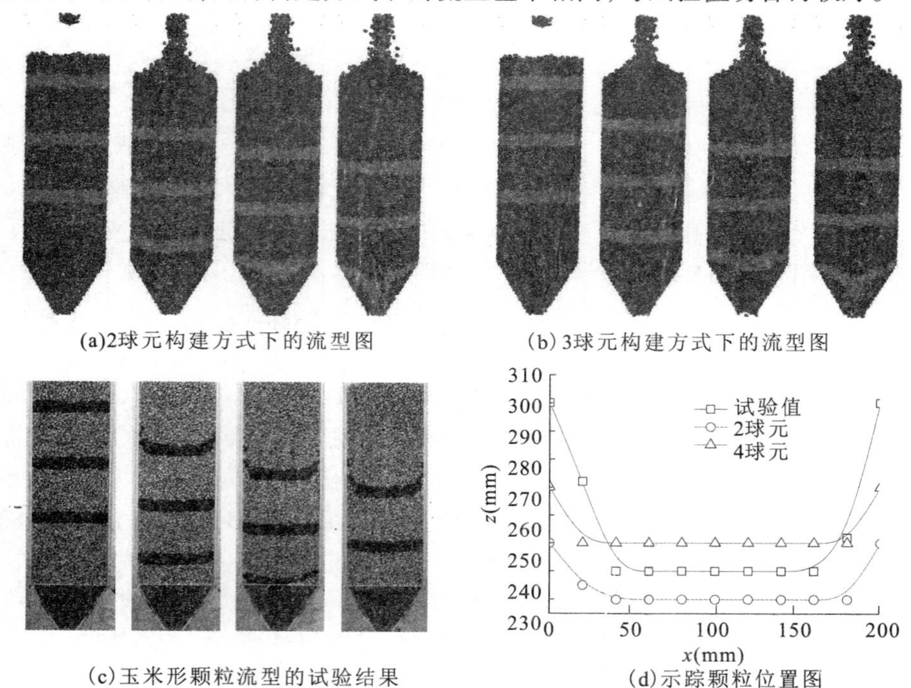

(a)2球元构建方式下的流型图　(b)3球元构建方式下的流型图

(c)玉米形颗粒流型的试验结果　(d)示踪颗粒位置图

图 3-35　玉米形颗粒两种构建方式下的流型图及颗粒位置图

图 3-36 表示的是两种构建方式下的计算时间，从图中可以看出，2 球元的计算时间是 148 h，而 4 球元的计算时间是 369 h，显然，用于组成非球形颗粒的球元数越多，计算时间越长。

图 3-37 比较了两种构建方式下的下料率。图中 M_d 表示下料率，下标 1 和 2 分别表示 2 球元和 4 球元两种构建方式，下标 e 表示试验过程中的实际下料率，因此图 3-37 表示的是两种构建方式下的下料率与实际下料率的相对差值随时间的变化。由图中可以看出，在出口打开，物料开始下料的瞬间（$t<1$ s），下料率相对差值较大，最大达到 7.56%。当卸料时间超过 1 s 时，两种构建方式下的卸料率相对差值较小且变得稳定，范围为 −4% ~5%。模拟中，4 球元较 2 球元的下料率要稍快。需要指出的是，两种构建方式下的各参数变化不可能完全一样，因此相对差值在 20% 以内的即可忽略不计。即两种构建方式下的下料率基本吻合。

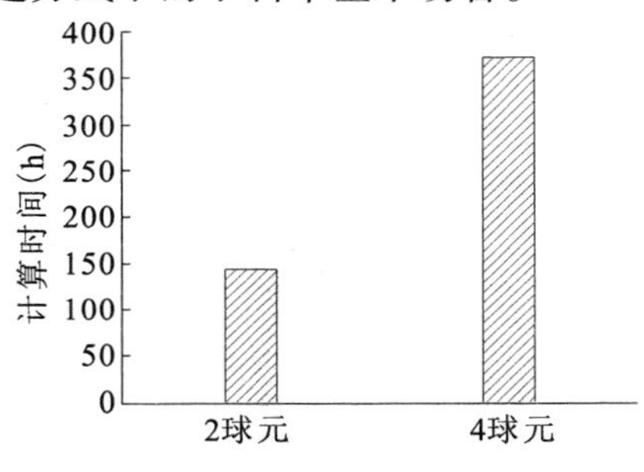

图 3-36　两种构建方式下的计算时间

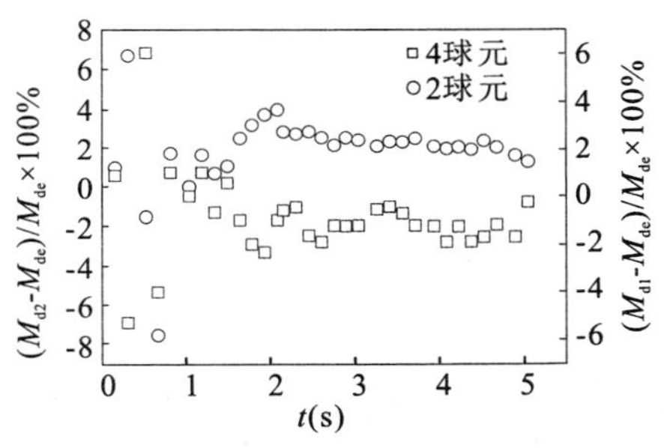

图 3-37　两种构建方式下的下料率

通过微观和宏观参数的比较，可以得到的结论是：通过 2 球元和 4 球元两种构建方式组成玉米形颗粒，虽然在任意时刻内的碰撞次数、碰撞力、变形量、动能等参数有着很大的差异，但整个卸料过程中平均的碰撞力、变形量、动能是基本相同的。而且，这些微观参数的差异对宏观参数流型及下料率没有影响。在这个前提下，由于 2 球元的计算时间较 4 球元要短，因此选择 2 球元作为玉米形颗粒的构建方式。

3.5.2　椭球形颗粒

3.5.2.1　三种构建方式下的微观参数的变化

图 3-38 比较了椭球形颗粒三种构建方式下的动能随卸料时间的变化情况。E_{k1}、E_{k2}、E_{k3} 分别表示构建方式 1（3 相交球元）、构建方式 2（3 相切球元）、构建方式 3（5 球元）的动能。从图中可以看出，3 相切球元与 3 相交球元

组成的椭球形颗粒的动能差值随着时间的变化有较大的变化，大部分分布在零线下侧，即 3 相交球元的动能较 3 相切球元的动能大。同时可以看到 5 球元和 3 相交球元组成的椭球形颗粒的动能差均在零线以上，最大达到 180%，即 5 球元的构建方式动能较大。因此，动能从大到小的顺序为 5 球元、3 相交球元以及 3 相切球元构建方式。

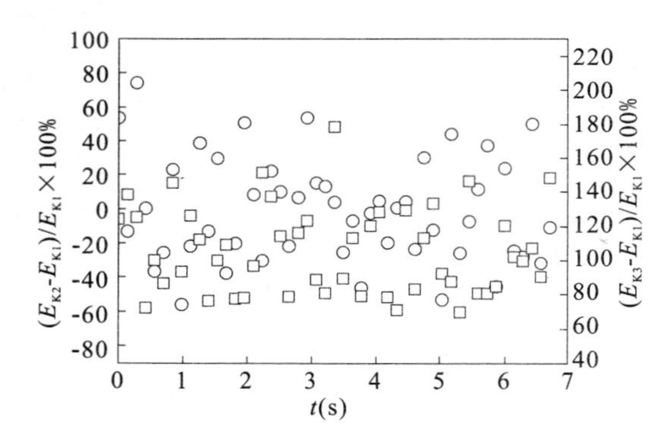

图 3-38　三种构建方式下的动能

图 3-39 表示了椭球形颗粒三种构建方式下的转动动能随卸料时间的变化情况。从图中可以看出，构建方式 2 与构建方式 1 的转动动能差值多数在零线以下，即 3 相交球元构成的椭球形颗粒的转动动能较大。而构建方式 3 与构建方式 1 的转动动能基本大于 0，因此 5 球元的椭球形颗粒较 3 相交球元的椭球形颗粒的转动动能大。因此，转动动能从大到小的顺序为 5 球元、3 相交球元、3 相切球元构建方式。

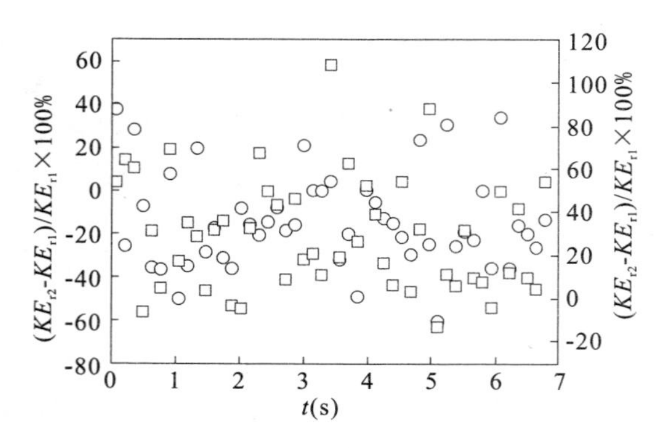

图 3-39　三种构建方式下的转动动能

图 3-40 比较了椭球形颗粒三种构建方式下的碰撞次数(N_1、N_2、N_3)随时间的变化。由图中可以看出,N_2 与 N_1 的相对差值分布在零线两侧,相差不大。而 N_3 与 N_1 的相对差值在 65% ~130%。即 N_2 与 N_1 的差别较小,而 N_3 明显大于 N_1。这是因为构建方式 1 和构建方式 2 均由 3 个球元组成,只是 3 球元的排列位置不同而已,因此碰撞次数基本相同。而构建方式 3 是由 5 个球元组成的椭球形颗粒,椭球形颗粒间的碰撞是通过球元间的碰撞来完成的,因此 5 球元的构建方式碰撞次数 N_3 最大。图 3-41 比较了三种构建方式下的变形量。由图中可知,构建方式 1 的平均变形量为 5.43×10^{-7} m,较构建方式 2 的变形量稍大。而构建方式 3 的变形量较构建方式 1 大。原因和玉米形颗粒的相同。

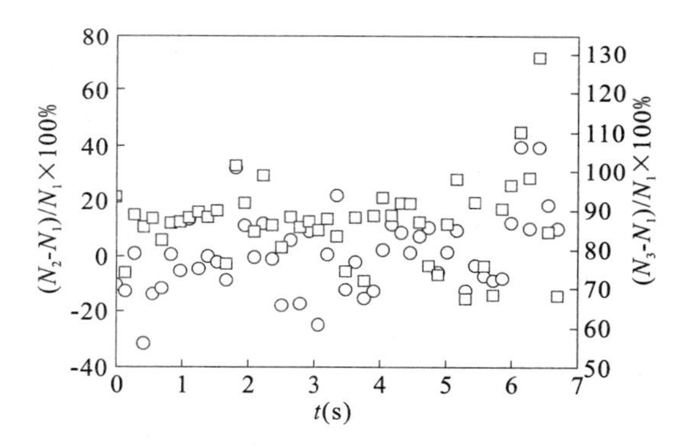

图 3-40　三种构建方式下的碰撞次数

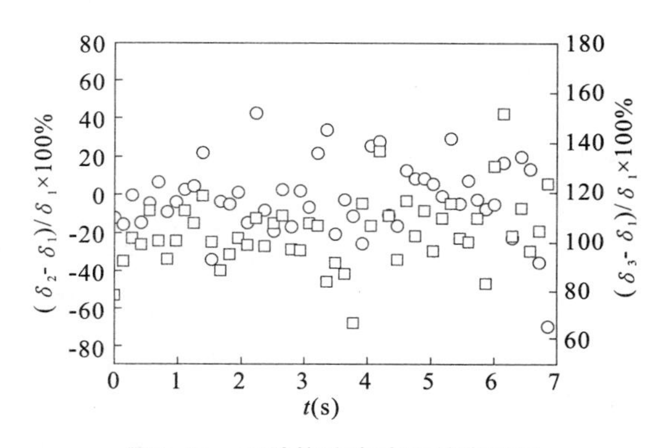

图 3-41　三种构建方式下的变形量

图 3-42 和图 3-43 分别比较了椭球形颗粒三种构建方式下的法向碰撞力

和合力。由图中可以看出,5 球元椭球形颗粒的法向碰撞力较 3 相交球元的法向碰撞力明显要大,相对差值在 0 ~ 400% ,而这两种构建方式下的颗粒受到的合力却均匀地分布在零线的两侧,在 −40% ~50% ,差别很小。

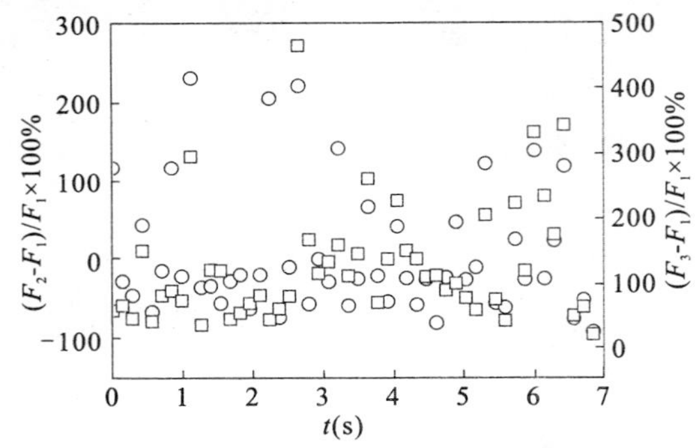

图 3-42　比较三种构建方式下的法向碰撞力

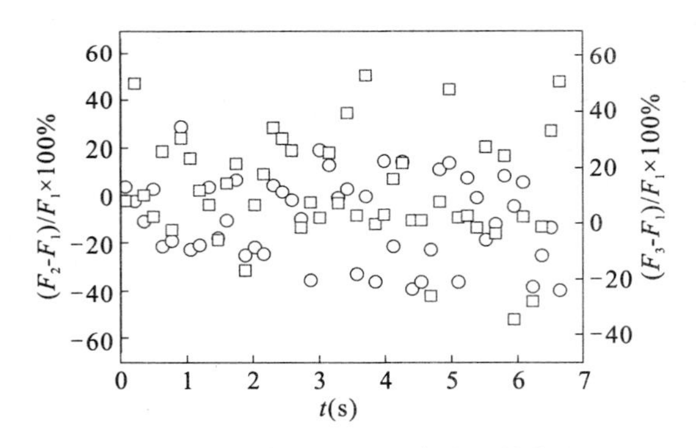

图 3-43　比较三种构建方式下的合力

3.5.2.2　三种构建方式下的宏观参数的变化

图 3-44 表示三种构建方式下的椭球形颗粒在流动时的颗粒位置图及与试验结果的比较。从图中可以看出,三种构建方式的流型与试验结果相同,均呈抛物线形状。但颗粒位置有所不同,其中 3 相切球元的颗粒位置最高,且与试验值相差最远。3 相交球元的颗粒位置有所降低,但仍在试验值之上。5 球元椭球形颗粒位置最低,且低于试验值。图 3-45 比较了椭球形颗粒三种构建方式的计算时间,其中 3 相切球元的计算时间为 169 h,时间最短,而 5 球元的计算时间为 361 h,时间最长,3 相交球元的计算时间居中,为 265 h。

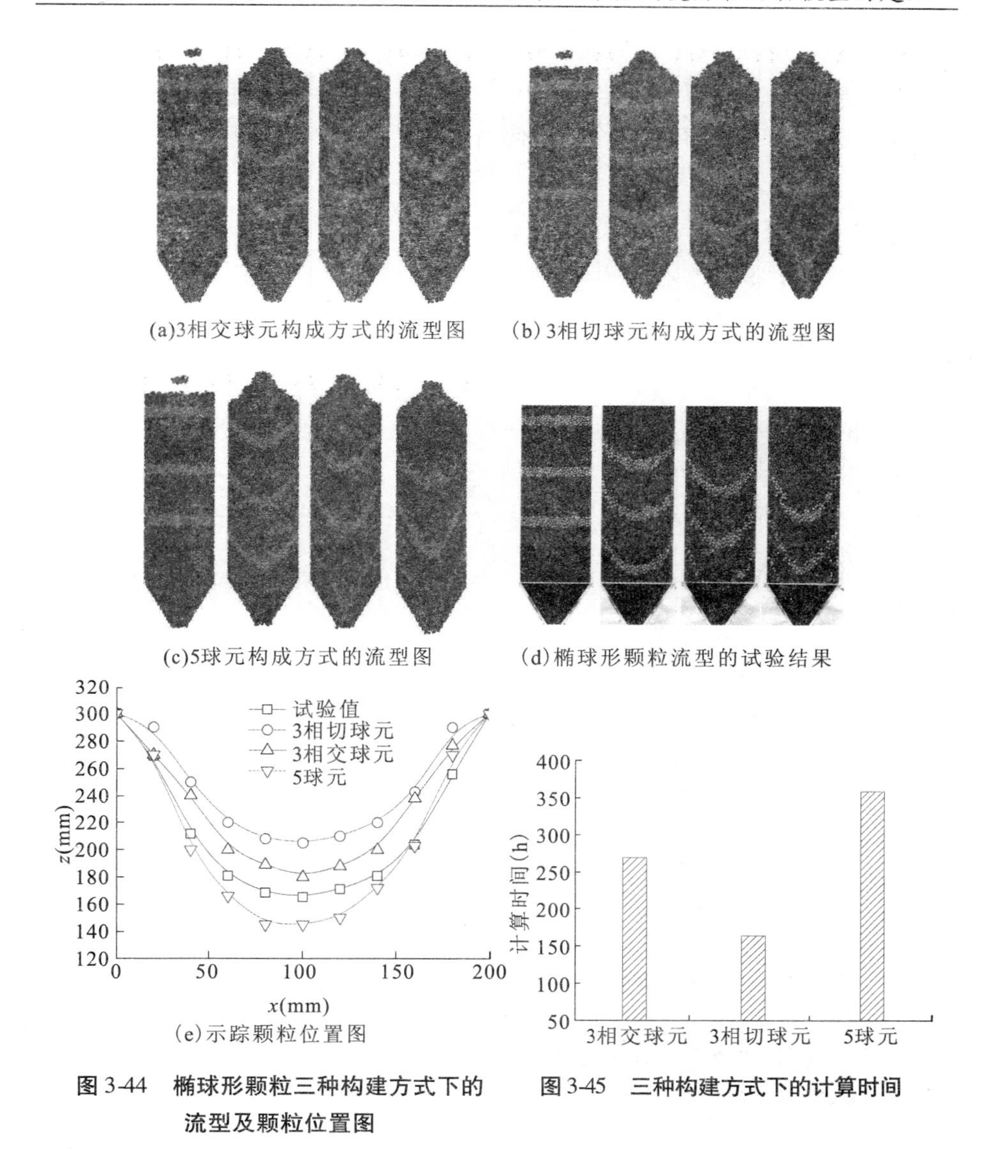

图 3-44 椭球形颗粒三种构建方式下的流型及颗粒位置图

图 3-45 三种构建方式下的计算时间

图 3-46(a)、(b)、(c)分别表示了椭球形颗粒三种构建方式下的下料率与试验值的比较。由图 3-46(a)可以看出,3 相交球元构成的椭球形颗粒的下料率与试验结果的相对误差在 -10% ~2%。在卸料的初始阶段,下料率的模拟值与试验值相差较大,达到最大值 -9%,随后差值慢慢变小到 2%。随着卸料的进行,下料率变得稳定,模拟值与试验值的相对差值一直为负值,即模拟

值较试验值要小，这也是 3 相交球元的颗粒位置图位于试验值的上方的原因。图 3-46(b)、(c)有着同样趋势，卸料开始时模拟值与试验值相差较大，卸料时间超过 2 s 时，下料率趋于平稳。3 相切球元与试验值的相对误差最大，在 −11% ~ −15%，下料率较试验值小。而 5 球元的下料率大于试验值，相对差值在 1% ~8%。

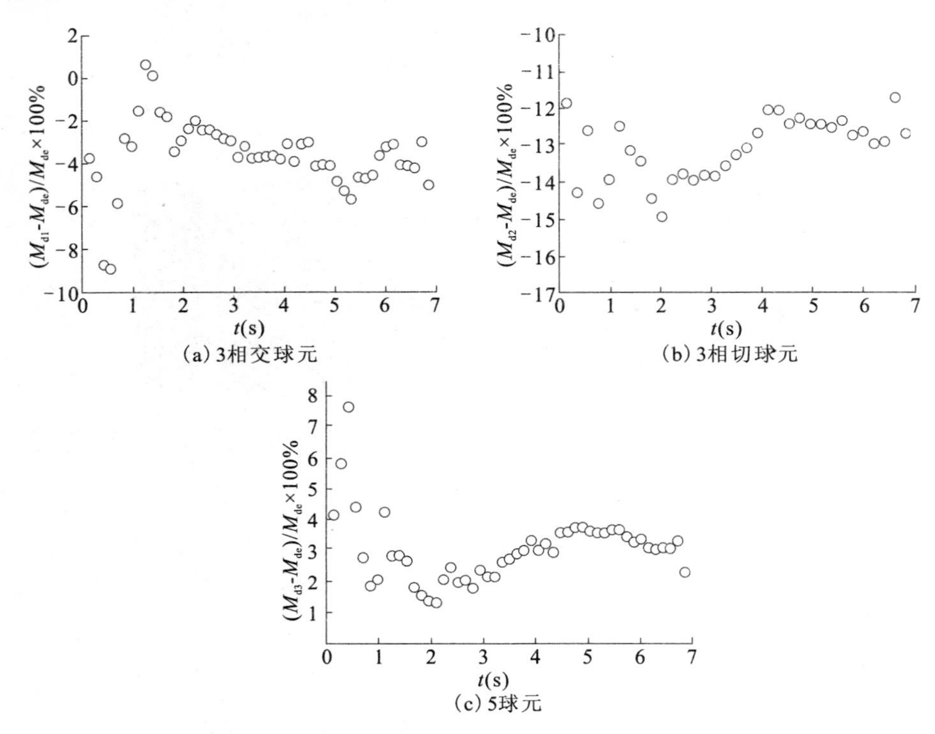

图 3-46　椭球形颗粒三种构建方式下的下料率与试验值的比较

通过微观和宏观参数变化的分析可知，三种构建方式的椭球形颗粒在动能、转动动能、碰撞次数、变形量以及碰撞力方面均有较大差别。且通过比较颗粒位置图和下料率可知，3 相切球元的下料率和颗粒位置图与试验值的差别最大，因此此构建方式不予采用。5 球元和 3 相交球元的流型均与试验一致，只是 5 球元的椭球形颗粒较实际下料率快，而 3 相交球元的颗粒较实际下料率慢，但两者与试验值的相对差值相差不大。考虑到 3 相交球元的计算时间较 5 球元少，因此椭球形颗粒的构建方式采用 3 相交球元。

3.5.3　圆柱形颗粒

3.5.3.1　比较两种构建方式下的微观参数的变化

圆柱形颗粒有四种构建方式,即 2 球元、3 球元、42 球元以及 32 球元,如图 3-9 所示。其中,42 球元和 32 球元的构建方式非常接近真实的圆柱形颗粒,但是由于组成圆柱形颗粒的球元太多,计算过程需要花费大量的时间,超过了现有的计算机水平。因此,本书主要比较 2 球元和 3 球元这两种构建方式的模拟结果。

图 3-47 比较了圆柱形颗粒 2 球元和 3 球元两种构建方式下的动能随时间的变化。由图中可以看出,2 球元和 3 球元的圆柱形颗粒的瞬时动能相差较大,相对差值在 $-150\% \sim 100\%$,基本均匀地分布在零线两侧。但 2 球元的圆柱形颗粒在整个卸料时间内的平均动能为 1.33×10^{-2} J,3 球元的圆柱形颗粒的平均动能为 1.42×10^{-2} J,误差为 7%。

图 3-48 比较了 2 球元和 3 球元两种构建方式下的转动动能。由图中可以看出,2 球元和 3 球元两种构建方式下瞬时转动动能的相对差值较大,分布在零线的两侧,范围为 $-150\% \sim 100\%$,大部分位于零线的下端。2 球元圆柱形颗粒的平均转动动能为 1.33×10^{-3} J,3 球元圆柱形颗粒的平均转动动能为 1.14×10^{-3} J,误差为 14.3%。2 球元圆柱形颗粒的转动动能较小,原因可能是 2 球元的构建方式更接近球形。

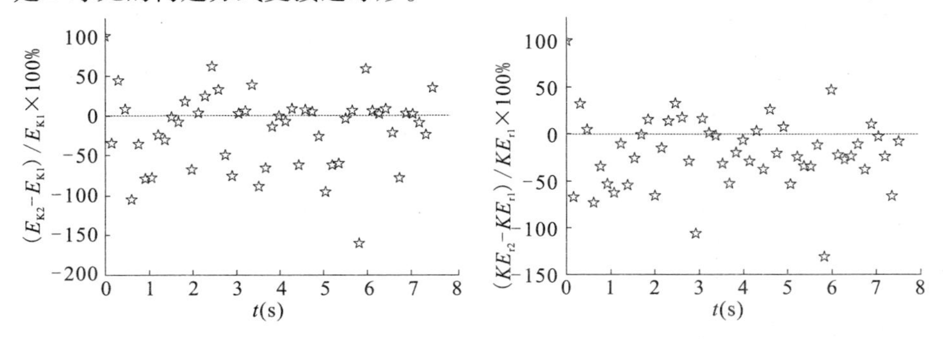

图 3-47　两种构建方式下的动能　　图 3-48　两种构建方式下的转动动能

图 3-49 表示了两种构建方式下的变形量随时间的变化情况。由图中可知,两种构建方式下的瞬时变形量分布在零线的两侧。2 球元圆柱形颗粒的平均变形量为 6.37×10^{-7} m,而 3 球元圆柱形颗粒的平均变形量为 6.53×10^{-7} m,两者相差极小。

图 3-50 比较了两种构建方式下的碰撞次数。由前面的分析可知,圆柱形颗粒的碰撞主要是通过组成圆柱形颗粒的球元之间的碰撞实现的,组成的球元越多,圆柱形颗粒间的碰撞次数越多,因此 3 球元的碰撞次数较多。由图中可以看出,在卸料过程中,任一时刻的碰撞次数之差均有较大差别,但分布在零线上侧的居多。且 3 球元的圆柱形颗粒在流动时的平均碰撞次数为 2 510 次,而 2 球元的平均碰撞次数为 2 400,即证实了上述说法。

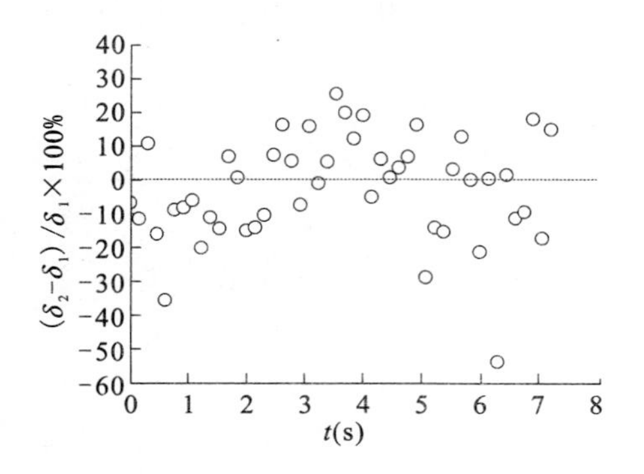

图 3-49　两种构建方式下的变形量

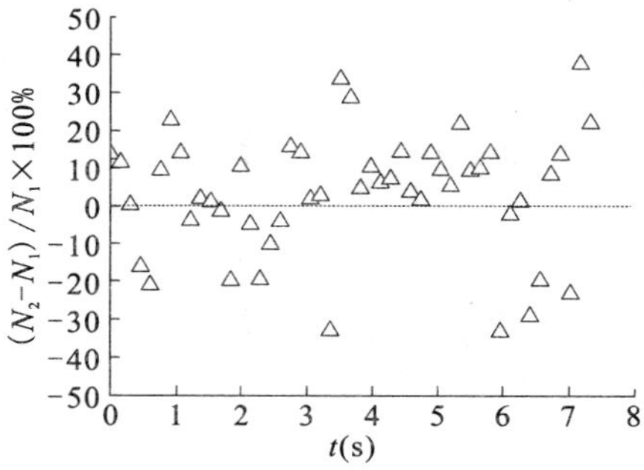

图 3-50　两种构建方式下的碰撞次数

图 3-51 比较了两种构建方式下的法向碰撞力。由图中可以看出,两种构建方式下的瞬时法向碰撞力相差较大,且相对差值分布在零线两侧。且 2 球元的平均法向碰撞力为 5. 51 N,3 球元的平均法向碰撞力为 5. 35 N,两者相差很小。

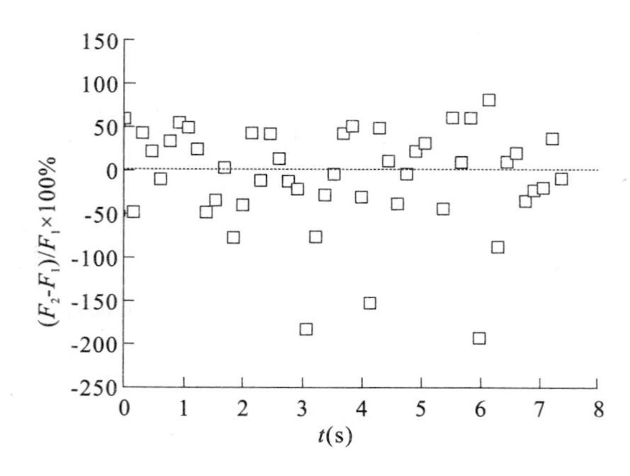

图 3-51　两种构建方式下的法向碰撞力

3.5.3.2　两种构建方式下的宏观参数的变化

图 3-52 比较了圆柱形颗粒两种构建方式下的颗粒位置图，并通过试验进行了验证。由图中可以看出，2 球元及 3 球元构建的圆柱形颗粒的流型均与试验相符，只是颗粒位置有所不同。两种构建方式的模拟值均小于试验值，即颗粒位置低于试验值，但 3 球元的颗粒位置较为接近试验值。

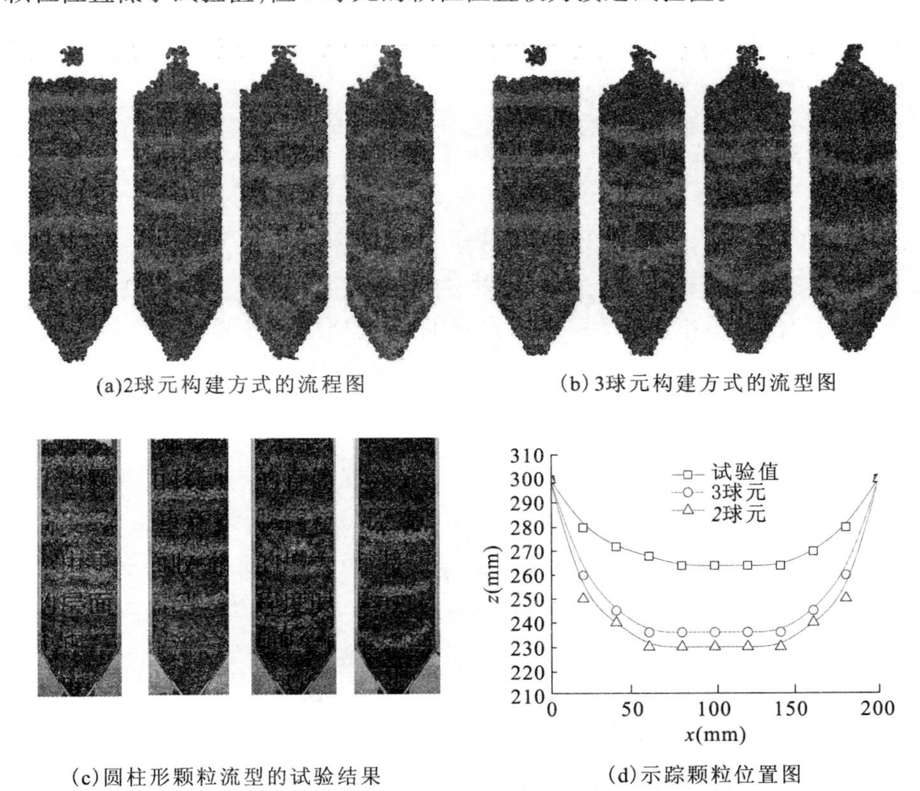

图 3-52　圆柱形颗粒两种构建方式下的颗粒位置图

图 3-53 比较了圆柱形颗粒两种构建方式下的计算时间。显然，3 球元的计算时间较短。

图 3-54 比较了圆柱形颗粒两种构建方式下的下料率。由图中可以看出，2 球元圆柱形颗粒下料率的模拟值与试验值的相对差值在 15% ~25%。而 3 球元圆柱形颗粒下料率的模拟值与试验值的相对差值在 5% ~20%。因此，3 球元的下料率更接近于试验值。

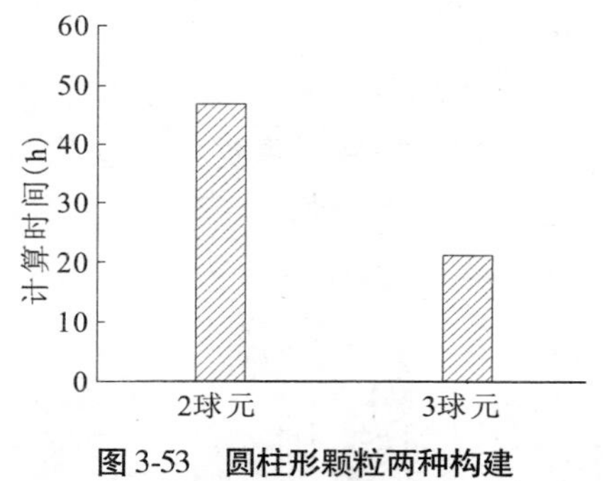

图 3-53 圆柱形颗粒两种构建方式下的计算时间

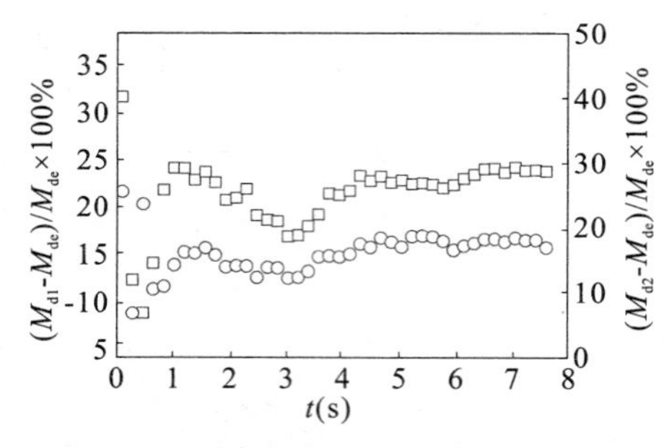

图 3-54 圆柱形颗粒两种构建方式下的下料率

通过以上宏观和微观的分析可以知道,2 球元和 3 球元构建的圆柱形颗粒在动能、转动动能、变形量、碰撞次数、碰撞力等微观方面的差别较大。且通过比较颗粒位置图和下料率可以看出,3 球元圆柱形颗粒的模拟结果与实际结果更加相符,因此选择 3 球元作为圆柱形颗粒的构建方式。

3.6 本章小结

本章通过多元颗粒模型模拟了玉米形、椭球形、圆柱形等非球形颗粒在移动床中的流动。研究了玉米形颗粒、椭球形颗粒、圆柱形颗粒的构建方法;分析了均质非球形颗粒如玉米形颗粒、椭球形颗粒、圆柱形颗粒以及异径/异形/异重混合物如玉米形椭球形混合颗粒、玉米形圆柱形混合颗粒、圆柱形椭球形混合颗粒、球形玉米形混合颗粒、球形圆柱形混合颗粒、球形椭球形混合颗粒等的碰撞机理。建立了非球形颗粒的受力和运动通用性模型,通过试验验证了模型的可靠性。研究了构成非球形颗粒的最佳球元数,结果表明玉米形颗粒采用 2 球元的构建方式,椭球形颗粒采用 3 相交球元的构建方式,而圆柱形颗粒采用 3 球元构建方式。

参 考 文 献

[1] Lin X, Ng T T. Contact detection algorithms for three dimensional ellipsoids in discrete element modeling[J]. International Journal for Numerical and Analytical Methods in Geomechanics, 1995, 19(9):653 – 659.

[2] Chakra H A, Baxter J, Tuzun U. Three dimensional shape descriptors for computer simulation of non-spherical particulate assemblies[J]. Advanced Powder Technology,

2004,15(1):63 -77.

[3]Elliott J A, Windle A H. A dissipative particle dynamics method for modeling the geometrical packing of filter particles in polymer composites[J]. Journal of Chemical Physics, 2000,113(22):10367 -10376.

[4]Gan M, Jia X, Williams R A. Predicting packing characteristics of paritcles of arbitrary shapes[J]. KONA, 2004,22:82 -93.

[5]Yamane K, Sato T, Tanaka T,et al. Computer simulation of tablet motion in coating drum[J]. Pharmaceutical Research, 1995, 12(9):1264 -1268.

[6]Zhang Y, Jin B S, Zhong W Q, Bing Ren, Rui Xiao. DEM simulation of particle mixing in flat-bottom spout-fluid bed[J]. Chemical Engineering Rearch and Design, 2010, 88(5 -6): 757 -771.

[7]Zhong W Q, Zhang Y, Jin B S,et al. DEM simulation of cylinder-shaped particles flow in a gas-solid fluidized bed[J]. The 9th International Conference on circulating fluidized Beds, Hamberger, 2008, 5.

[8]Ji S Y, Shen H H, Asce M. Effect of contact force models on granular flow dynamics [J]. Journal of Engineering Mechanics, 2006, 132(11):1252 -1259.

[9]Quoc L V, Zhang X, Walton O R. A 3-D discrete-element method for dry granular flows of ellipsoidal particles[J]. Comput. Methods Appl. Mech. Engrg, 2000,187: 483 -528.

[10]Matuttis H G, Luding S, Hermann H J. Discrete element simulations of dense packings and heaps made of spherical and non-spherical particles[J]. Powder Technology, 2000,109:278 -292.

[11]Im I T, Chun M S, Kim J J. Monte Carlo simulation on the concentration distribution of non-spherical particles in cylindrical pores[J]. Separation and Purification Technology, 2003,30:201 -214.

[12]Renzo A D, Maio F P D. Comparison of contact-force models for the simulation of collisions in DEM-based granular flow codes[J]. Chemical Engineering Science, 2004, 59:525 -541.

[13]Langston P A, Awamleh M A A, Fraige F Y,et al. Distinct element modelling of non-spherical frictionless particle flow [J]. Chemical Engineering Science, 2004, 59:425 -435.

[14]Li J T, Langston P A, Webb C,et al. Flow of sphero-disc particles in rectangular hoppers-a DEM and experimental comparison in 3D[J]. Chemical Engineering Science, 2004, 59:5917 -5929.

[15]Fard M H A. Theoretical validation of a multi-sphere, discrete element model suitable for biomaterials handling simulation[J]. Biosystems Engineering,2004,88(2):153 -161.

[16] Song Y X, Turton R, Kayihan F. Contact detection algorithms for DEM simulations of tablet-shaped particles[J]. Powder Technology, 2006,161:32 - 40.

[17] Grof Z, Kohout M, Stepanek F. Multi-scale simulation of needle-shaped particle breakage under uniaxial compaction[J]. Chemical Engineering Science, 2007,62: 1418 - 1429.

[18] Chung C Y, Ooi J Y. A study of influence of gravity on bulk behaviour of particulate solid[J]. Particuology, 2008,6:467 - 474.

[19] Emden K H, Rickelt S, Wirtz S, et al. A study on the validity of the multi-sphere Discrete Element Method[J]. Powder Technology, 2008,188:153 - 165.

[20] Fraige F Y, Langston P A, Chen G Z. Distinct element modelling of cubic pariticle packing and flow[J]. Powder Technology, 2008,186:224 - 240.

[21] Cleary P W, Sawley M L. DEM modelling of industrial granular flows:3D case studies and the effect of particle shape on hopper discharge[J]. Applied Mathematical Modelling, 2002,26:89 - 111.

[22] Favier J F, Fard A, Kremmer M, et al. Shape representation of axi-symmetrical, non-spherical particles in discrete element simulation using multi-element model particles [J]. Engineering Computations, 1999,16(4):467 - 480.

[23] Dziugys A, Peters B. An approach to simulate the motion of spherical and non-spherical fuel particles in combustion chambers[J]. Granular Matter, 2001,3(4):231 - 265.

[24] Coetzee C T N, Els D J. Calibration of discrete element parameters and the modeling of silo discharge and bucket filling[J]. Computers and Electronics in Agriculture, 2009,65(2):198 - 212.

[25] Ishida T, Tsuji Y. Direct numerical simulation of granular plug flow in a horizontal pipe(the case of cohesionless)[J]. Granular Matter, 2002, 4(6):135 - 146.

[26] Zhong W Q, Zhang Y, Jin B S, et al. Discrete element method simulation of cylinder-shaped particle flow in a gal-solid fluidized bed[J]. Chemical Engineering & Technology, 2009, 32(2): 386 - 391.

[27] Mindlin R D. Compliance of elastic bodies in contact[J]. Journal of Applied Mechanics, 1949,16:259 - 268.

[28] 冷涛田. 粉体流动与传热特性的离散单元模拟研究[D]. 大连:大连理工大学, 2009.

第 4 章　移动床内非球形颗粒卸料时流动特性的数值试验研究

颗粒流动的试验研究是认识颗粒流动机理的基础，也是检验理论与数值模拟结果正确与否的必要途径，但是试验研究有很大的局限性，对于颗粒物料运动过程的研究，仅采用试验的方法不但耗费人力、物力，而且许多运动参量都无法直接测量到，得出的结论往往不够全面。因此，通过数值模拟研究移动床内颗粒的流动就显得十分重要。

Langston 等（1994）[1]通过模拟研究了非黏性圆盘颗粒和球形颗粒的卸料过程，比较了两种颗粒的卸料率。周德义等（1996）[2]通过离散单元法对散粒农业物料孔口出流颗粒成拱的影响因素进行了模拟研究，总结了黏结力、摩擦系数、粒径与临界孔口直径、拱高之间的关系。Ristow（1997）[3]模拟了不同物性颗粒的卸料过程，结果表明出口流率和弹性恢复系数无关，但是随着摩擦系数的增大而减小。当渐缩下料段与水平面角度增大到大于颗粒物料的堆积角时，下料率明显增加。同时，下料率不随物料堆积高度的变化而变化。徐泳等（1999）[4]通过离散元法模拟了颗粒的卸料过程，研究了散体物料弹性模量和表面黏性对卸料的影响。结果表明，在密度相同时，物料弹性模量对卸料中碰撞力及卸料流率影响均较小，但表面黏性对卸料有迟滞作用。Cleary 等（2002）[5]通过 DEM 直接数值模拟研究了颗粒卸料时的流动情况，结果表明颗粒的黏性、摩擦力对流型都有很大的影响。

颗粒在移动床中的流动特性包括两个方面，一方面是第 3 章所研究的宏观流动特性，另一方面即是颗粒尺度上的流动特性。移动床内的物料可以看成一个颗粒系统，而颗粒系统是由大量单个颗粒所构成的，颗粒系统所表现出的各种复杂的宏观流动特性均是源于系统内颗粒之间的相互作用，因此要想从机理上对颗粒宏观流动现象和特性做出合理的分析与解释，就要对颗粒尺度上的流动特性进行深入、系统的研究。

国内外研究者对床内颗粒尺度上的流动特性做了较多的研究。Tanaka 等（1988）[6]通过 DEM 模拟了混合物在卸料时的颗粒分离情况。Arteaga 等（1990）[7]基于颗粒微观结构提出了一个模型，阐述了颗粒尺寸比为何值时颗粒的分离是可行的，并说明混合物中当粗颗粒的表面积被细颗粒覆盖时，颗粒分离不能发生。Coelho 等(1997)[8]通过数值模拟研究了球形颗粒在床内的空隙率等特性,结果表明床层渗透性、传热性与颗粒的堆积方式无关。Nandakumar 等(1999)[9]通过数值模拟研究了圆柱形容器内颗粒的堆积结构,讨论了平均空隙率和局部空隙率的变化情况。Schnitzlein(2001)[10]通过连续介质模型模拟了固定床内的局部堆积结构,分析了床层空隙率的分布。Christakis 等(2002)[11]通过连续介质模型模拟了混合物在三维料斗中的流动,并且研究了颗粒分离情况。Balevicius 等(2008)[12]通过 DEM 模拟研究了三维带渐缩下料段料斗中填料和稳态/非稳态卸料过程中的摩擦力的影响,探讨了填料、卸料过程中的动能变化、颗粒间的应力分布、壁面的应力分布、颗粒物料空隙率的变化。结果表明在下料过程中空隙率增大会导致颗粒碰撞力的减小,从而导致壁面应力的减小,并且颗粒的速度分布会根据摩擦力的变化而变化。

综上所述,关于移动床内颗粒卸料时的流动特性,以往的研究大多是针对均质球形颗粒及异径球形颗粒的研究,而对均质非球形颗粒及异形/异重/异径非球形颗粒的研究极少。因此,本章通过非球形颗粒 DEM 直接数值模拟研究了均质球形颗粒/非球形颗粒及异形/异重/异径混合颗粒的下料率、速度分布、压力分布等宏观流动特性,以及概率密度分布特性、空隙率分布、颗粒分离等颗粒尺度上的流动特性。

4.1 模拟对象及条件

本章模拟的对象为颗粒在移动床内的流动过程,床的尺寸以及颗粒的物性参数见表 4-1。需要指出的是,为了分析颗粒在床内的流动情况,先将移动床内填满物料,待颗粒静止后,打开出口,将物料卸出,此时不再添加物料。

表 4-1 模拟参数

计算条件或参数		
颗粒形状		玉米形(玉米颗粒),椭球形(黑豆颗粒),圆柱形(活性焦颗粒),球形(黄豆颗粒)
颗粒当量直径(mm)	非球形颗粒	7
	球形颗粒	4,7,15
颗粒密度 ρ(kg/m^3)		680,1 280,2 280

续表 4-1

计算条件或参数		
弹性模量		
颗粒 E_p(N/m^2)		3.0×10^9
壁面 E_w(N/m^2)		3.0×10^9
泊松比		
颗粒 γ_p		0.33
壁面 γ_w		0.33
颗粒形状		玉米形(玉米颗粒),椭球形(黑豆颗粒),圆柱形(活性焦颗粒),球形(黄豆颗粒)
滑动摩擦系数	颗粒－颗粒 μ	0.64
	颗粒－壁面 μ_w	0.34
滚动摩擦系数	颗粒－颗粒 r	0.001,0.003,0.01
	颗粒－壁面 r_w	0.003
弹性恢复系数 e		0.5,0.7,0.9
床高 H(mm)		600
初始堆积高度 H_0(mm)		500
床长 L(mm)		200
床宽 W(mm)		50
移动床出口宽度 W_0(mm)		40,50,60
移动床下料段倾角 θ		30°,45°,60°

Coetzee 等[13]对玉米形颗粒在平底移动床内卸料的过程进行了试验研究,移动床截面面积为 310 mm × 310 mm,高 730 mm,颗粒初始堆积高度为 500 mm,出口宽度为 45 mm,出口在底面中心处。图 4-1 和图 4-2 分别从流型图和下料率方面对比了模拟结果与试验结果(参考文献的试验)。由图中可以看出,模拟结果与试验结果相符合。

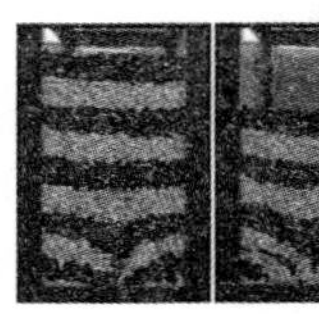

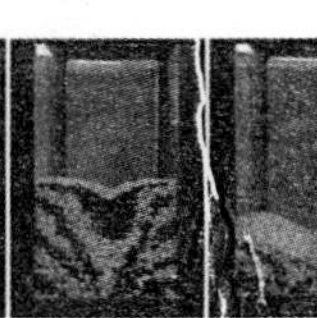

t=1 s　　t=3 s　　t=5 s　　t=7 s

图 4-1　比较模拟与 Coetzee 试验的流型图

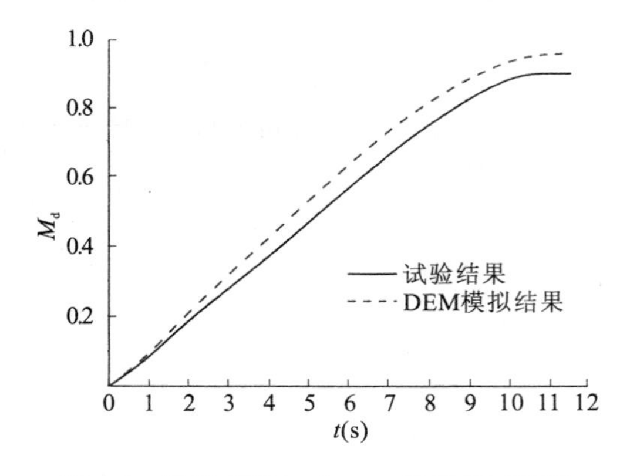

图 4-2　比较模拟与 Coetzee 试验的下料率

4.2　均质球形/非球形颗粒在移动床内卸料时的流动特性

4.2.1　不同物性均质颗粒的质量流率

下料率是考察移动床内颗粒流动情况的一个十分重要的因素。Anand 等[14]研究了在不同摩擦系数下，颗粒的下料率与堆积高度之间的关系，结果表明，在颗粒摩擦系数小于 0.2 时，颗粒的下料率随着堆积高度的增大而增大；在颗粒摩擦系数大于 0.2 时，颗粒的下料率随着堆积高度的增大没有显著变化。但实际情况下物料的摩擦系数都大于或者等于 0.2，因此可以认为，堆积高度对下料率没有影响。

通常认为，在床的宽度不是很小的情况下，颗粒的下料率与床的宽度无关。Brown 等[15]的研究表明，只要 $W_{bed} > 2.5\ W_0$，其中 W_{bed} 是床的宽度，W_0 是出口宽度，下料率即不受床宽度的影响。而对于宽度很小的移动床，床宽越接近于出口宽度，下料率越大。

4.2.1.1　摩擦系数对质量流率的影响

将颗粒自然堆积在移动床中，达到稳定状态后，随着床底部的出口打开，颗粒开始流出移动床，进入卸料状态，卸料质量流率随时间开始增加，并在很短的时间内达到最大值，开始发生脉动，围绕某一恒定值发生变化。流动时发生脉动的原因是：颗粒在流动的过程中形成不稳定的动态拱，它不断地形成与破坏，导致卸料时产生密度波，脉动大小取决于剪切方向的接触力。一般来说，整个卸料过程分为两个阶段，即初始加速段和流动稳定期。在移动床出口刚打开时，支撑床料的力消失，出口附近的颗粒流出，随即流动向床内传播，引发床内其他颗粒的流动。初始加速段的时间很短，一般在 0.2 s 左右，因此卸料过程大部分处于相对稳定的流动状态。

在流动过程中，摩擦系数是影响质量流率的很重要的因素。摩擦系数包括颗粒 - 颗粒滑动摩擦系数 μ、颗粒 - 壁面滑动摩擦系数 μ_w，以及滚动摩擦系数 r。由图 4-3 可以看出，随着颗粒 - 颗粒滑动摩擦系数的增加，颗粒流动性质由类流体向松散颗粒体转变，且平均质量流率随 μ 的增加而减小。当颗粒滑动摩擦系数 $\mu < 0.4$ 时，随着 μ 的增加平均质量流率从 1.19 kg/s 降低到 0.95 kg/s，即下降了 20.2%，而当颗粒滑动摩擦系数 $\mu > 0.4$ 时，随着 μ 的增加，平均质量流率从0.95 kg/s降低到 0.82 kg/s，即下降了 13.7%，下降的程度变小。颗粒间的滑动摩擦系数增大后，导致颗粒间的摩擦阻力变大，使得颗粒在重力方向的流动速度减慢，因而移动床内卸料的质量流率减小。

图 4-4 表示了当颗粒滑动摩擦系数 μ 为定值 0.4 时，颗粒 - 壁面滑动摩擦系数 μ_w 与质量流率之间的关系。由图中可知，当 μ_w 从 0.2 增大到 0.8 时，平均质量流率下降了 7%。Nguyen 等[16]通过研究也表明改变颗粒与壁面的摩擦系数对下料率的影响小于 10%，因此可以认为，颗粒与壁面的摩擦系数对下料率几乎没有影响。

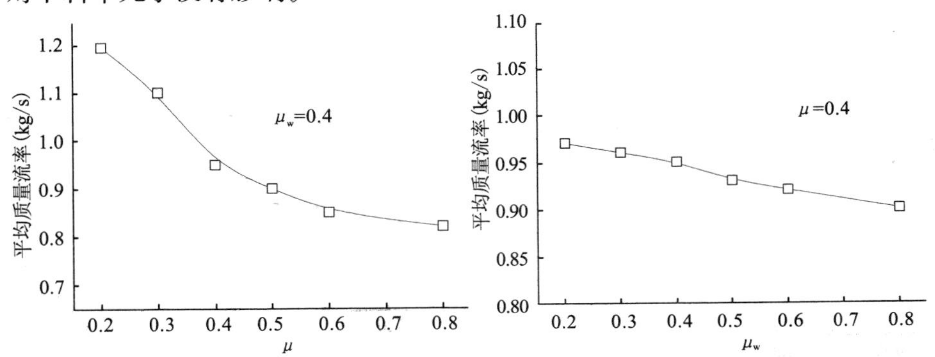

图 4-3　不同颗粒 - 颗粒摩擦系数球形颗粒的平均质量流率

图 4-4　不同颗粒 - 壁面摩擦系数球形颗粒的平均质量流率

图 4-5 表示了在三种不同的滚动摩擦系数下，质量流率随时间的变化情况。由图中可以看出，滚动摩擦系数对质量流率几乎没有影响。

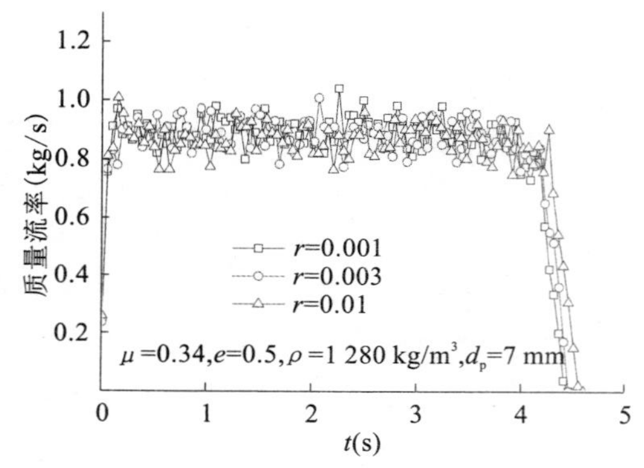

图 4-5　不同滚动摩擦系数球形颗粒的质量流率

4.2.1.2　弹性恢复系数对质量流率的影响

弹性恢复系数在颗粒流动中是一个十分重要的参数,且在试验中不容易得到。图 4-6 表示了不同弹性恢复系数的颗粒在卸料时的质量流率随时间的变化情况。由图中可以看出,当弹性恢复系数分别为 0.5、0.7、0.9 时,质量流率的波动范围均为 0.9 ~ 1.1 kg/s,即改变弹性恢复系数对质量流率几乎没有影响。Ristow[3] 也通过研究指出,当弹性恢复系数由 0.3 变化到 0.7 时,下料率仅仅改变了 1.2% 。

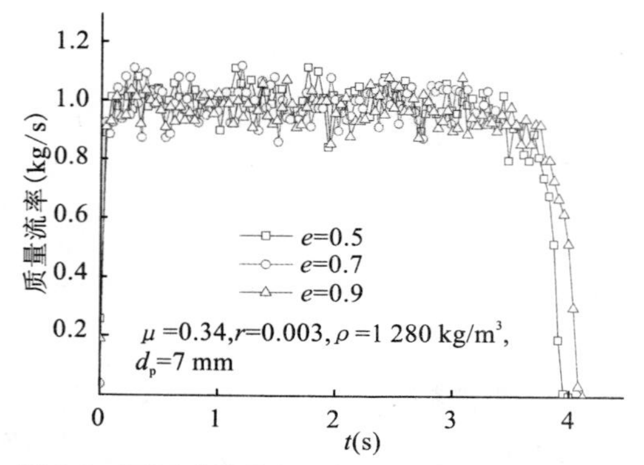

图 4-6　不同弹性恢复系数球形颗粒的质量流率

4.2.1.3　颗粒直径对质量流率的影响

当出口尺寸远远大于颗粒的尺寸时,颗粒尺寸对下料率几乎没有影响,但是当出口尺寸小于颗粒直径的 4 倍时,颗粒的流动会变得不连续,会有阻塞现象产生[17]。

在颗粒摩擦系数、弹性恢复系数、密度以及移动床结构都相同的情况下,比较了三种不同直径颗粒的质量流率,如图 4-7 所示。移动床的出口宽度为 60 mm,即出口尺寸分别为颗粒直径的 4 倍、8.5 倍、15 倍。由图中可知,当颗粒直径为 4 mm 时,随着移动床出口的打开,颗粒流出,质量流率迅速增加到 1.18 kg/s,并随着时间的增加变得稳定,波动范围为 1.17 ~1.2 kg/s;当颗粒直径为 7 mm 时,随着出口的打开,颗粒流出,在 0.2 s 内,质量流率从 0 增加到 0.9 kg/s,随后质量流率在 0.9 kg/s 上下波动,波动范围为 0.78 ~0.98 kg/s;当颗粒直径增加到 15 mm 时,质量流率明显变小,在 0.58 kg/s 上下波动,波动范围为 0.2 ~0.8 kg/s。因此,可以得出结论,颗粒直径越小,质量流率越大,颗粒直径越大,质量流率越小,且波动范围越宽。

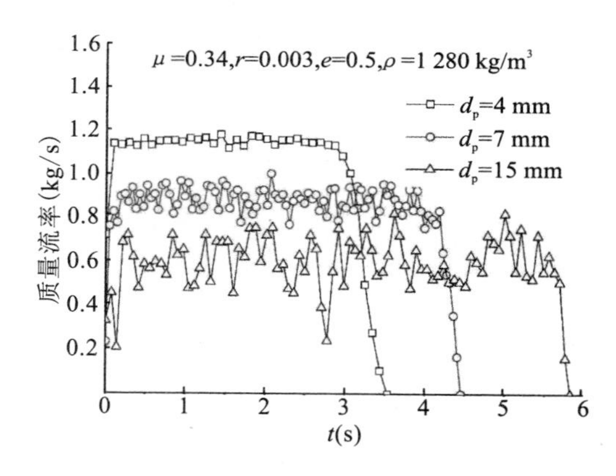

图 4-7　不同尺寸球形颗粒的质量流率

4.2.1.4　颗粒形状对质量流率的影响

图 4-8 比较了四种不同形状颗粒在同一移动床的质量流率。由图中可以看出,玉米形颗粒的质量流率最大,为 0.9 kg/s,且围绕这个值在 0.78 ~1.1 kg/s波动;其次是球形颗粒,质量流率为 0.8 kg/s,在 0.78 ~0.82 kg/s波动;再次是椭球形颗粒,质量流率为 0.61 kg/s,波动范围为 0.5 ~0.7 kg/s;卸料最慢的是圆柱形颗粒,质量流率为 0.4 kg/s,波动范围为 0.28 ~0.53 kg/s。球形颗粒的卸料过程最平稳,非球形颗粒在卸料过程中质量流率波动范围较大。

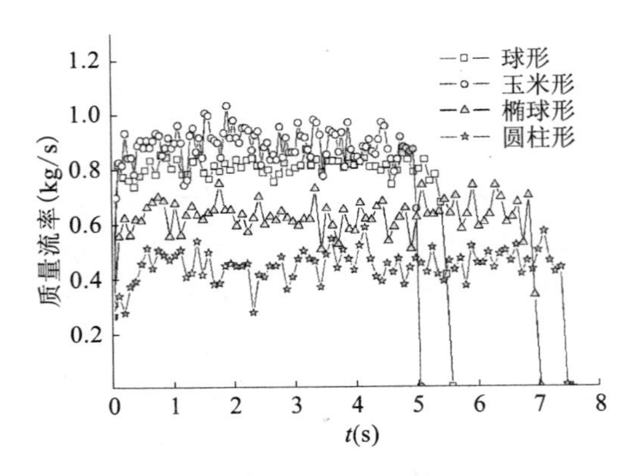

图 4-8　比较不同形状颗粒的质量流率

4.2.1.5　颗粒密度对质量流率的影响

图 4-9 比较了不同密度颗粒在同一移动床的质量流率，由图中可以看出，颗粒密度分别为 680 kg/m³、1 280 kg/m³、2 280 kg/m³时，质量流率值均为 1 kg/s，且波动范围为 0.84 ~ 1.11 kg/s。因此，颗粒密度对质量流率基本没有影响。

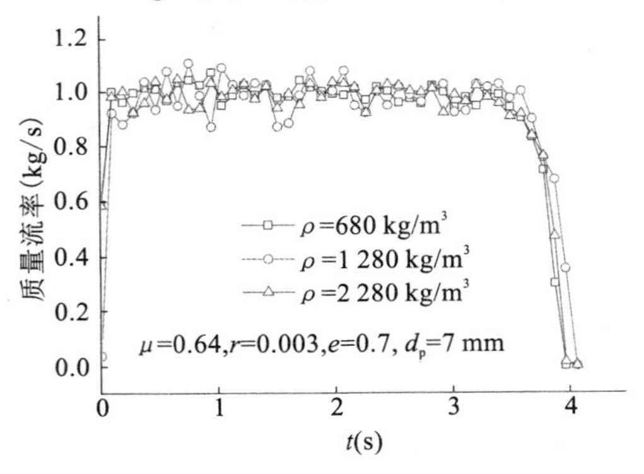

图 4-9　不同密度球形颗粒的质量流率

4.2.1.6　不同移动床出口尺寸对质量流率的影响

许多研究者[14,18]研究了移动床内颗粒在重力作用下自由卸出时的下料率。早在 1895 年，Janssen[19]通过研究指出当床内颗粒超过一定的高度后，床内颗粒的部分重量由颗粒 - 壁面间的摩擦力来支撑，因此达到一定高度时，移动床底部受到的应力与装填颗粒的高度无关。考虑到这个因素，根据无量纲分析得出，颗粒在重力作用下的下料率与 $\rho g^{1/2} W_0^{5/2}$ 成正比，其中 W_0 是出口直径，ρ 是颗粒的堆积密度。然而，很多早期的试验研究表明，下料率与出口直径的变化成指数关系，但是幂次要大于 2.5。如 Frankin 等[20]通过试验得到下料率与 $W_0^{2.93}$ 成正比，Gao 等[21]得到的结果是下料率与 $W_0^{2.8}$ 成正比，而 Brown 等[22]研究得出下料率与 $W_0^{3.1}$ 成正比。最终，Beverloo 等[23]在 1961 年得到了被普遍认同的预测下料率的关联式，即 $W = C\rho g^{1/2}(W_0 - kd)^{5/2}$，其中 W 表示下料率，k、C 是常数。需要指出的是，Beverloo 方程多适用于平底、开口为圆形的圆柱形床体。Huntington 等[24]通过研究表明在填料过程中，对颗粒进行不同程度的压实，会影响颗粒的下料率，因此提出了流动堆积密度（flowing bulk density）的概念并且在预测下料率时用流动堆积密度来代替堆积密度，其中流动堆积密度是质量流率与体积流率的比值，即 $\rho_{flow} = W/Q$。Myers 等[25]通过对 Beverloo 方程进行修正，将它的应用扩大到了平底的矩形移动床，即 $W = 1.03\rho_{flow}g^{1/2}(L - kd)(W_0 - kd)^{3/2}$，其中 L、W_0 分别为矩形出口的长和宽。Brown 等[15]在此基础上引入了下料段倾角和下料率的关系，即 $W = W_{flat-bottom}\dfrac{1 - \cos^{3/2}\theta}{\sin^{5/2}\theta}$，其中 θ 是下料段与竖直方向的夹角。

出口尺寸是控制移动床内颗粒流出速度的重要参数。通过前面的分析可知，通过 Myers 和 Brown 的方程可以预测带有下料段的矩形移动床的质量流率。图 4-10 比较了不同出口尺寸时平均质量流率的 DEM 计算值与预测值。方程中的 k 值取 1.4，由图中可知，平均质量流率随着出口尺寸的增大而增大，且 DEM 计算结果和预测值十分吻合，从而说明了 DEM 模型的正确性。需要说明的是，如前面所述，颗粒 - 颗粒摩擦系数对质量流率有很大的影响，然而在预测方程中并没有用到摩擦系数 μ，这是因为在方程中将颗粒间摩擦力对质量流率的影响归结到系数 k 中去考虑。

4.2.1.7　不同移动床下料段角度对质量流率的影响

下料段角度对移动床内的颗粒流动特性也有很大的影响。同样地，通过 Brown 预测方程和 DEM 数值模拟分别计算了不同下料段倾角时的平均质量流率，如图 4-11 所示。DEM 模拟结果和预测结果吻合得很好。由图中可以看出，当下料段倾角由 0°增加到 40°时，平均质量流率的变化不是很明显，但是超过 40°之后，平均质量流率显著增加。这是因为，40°可以看作是一个临界角度，小于这个临界角度时，颗粒流动呈现明显的漏斗流，边壁颗粒的速度较小，平均质量流率较小；一旦下料段倾角超过这个临界角度，颗粒流动变成整体流，边壁颗粒速度增加，平均质量流率明显增大。

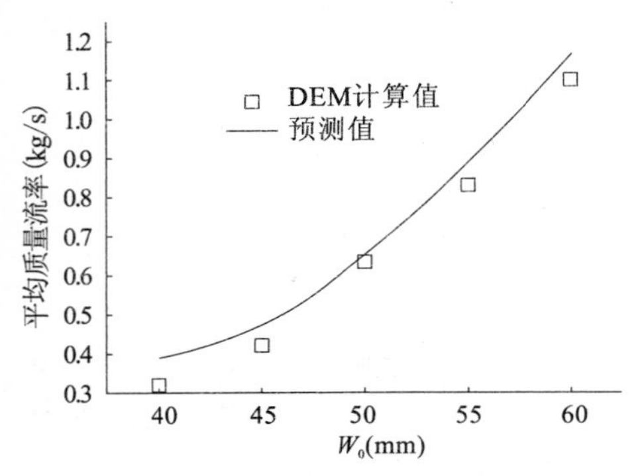

图 4-10　不同出口尺寸时球形颗粒质量流率的 DEM 计算值和预测值

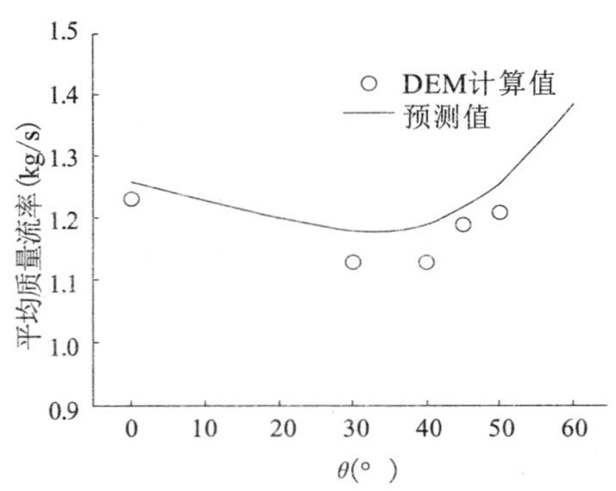

图 4-11　不同下料段角度时球形颗粒质量流率的 DEM 计算值和预测值

4.2.2　不同物性均质颗粒的流型

4.2.2.1　流型的定义

一般来说，颗粒在床内的流动主要有两种形式：整体流和漏斗流，如图 4-12所示。所谓整体流，指的是全部颗粒以相对均匀的速度向出口移动，卸料速率稳定，卸料密度均匀，卸料顺序为先进先出。而漏斗流的特点是床内颗粒速度梯度大，中心线处的颗粒速度大，边壁处颗粒速度小，颗粒有先进后出的现象。一般情况下，开始时颗粒以整体流的形式向下流动，之后慢慢转变成漏斗流。

为了确定在卸料过程中，整体流向漏斗流转变的确切时刻，定性地分析颗粒形状、大小、密度、滑动摩擦系数 μ、滚动摩擦系数 r、弹性恢复系数 e 以及移动床结构等对流型的影响。定义了流动指数 *MFI*(Mass Flow Index)：壁面附近颗粒的平均速度与中心处颗粒平均速度的比值，即 $MFI = V_{壁面}/V_{中心}$。图 4-13表示了壁面附近颗粒和中心处颗粒平均速度的计算区域。即边壁处计算区域的宽度为颗粒直径 d，而中心处计算区域的宽度为 $2d$，此处的颗粒直径指的是球形颗粒的直径，如果颗粒是非球形颗粒，则 d 为非球形颗粒的当量直径，计算区域的厚度即是床宽。根据 Johanson 和 Jenike[26] 的研究可知，$MFI = 0.3$是整体流向漏斗流转变的一个分界线，$MFI > 0.3$ 时颗粒流动为整体流，$MFI < 0.3$ 时为漏斗流[27]。

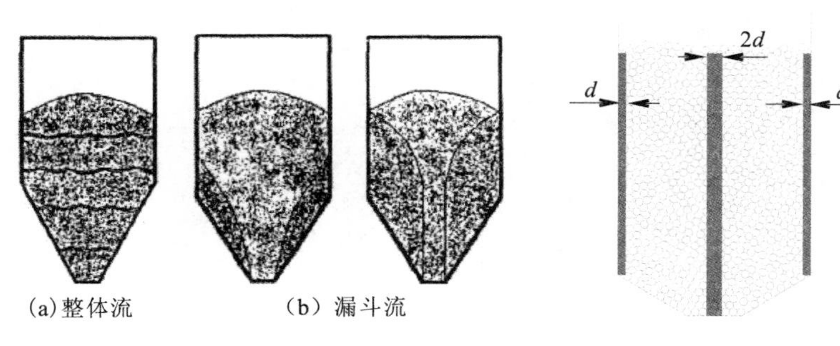

图 4-12　颗粒在移动床内的典型流动示意图

图 4-13　中心和边壁处平均速度的计算区域

4.2.2.2　不同物性颗粒的流型

为了定量地研究不同物性参数的颗粒在流动过程中的流型是整体流还是漏斗流,以及何时开始从整体流向漏斗流转变,研究了不同物性颗粒在卸料时 *MFI* 随着下料率的变化情况,如图 4-14 所示。

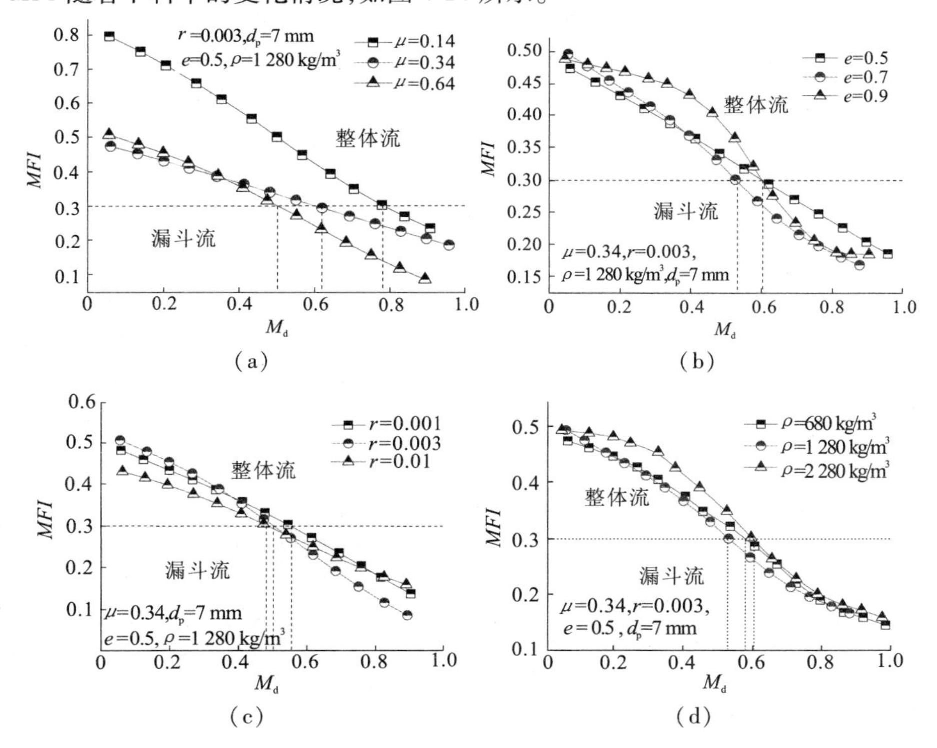

图 4-14　不同物性颗粒卸料时 *MFI* 随下料率的变化

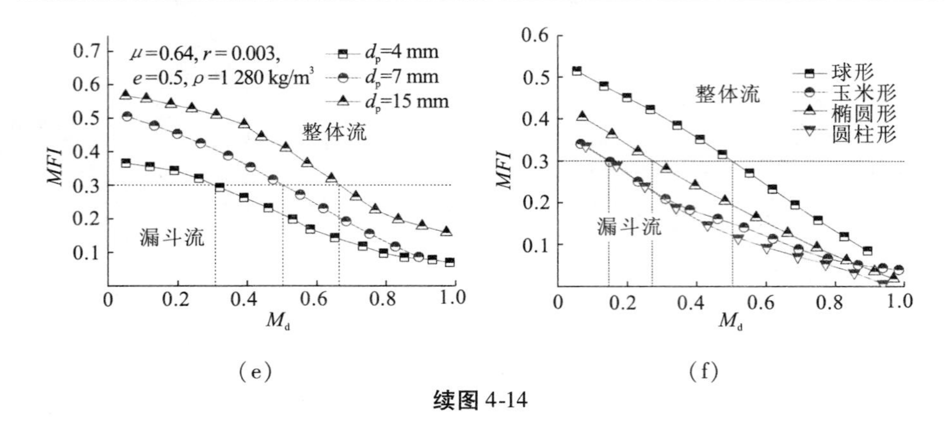

(e)　　　　(f)

续图 4-14

从图 4-14(a)中可以看出,滑动摩擦系数对流型有很大的影响,当滑动摩擦系数 $\mu=0.14$ 时,下料率达到 78%,$MFI=0.3$,此时从整体流向漏斗流转变。而 $\mu=0.34$ 和 $\mu=0.64$ 时对应的整体流向漏斗流转变的分界线分别为 61% 和 50%。即滑动摩擦系数越小,颗粒流动保持整体流的时间越长。另外,在下料率为 50% 时,三种滑动摩擦系数下颗粒的流动均为整体流,而 $\mu=0.14$对应的 MFI 值最大,为 0.8,表明此时边壁速度和中心处速度相差最小,水平方向上速度分布最均匀。而在下料率为 90% 时,颗粒流动均为漏斗流,尤其是 $\mu=0.64$ 时,MFI 值最小,为 0.1,边壁速度和中心处速度相差最大。

图 4-14(b)、(c)、(d)表示了不同弹性恢复系数 e、不同滚动摩擦系数 r 以及不同密度球形颗粒在卸料时 MFI 随下料率的变化情况。从图中可以得到 $e=0.5$、0.7、0.9 时 $MFI=0.3$ 对应的下料率分别为 53%、60%、60%;当 $r=0.001$、0.003、0.01 时 $MFI=0.3$ 对应的下料率分别为 53%、50%、48%;当 $\rho=680\ kg/m^3$、1 280 kg/m^3、2 280 kg/m^3时 $MFI=0.3$ 对应的下料率分别为 51%、58%、60%。且不同 e、r、ρ 的颗粒在整体流和漏斗流部分的 MFI 值相差很小,因此可以确定,弹性恢复系数 e、滚动摩擦系数 r 以及密度对颗粒流型的影响并不大。

图 4-14(e)表示了不同尺寸球形颗粒在卸料时 MFI 随下料率的变化情况。由图中可以看出,当 d_p分别为 4 mm、7 mm、15 mm 时,$MFI=0.3$ 对应的下料率分别为 30%、50%、68%,即尺寸越大,流型由整体流向漏斗流转变得越晚,流动时处于整体流的时间越长;反之,尺寸越小,流型由整体流向漏斗流转变得越早,流动时处于漏斗流的时间越长。并且在整个卸料过程中,随着颗粒尺寸的增大,MFI 值也相应地变大。因此,可以得出,在出口尺寸不变的情

况下，颗粒尺寸越大，颗粒流动越接近整体流，反之颗粒尺寸越小，颗粒流动越接近漏斗流。

图 4-14(f)表示了不同形状颗粒在同一移动床中卸料时 *MFI* 随下料率的变化情况。由图中可知，球形颗粒的 *MFI* 值最大，中心与边壁处的速度梯度最小，在下料率超过 50% 之后，由整体流向漏斗流转变；其次是椭球形颗粒，在下料率超过 28% 时，$MFI < 0.3$，转为漏斗流；玉米形和圆柱形颗粒的 *MFI* 值十分相似，且最小。

4.2.2.3　不同移动床内的流型

图 4-15 表示了相同物性球形颗粒在不同结构移动床内卸料时 *MFI* 随下料率的变化。由图 4-15(a)可以看出，当下料段角度 $\theta=60°$ 时，在整个卸料过程中，*MFI* 由初始阶段的 0.64 下降到 0.39，高于临界值 0.3，因此认为在出口尺寸 60 mm，下料段角度为 60°时，流型始终保持整体流状态。当下料段角度减小到 45°，下料率大于 69% 时，*MFI* 小于临界值 0.3，流型由整体流转为漏斗流，而当下料段角度为 30°时，*MFI* 小于临界值发生在下料率为 48% 时。即下料段角度越小，流型越接近漏斗流；下料段角度越大，流型越接近整体流。这是因为，下料段部分是呈现棱锥的结构，即横截面面积自上而下逐渐减小，因此当颗粒由移动床的直筒部分流动到下料段部分时，颗粒每下降一个微小的高度，均要重新排列，颗粒的原有层面呈不均匀下降，以适应截面收缩的变化。由于截面收缩率的增大，越接近出口，颗粒间的挤压现象越明显，颗粒原有的层面破坏到一定程度时，呈现出中部流动速度快、边壁速度较慢的现象，即出现了漏斗流，这种现象向上不断地传递。下料段角度越小，边壁与中心处的速度差越大，因此越早出现漏斗流。

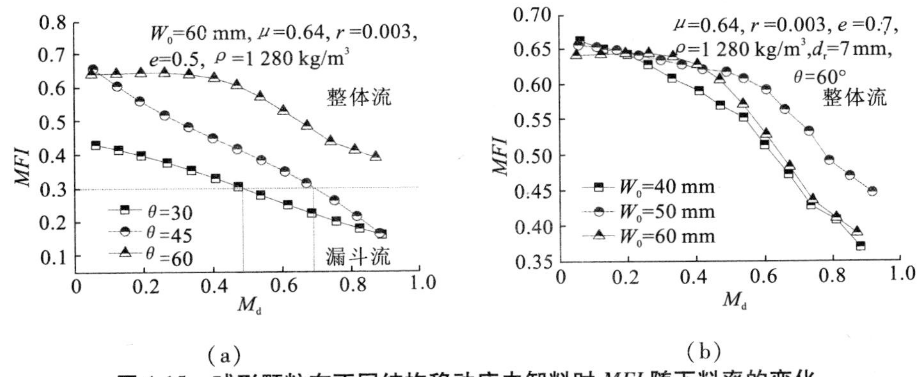

图 4-15　球形颗粒在不同结构移动床内卸料时 *MFI* 随下料率的变化

图4-15(b)表示的是在下料段角度 θ =60°,出口尺寸分别为 40 mm、50 mm、60 mm 时球形颗粒的 *MFI* 随着下料率的变化情况。由图中可以看出,在三种出口尺寸下,*MFI* 均大于临界值0.3,即流型均为整体流。

4.2.3 不同物性均质颗粒的速度分布

4.2.3.1 不同物性颗粒的速度分布

本节主要考察了颗粒物性及移动床结构对速度的影响,为了使对比分析在同一个标准下进行,对速度变量进行了无因次化处理,具体如下:

无量纲水平速度: $u^* = u/(gW_0)^{1/2}$

无量纲垂直速度: $v^* = v/(gW_0)^{1/2}$

其中,W_0是出口尺寸。

图4-16 比较了不同物性颗粒的 u、v 的变化情况,图中 W 为床的宽度。由无量纲垂直速度分布图可以看出,任何颗粒在带有渐缩下料段的移动床内流动时,均呈现中间速度快、边壁速度慢的现象,符合流体在容器中的流动规律。值得说明的是,运动的颗粒与流体具有一定的相似之处,如宏观流行为以及局部速度表现出来的随机脉动,但是两者又存在着很大的差别。除颗粒和流体分子在尺度上的巨大差异外,颗粒流的随机脉动机理与流体中的湍流脉动机理又有很大的不同。在流体中,湍流的本质是由剪切造成的各种尺度的旋涡,在某点表现出速度的随机脉动,湍流强度与速度剪切的大小基本成正比,即湍流最强的地方一般是剪切最大的地方。在湍流中能量由大尺度的涡传递到小尺度的涡,最后在极微小的尺度被分子黏性耗散而转化为热能。同样,对于颗粒流动,在流速剪切较大的地方,也会产生一定的颗粒流旋涡和脉动,但与流体中的湍流旋涡和分子尺度的巨大差别相比,颗粒旋涡的尺度基本接近于颗粒尺度,因此颗粒剪切流动类似于流体中的层流。颗粒的运动与流体的连续性运动有较大的不同,在设备尺度上,颗粒速度分布很不均匀,部分颗粒快速运动,部分颗粒基本静止,整个运动在较大的尺度上呈现一定的间歇性。同时,在颗粒床顶部形成一定的堆积角,颗粒沿斜面向下滑动,这是在流体运动中看不到的。造成这些现象的根本原因就是颗粒的散体属性,颗粒的大小、粗糙度、粒径分布等都会影响其运动状态。从物理机理上看,导致颗粒流与流体不同的根本原因有两点:一是颗粒间作用力与流体中的分子间作用力不同,颗粒之间直接发生接触碰撞,与分子间的简单场力完全不同;二是尺度不同,颗粒的尺度远大于分子尺度,颗粒系统中颗粒的数量要远小于流体中分子的数量,因此颗粒系统相对于流体会表现出更多的不连续性,如颗粒系统的阻塞现象等[28]。

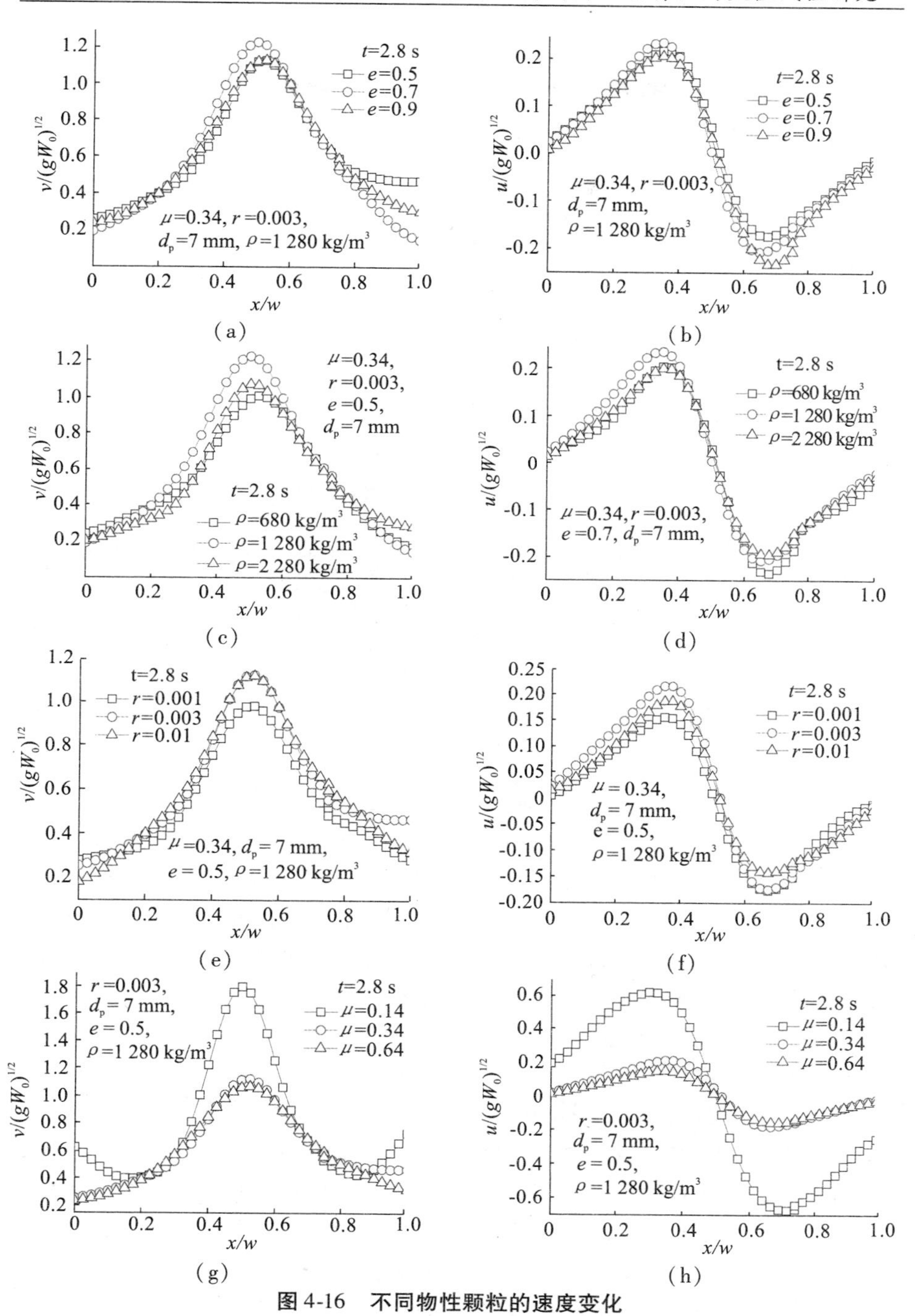

图 4-16　不同物性颗粒的速度变化

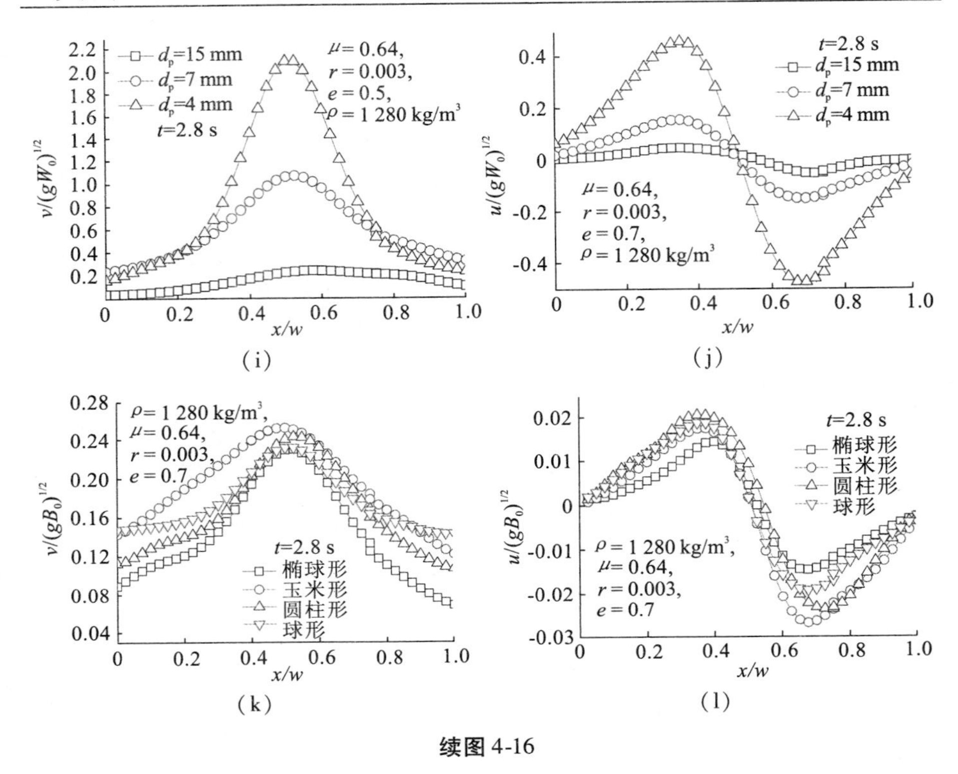

续图 4-16

由图 4-16(a)~(f)比较了球形颗粒在不同弹性恢复系数 e、密度 ρ 以及滚动摩擦系数 r 下水平及垂直无量纲速度的变化情况，从图中可以得出，e、ρ、r 的变化对颗粒流动时的无量纲水平、垂直速度基本没有影响。图 4-16(g)、(h)表示了不同滑动摩擦系数 μ 下的无量纲垂直、水平速度变化。从图中可以看出，对于垂直速度，颗粒在出口正上方的中心位置的速度最大，靠近边壁的速度较低；而水平速度则是在中心附近的两侧达到最大，中心处速度为 0，这是因为颗粒在流动的过程中两边的颗粒向中心流动形成汇聚流，在到达中心处，颗粒相互碰撞，水平速度为 0，随后向下流动。显然，颗粒的速度随着摩擦系数 μ 的增大而减小。图 4-16(i)、(j)表示了不同直径球形颗粒对无量纲速度的影响。由图中可以看出，在床的中心处，即 $x/w=0.5$ 时，$d_p=4$ mm 的颗粒的无量纲垂直速度为 2.1，无量纲水平速度为 0.45；而 $d_p=7$ mm 和 $d_p=15$ mm的颗粒垂直无量纲速度分别为 1.0、0.2，无量纲水平速度分别为 0.18、0.02。而在边壁处，三种尺寸颗粒的无量纲垂直速度在 0~0.3，而无量纲水平速度在 0~0.1。因此，可以得出，在中心处，直径越小，颗粒流动速度越快,直径越大,颗粒流动速度越小;在边壁处,颗粒的速度与尺寸无关。另外,由于 $t=2.8$ s 时下料率为 57%,对应图 4-14(e)可以知道,直径为 15 mm 的颗粒的流动状态为整体流,而其他两种颗粒的流动为漏斗流,且直径越大,*MFI* 值越大,即越接近整体流。这与速度图完全一致。图 4-16(k)、(l)表示了不同形状颗粒的无量纲水平、垂直速度分布情况。由图 4-16(k)可知,玉米形颗粒的流动速度较球形颗粒要快,这和图 4-8 中得出的结论玉米形颗粒的质量流率较球形快的结论相符。

4.2.3.2　不同结构移动床内颗粒的速度分布

图 4-17 表示了不同出口尺寸、不同下料段角度对球形颗粒速度的影响。由图中可以看出,随着出口尺寸的增加,颗粒的无量纲速度均增加;且随着下料段角度的增加,颗粒的无量纲速度也会相应地增加。

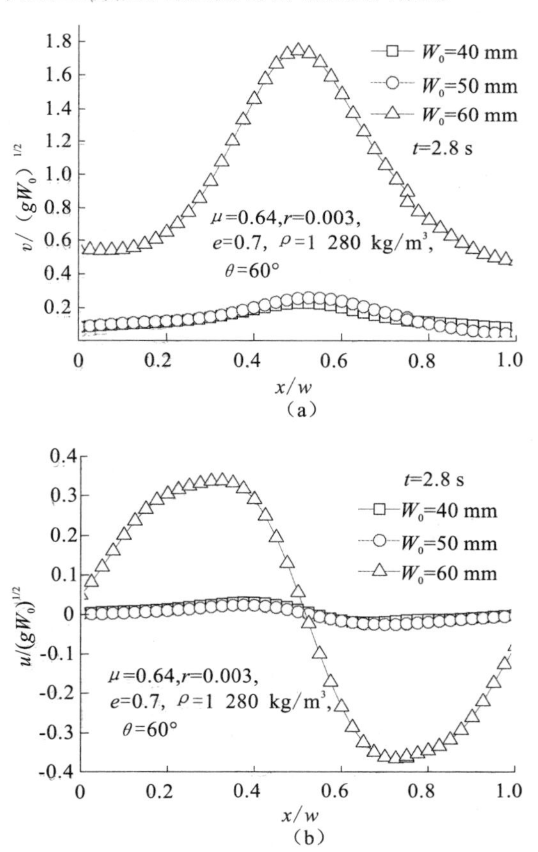

图 4-17　不同结构移动床内球形颗粒无量纲速度的变化

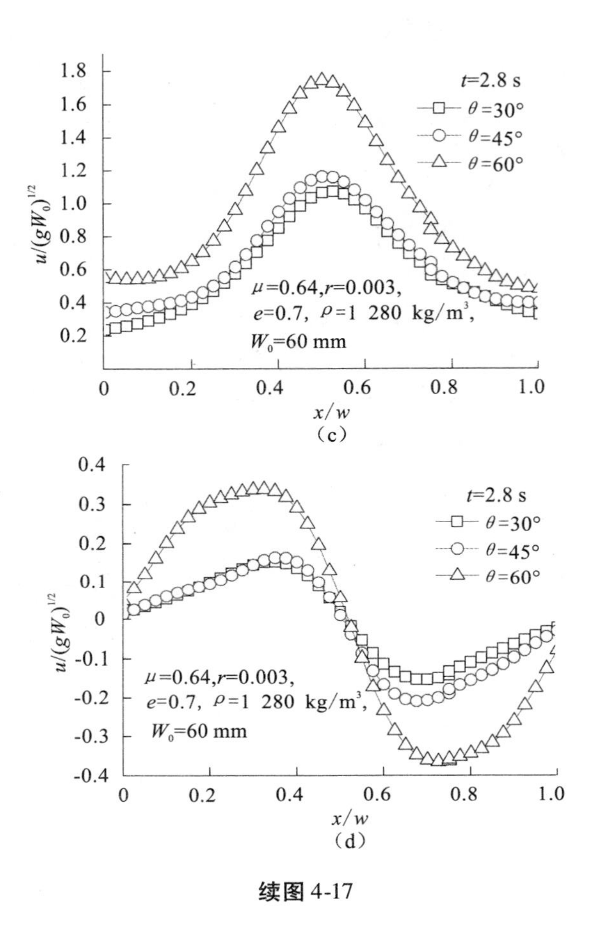

续图 4-17

4.2.4 均质颗粒在移动床内的压力分布

压力的变化对认识颗粒流动特性和移动床的设计有很重要的意义[29-33]。颗粒间的碰撞会产生碰撞力，滚动以及相对滑动会产生摩擦力，且每个颗粒还受到重力的作用。所有的这些力按照作用的方向都可以分解为法向力和切向力，而颗粒间的法向力对颗粒的运动起着至关重要的作用[34]。在进行移动床的结构设计时，要确定作用于移动床上的荷载，其中床内物料作用于壁面上的压力分布非常复杂。很多因素如物料特性、温度、湿度、空隙、流动形态等都极大地影响着床内的压力分布。移动床在装料后和卸料后的静压力分布差别很大，因此有必要分别分析这两种情况。目前已有多种理论可用于计算料仓装料后的静压力和卸料时的动压力。这些理论大多是基于塑性平衡理论导出的,只是不同的理论侧重于不同的材料特性而已。移动床内的物料压力主要作用于床的底部、侧部,传统的强度计算依据 Janssen 的微元层法(Slice Element Method),考虑横跨床横截面的微元层的力平衡,并假设床的任一水平截面上的压力是均匀的,压力仅在垂直方向上发生变化,垂直压力与水平压力之比假定为常数。该方法比较简单,但是其简化假设与实际情况出入较大。目前,在设计移动床或料斗时,多数国家的设计规范,推荐用 Janssen 法计算壁面应力,再乘上超压系数 C_d 作为设计压力。由于床中物料会出现不同的流动状态,流动中产生一定的超压值,移动床的几何结构对压力的峰值有着决定性的影响。设计时对筒仓不同部位采用不同的 C_d 值,确定其应力峰值。而 C_d 值往往靠经验选取。这势必影响设计的精准性。为了克服计算壁面应力存在的问题,本书采用 DEM 直接数值模拟方法,对不同物性颗粒及不同结构移动床内的壁面应力分布进行研究。

4.2.4.1　移动床颗粒静止时的压力分布

当流体置于容器中,器壁压力随着深度呈线性增加。当容器中堆放颗粒时,壁面的压力变化与流体有很大不同。图 4-18 表示的是椭球形颗粒在床中静止时垂直方向上的压力分布。即当所有颗粒从床顶部加入后在重力作用下随机自由落到床内,经过一段时间静置后,达到稳定状态时的压力分布情况。图中纵坐标床高 0 m 处即是移动床主体与渐缩下料段的交界处,为了明确主体和下料段的压力变化,以此处为坐标原点。从图中可以看出,在床的上部,压力随着床深度的增加而逐渐增大,在床的主体与下料段交界处上方0.15 m 处达到最大值 100 Pa,在此处的下方,压力是随着深度的增加而减小的。这是因为很多颗粒堆积在一起会形成拱,这些拱会分担颗粒对床的压力。

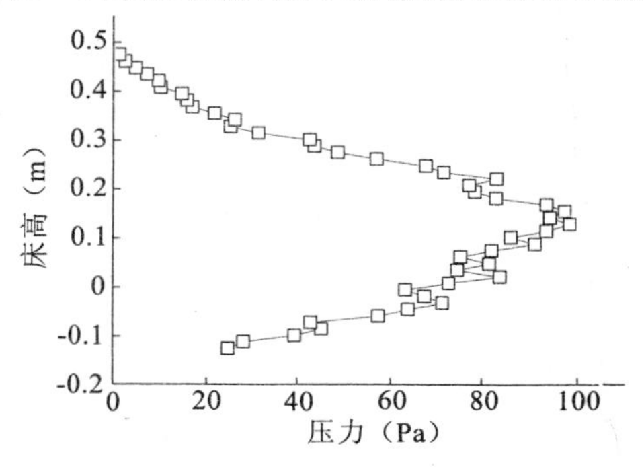

图 4-18　椭球形颗粒在床中静止时垂直方向上的压力分布

图4-19表示的是椭球形颗粒在床中静止时水平方向上的压力分布。由图中可以看出，水平方向上的应力不是恒定的，是不断变化的，但总体来讲是围绕一个恒定值上下波动的。

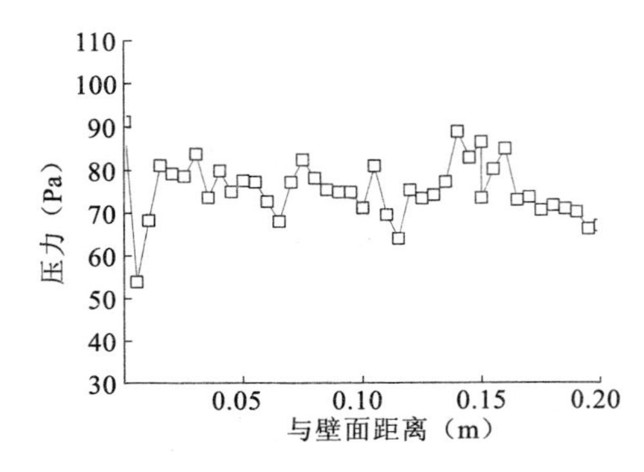

图4-19　椭球形颗粒在床中静止时水平方向上的压力分布

4.2.4.2　颗粒卸料时的压力分布

图4-20表示了椭球形颗粒在卸料时间分别为 $t=0$ s、0.2 s、0.4 s、0.6 s时垂直方向上的压力分布。由图中可以看出，$t=0$ s时，床内压力最大，当 $t=0.2$ s时，床内压力迅速减小。产生这种现象的原因是当出口打开时，床内物料产生膨胀波，并迅速扩散到整个移动床，导致整个床内物料形成了整体流。也就是说，床内所有物料突然处于向下流动趋势，堆积物料变得松散，空隙率增加，因此壁面应力显著下降，并且最大压力的位置由原来的交界处上方0.15 m处变为交界处下方 −0.15 m处。当 $t=0.4$ s时，壁面压力继续减小，但减小幅度很小。此时，床内物料仍然处于这种松散的堆积状态。当卸料时间继续增加到 $t=0.6$ s时，在0.1 m处的上方压力减小，在0.1 m的下方压力有所增加，但仍远小于静置状态时的压力，此处堆积物料的密实度有所增加，即空隙率下降，颗粒的碰撞力增加，压力相应增加。值得指出的是，$t=0.2$ s、0.4 s时，在床高 −0.05 ~0.3 m处，压力呈现先减小再增加的状态，这是由于在卸料时产生了动态的拱，其不断地形成和破坏。

图4-21表示了椭球形颗粒在床中卸料时间分别为 $t=0$ s、0.2 s、0.4 s、0.6 s时水平方向上的压力分布。由图中可以看出，颗粒静置堆积时，水平方向上的应力最大；当颗粒开始卸料时，压力迅速减小；当卸料时间继续增加时，水平方向的压力没有明显变化。

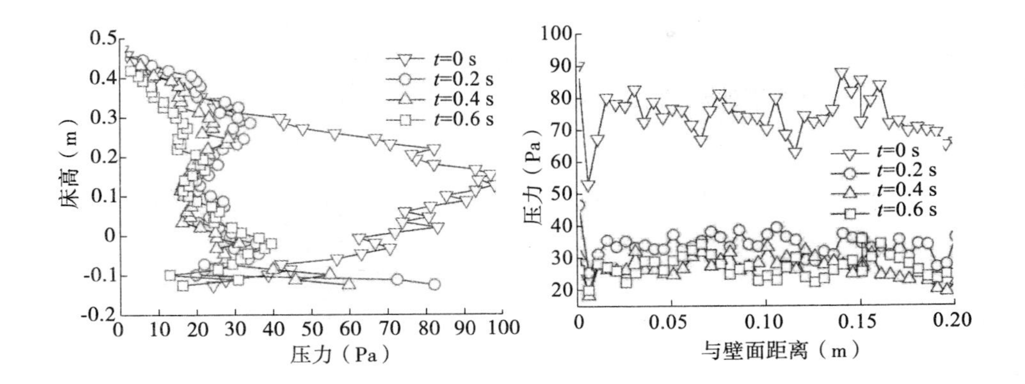

图 4-20　椭球形颗粒在不同卸料时间时垂直方向上的压力分布

图 4-21　椭球形颗粒在不同卸料时间时水平方向上的压力分布

4.2.4.3　不同物性均质颗粒的压力分布

影响移动床壁面压力的因素很多,如移动床结构、贮料散体的物理特性等。移动床结构主要是指下料段的倾角、出口尺寸以及是否有内构件等,散体物性是指密度、摩擦系数、形状、弹性恢复系数等。图 4-22 表示的是 $t=0.4$ s 时不同物性颗粒在同一床中的水平及垂直压力分布。

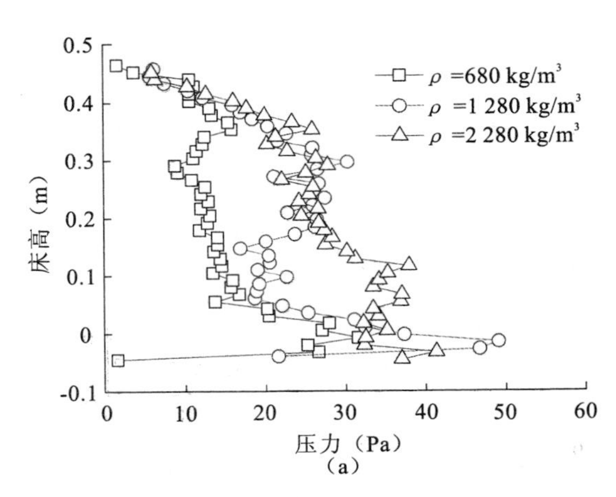

（a）

图 4-22　$t=0.4$ s 时不同物性颗粒在同一床中水平及垂直压力分布

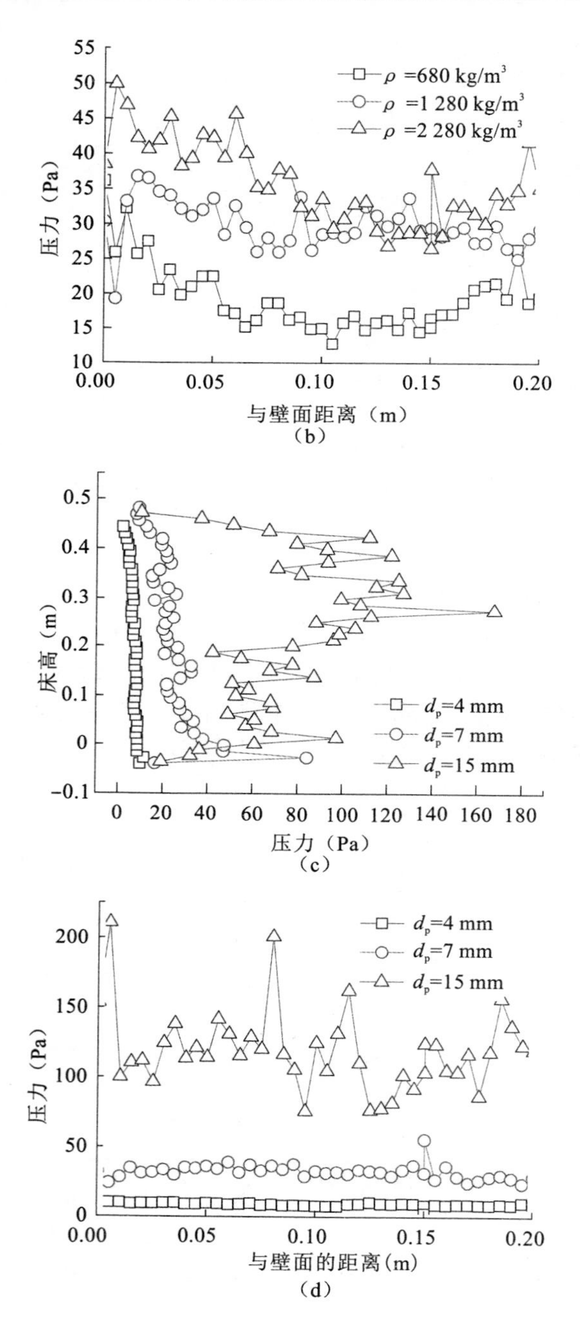

压力（Pa）
与壁面距离（m）
ρ =680 kg/m³
ρ =1 280 kg/m³
ρ =2 280 kg/m³
（b）
床高（m）
压力（Pa）
d_p=4 mm
d_p=7 mm
d_p=15 mm
（c）
压力（Pa）
与壁面的距离(m)
d_p=4 mm
d_p=7 mm
d_p=15 mm
（d）

续图 4-22

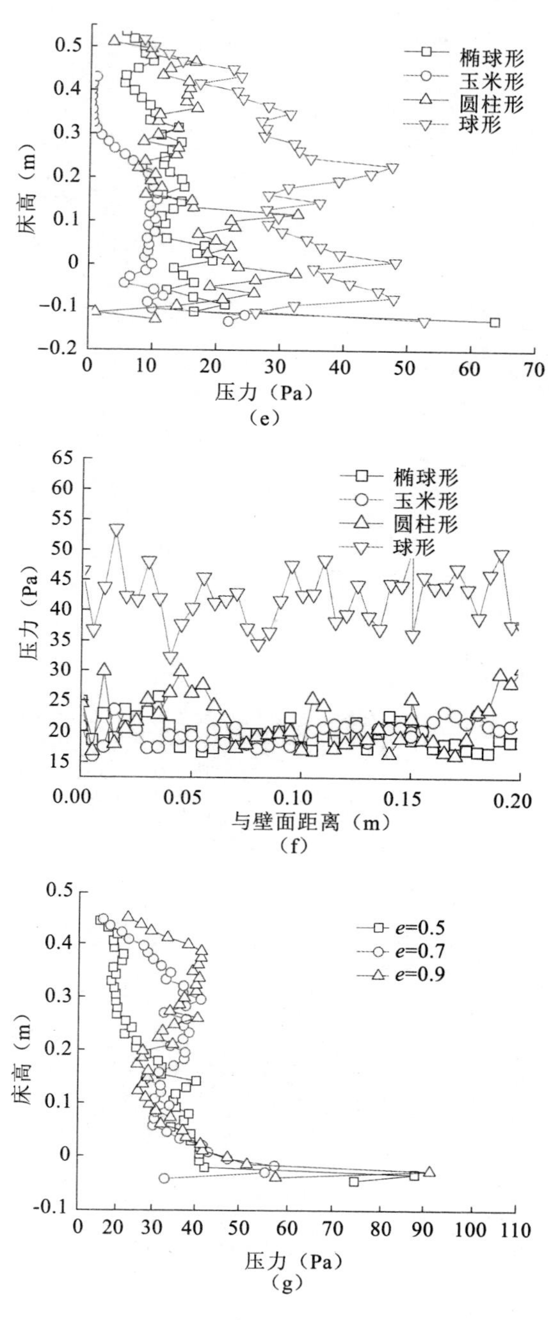

续图 4-22

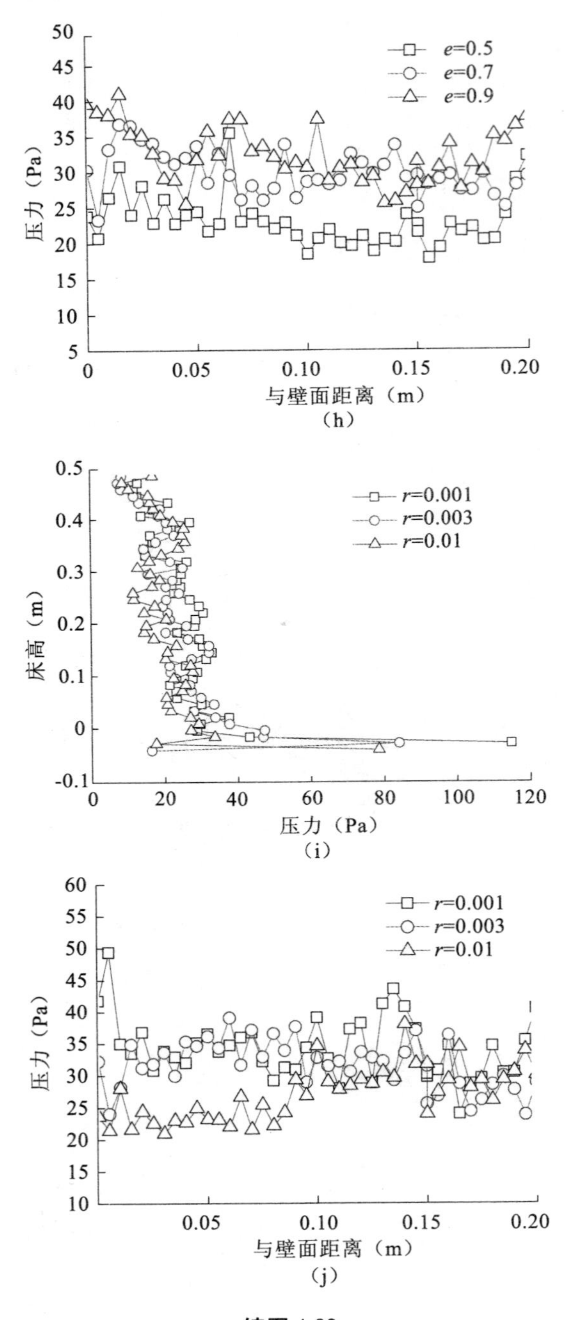

50
45
40
35
30
25
20
15
10
5
压力（Pa）
e=0.5
e=0.7
e=0.9
0
0.05
0.10
0.15
0.20
与壁面距离（m）
（h）
0.5
0.4
0.3
0.2
0.1
0
-0.1
床高（m）
r=0.001
r=0.003
r=0.01
0
20
40
60
80
100
120
压力（Pa）
（i）
60
55
50
45
40
35
30
25
20
15
10
压力（Pa）
r=0.001
r=0.003
r=0.01
0.05
0.10
0.15
0.20
与壁面距离（m）
（j）

续图 4-22

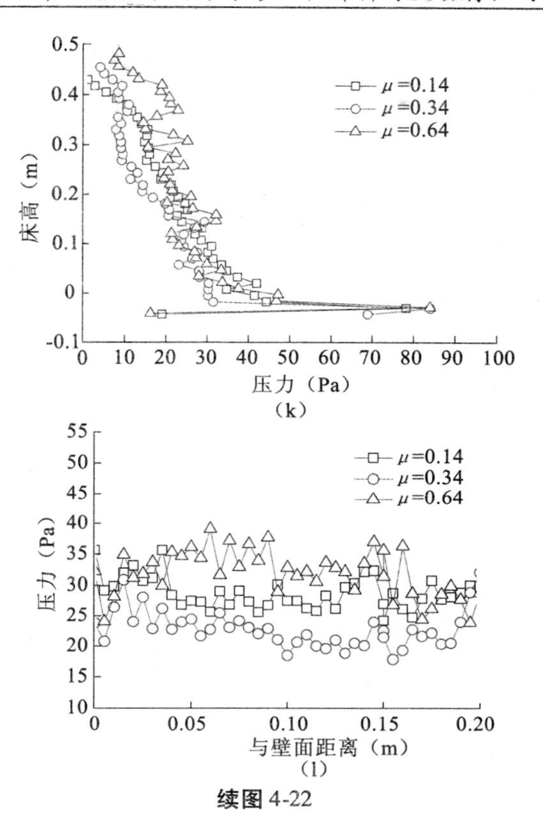

续图 4-22

图 4-22(a)、(b)表示了球形颗粒密度分别为 680 kg/m^3、1 280 kg/m^3、2 280 kg/m^{3}时床中的垂直及水平压力分布。由图中可以看出，颗粒密度增加，水平压力及垂直压力均有所增加，且当密度为 680 kg/m^{3}时，水平压力分布呈现边壁高、中心低的状态，这与 Balevicius 等[29]的研究相吻合。三种密度颗粒的应力峰值均出现在移动床主体和下料段交界处，分别为 32 Pa、50 Pa、43 Pa。

图 4-22(c)、(d)表示了球形颗粒直径分别为 4 mm、7 mm、15 mm 时床内的垂直及水平压力分布。从图中可以明显看出，随着颗粒直径的增大，壁面所受的垂直压力及水平压力均有明显增加。但是三种颗粒尺寸的压力峰值出现的位置有所不同。d_p = 15 mm 颗粒的压力峰值出现在 0.25 m 处，值为 170 Pa，当颗粒尺寸减小到 7 mm 时，最大应力值也随之减小，值为 85 Pa，出现在 −0.04 m 处。颗粒尺寸越小，水平压力及垂直压力越小，压力峰值越小，压力波动越小。

图 4-22(e)、(f)表示了不同形状颗粒在床中的垂直及水平压力分布。从

图中可以看出，玉米形颗粒的垂直压力最小，其次是椭球形颗粒，再次是圆柱形颗粒，垂直压力最大的是球形颗粒。而水平压力最大的是球形颗粒，其他三种形状的水平压力相差很小。

图4-22(g)、(h)表示了不同弹性恢复系数e时床中的垂直及水平压力分布。由图中可以看出，在床高大于0.2 m时，垂直压力随着弹性恢复系数的增大而增大，在0.2 m下方，三种颗粒的垂直压力基本相同，最大压力均出现在主体与下料段交界处，值分别为85 Pa、50 Pa、90 Pa。$e=0.5$时的水平压力最小，$e=0.7$、0.9时的水平压力值基本相同。

图4-22(i)、(j)表示了不同滚动摩擦系数r时床中的垂直及水平压力分布。从图中可知，滚动摩擦系数r对垂直和水平压力分布几乎没有影响。

图4-22(k)、(l)表示了当$t=0.4$ s时不同物性颗粒在同一床中水平和垂直方向的压力分布。从图中可以看出，当$u=0.34$时，水平和垂直压力均最小；当$u=0.64$时，水平和垂直压力最大。

4.2.4.4 不同结构移动床内的压力分布

图4-23表示$t=0.4$ s时不同移动床内的垂直及水平压力分布情况。图4-23(a)、(b)比较了三种下料段角度下床内的压力分布。$\theta=30°$、45°、60°的垂直压力分布较为相似，在移动床的主体部分$\theta=30°$的移动床内的垂直压力最小，随着θ的增大，垂直压力显著增大，但当θ增加到60°时，压力反而减小。在下料段部分，三种角度的垂直压力分布十分相似。下料段角度$\theta=30°$、45°、60°的移动床内的压力在水平方向上的分布基本均匀。$\theta=30°$时水平压力值最小，当θ值增大到45°时，水平压力明显增大，当θ值继续增大到60°时，水平压力反而减小。图4-23(c)、(d)比较了三种出口尺寸下床内的压力分布。由图中可以看出，出口为50 mm的移动床内的垂直压力和水平压力最小，另外两种尺寸的压力并没有明显的区别。

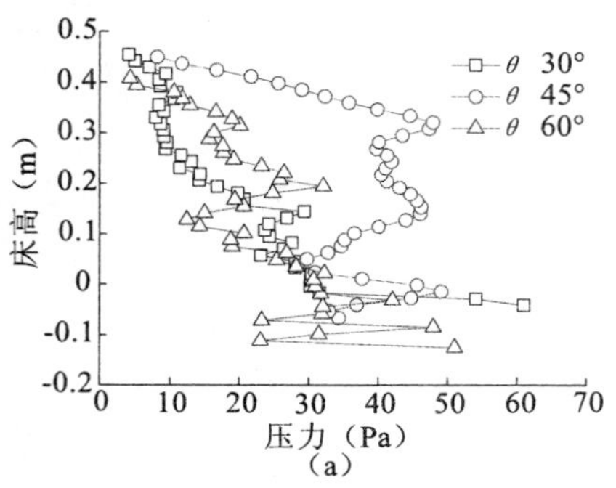

(a)

4-23 $t=0.4$ s时不同移动床内的垂直及水平压力分布

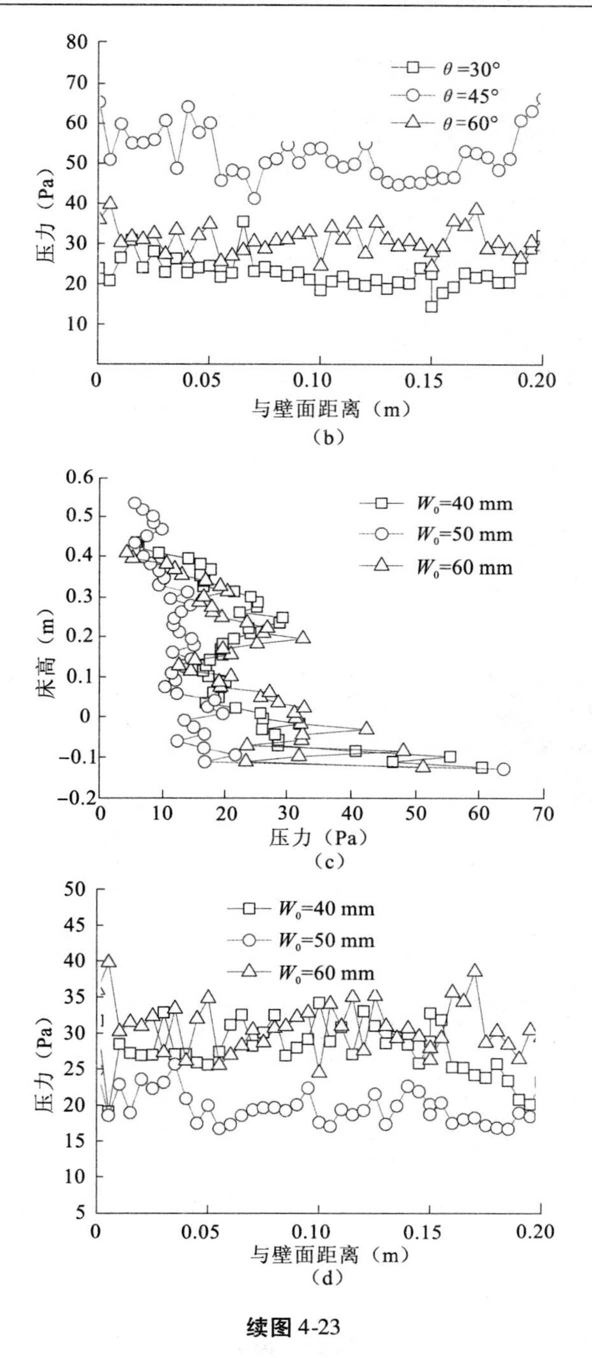
80
70
60
50
40
30
20
10
压力（Pa）
θ=30°
θ=45°
θ=60°
0
0.05
0.10
0.15
0.20
与壁面距离（m）
（b）
0.6
0.5
0.4
0.3
0.2
0.1
0
−0.1
−0.2
床高（m）
W_0=40 mm
W_0=50 mm
W_0=60 mm
0
10
20
30
40
50
60
70
压力（Pa）
（c）
50
45
40
35
30
25
20
15
10
5
压力（Pa）
W_0=40 mm
W_0=50 mm
W_0=60 mm
0
0.05
0.10
0.15
0.20
与壁面距离（m）
（d）

续图 4-23

4.2.5 均质颗粒在带有内构件的移动床内的流动特性

如前所述,移动床内颗粒的流动一般存在两种形式,即整体流和漏斗流。颗粒的物性和几何结构对床内颗粒的流动形式有着十分重要的影响。在工业应用中,出现流动异常和流速不稳定等现象基本与漏斗流有关,而这些现象应该尽量避免。因此,在设计移动床时,应该尽量使得其中的颗粒流动为整体流而不是漏斗流。由第 3 章的内容可知,颗粒的滑动摩擦系数越小、床宽与颗粒直径比越小以及下料段角度越大,颗粒的流动越接近整体流。但是在实际中,颗粒的滑动摩擦系数是一定的,并不容易改变;颗粒直径的选择还要考虑到影响颗粒吸附作用的比表面积以及影响气体分布的空隙率;而下料段角度越大,下料段越陡峭且高度越高,有时床的高度会受到位置的影响。因此,受到客观条件的限制,床内的颗粒并不容易达到整体流的效果。为此,许多学者提出尽可能地敷设较为光滑的材料、加装振动器、空气炮及改流体等来提高移动床内的颗粒流动。Johanson[35]提出了有效改变颗粒流动形态的三种类型的改流体,可以有效地防止漏斗流的出现。研究表明,改流体对改善床内物料流动形态有着较高的应用价值和广泛的应用前景。在床内加装内构件通常是提高床内颗粒流动稳定性、改变颗粒流动形式的一种很好的方法。Tsunakawa 等[36]研究了作用在内构件上的压力分布。Tuzun 和 Nedderman[37]通过试验研究了带有内构件的筒仓的壁面压力分布,并且比较了填料和稳定卸料时的壁面压力的差别。Moriyama 等[38]通过在适当的高度插入钢管以减小筒仓主体和渐缩下料段交界处的压力波动。Strusch 等[39]研究了无黏塑性颗粒在带有渐缩下料段的筒仓中的壁面及内构件应力分布。

内构件的形状各异,有平板状、圆柱形、圆锥形、纺槌形、漏斗形等,在一些情况下,还可以同时安装多个改流体。一般来讲,内构件的尺寸和安装位置是根据经验来确定的,或者通过反复试验验证的方法找出来的。虽然通过内构件来改善颗粒流动已经在工业上有所应用,且目前为止,对安装内构件之后床内流动的研究并不是很多,且有很多机理并没有被人们所了解,如预测内构件周围的应力场和流动形式[40]。本节采用离散单元法模拟了带有内构件的移动床内颗粒流动的状态,探讨了内构件对颗粒流动的影响规律如流型、速度分布以及压力分布,以及加装内构件之后的效果,以期指导改流体的设计与应用。

内构件的结构和尺寸已经在第 2 章试验里介绍过,这里不再赘述。

4.2.5.1　内构件对卸料速度的影响

图 4-24 表示了三种内构件下移动床内的球形颗粒速度分布情况。图中黑色表示速度较大,深灰色表示速度中等,浅灰色表示速度较小。图 4-24(a)表示了八字形内构件的移动床中颗粒速度分布情况。由图中可以看出,带有八字形内构件的移动床内颗粒的流动速度分为三个区域,在床的上端,由于内构件的作用,颗粒的速度分布较为均匀,整个物料上表面均匀地下降;而在内构件附近,颗粒的速度在八字形内构件以内明显加快,而在内构件的左右两侧速度较小,且分布均匀。当卸料时间为 $t=3.6$ s 时,中心处的颗粒已经完全通过内构件,而两边的颗粒正在沿着八字形内构件向下流动,在内构件下方,颗粒速度分布呈抛物线状。

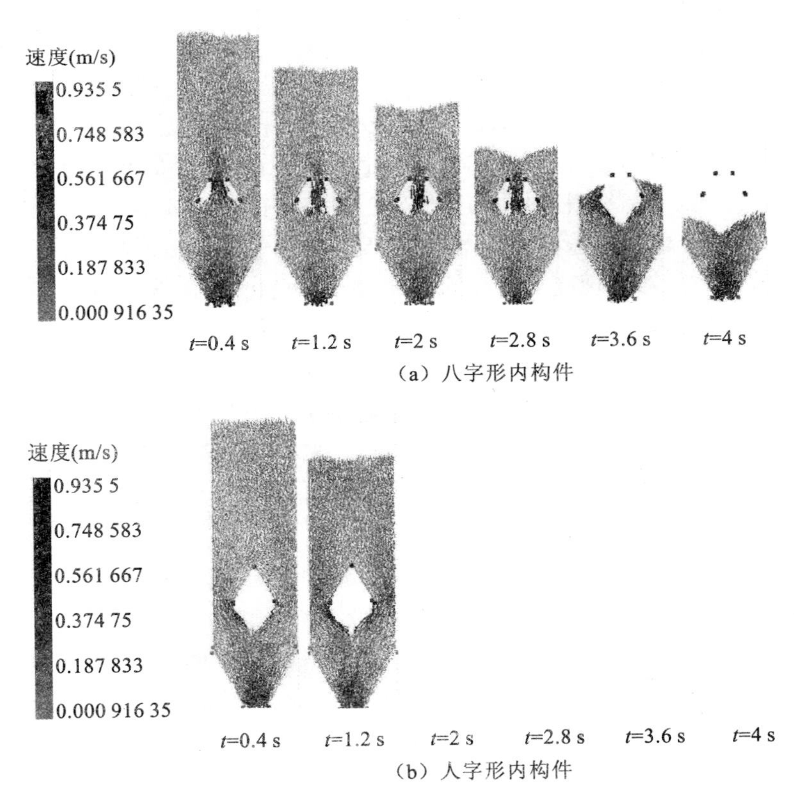

(a) 八字形内构件

(b) 人字形内构件

图 4-24　三种内构件下移动床内球形颗粒的速度分布

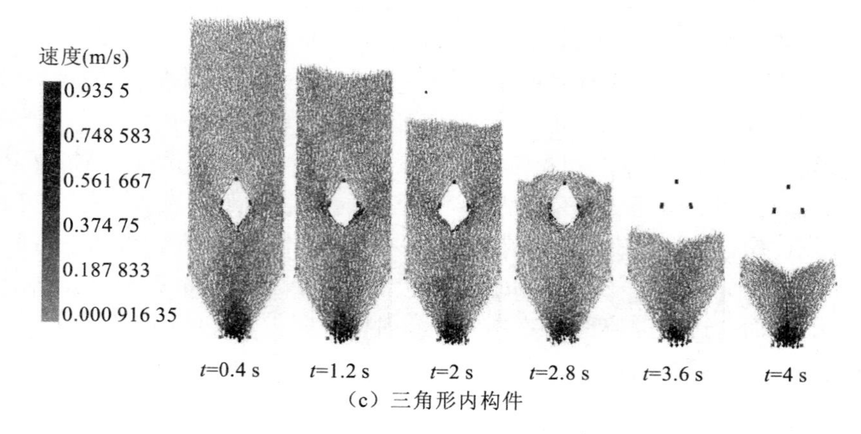

（c）三角形内构件

续图 4-24

图 4-24(b)表示了人字形内构件的移动床中颗粒速度分布情况。由图中可以看出，当 $t = 0.4$ s 时，在内构件及其上方，颗粒速度分布较为均匀，整个物料均匀地下落。随着卸料时间的增加，由于内构件的作用，中心处的颗粒速度较小，而边壁处的颗粒速度反而增加，这使得床内的漏斗流成功地转变成了整体流。改流体能够实现流动形态的转变，是因为加入改流体以后，使床内颗粒流动的整体流速均匀，改流体使床内水平流速有所提高，有利于颗粒的水平运动，耗散了部分能量，从而使得垂直下降的总速度有所减小。改流体的加入使得中心速度变小，边壁速度变大，有效缓解了中心速度过大的现象，克服了速度梯度大的漏斗流的特征，使得床内流动向整体流转换。当卸料时间继续增加时，由于颗粒必须绕过人字形内构件从两侧流出，因此在颗粒流过内构件时，中心处的颗粒速度稍大。

图 4-24(c)表示了三角形内构件的移动床中颗粒速度分布情况。由图中可以看出，在床的上部，由于三角形内构件的加入，颗粒速度较为均匀；颗粒通过三角形内构件时，中心处的颗粒速度变得缓慢，速度梯度变小；由于此处三角形内构件的尺寸较小，颗粒通过时并没有如前两种内构件一样产生较大的速度梯度。在最后进入下料段时，由于下料段的形状，中心处颗粒速度较边壁处稍快。

4.2.5.2 内构件对应力分布的影响

改流体能够改变移动床内颗粒的流动形式，使其从漏斗流变为整体流。同时，改流体也会对移动床的应力分布产生一定的影响。

图 4-25 表示了移动床内安装八字形内构件和无内构件时不同高度下的垂直压力分布。取移动床主体和下料段的交界处为坐标原点，床高 0.2 m 处为放置内构件的顶部。由图中可以看出，当移动床内没有内构件时，同第 3 章的压力分析一样，随着颗粒深度的增加，壁面压力也增加，且在交界处下方 0.1 m的渐缩下料段处产生一个峰值 61 Pa。在安装八字形内构件后，在内构件及其上方，壁面压力较无内构件时有所增加，这是因为对于无内构件的移动床，在卸料过程中，载荷大多集中在床的下部，而加入内构件以后，在内构件处的流动发生了改变，由原来的一维流动向二维流动转变，导致床内较高部位的压力有所增加。且内构件处承担了部分颗粒的重量，此部分颗粒与壁面发生剪切作用，导致壁面压力在内构件上端达到一个小的峰值。在内构件下方，有无内构件对壁面压力影响不大，但是加入八字形内构件后，交界处下方的峰值较无内构件时变小。

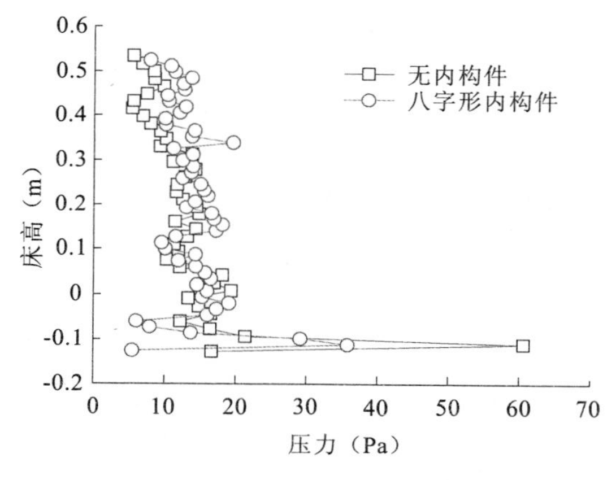

图 4-25　八字形内构件和无内构件时不同高度下的垂直压力分布

图 4-26 表示了人字形内构件和无内构件时不同高度下的垂直压力分布。由图中可以看出，当加入人字形内构件时，床内应力分布和无内构件时极为相似，总体上是随着床深度的增加而增加。有所不同的是加入人字形内构件后，在整床高度上，壁面应力较无内构件时均有所增加。且加入人字形内构件后压力的峰值产生的位置和无内构件时相同，但峰值相对较小。

图 4-27 表示了三角形内构件和无内构件时不同高度下的垂直压力分布情况。由图中可以看出，在三角形内构件处，即高度为 0.2 m 处，壁面压力产生一个小的峰值，且在渐缩下料段处产生的压力峰值较无内构件时要小。

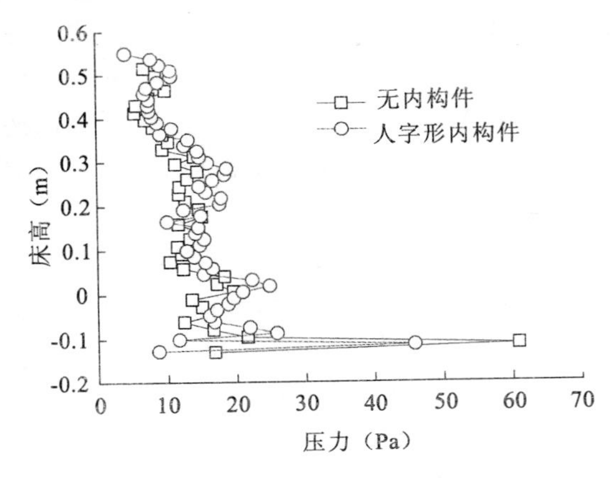

图 4-26　人字形内构件和无内构件时不同高度下的垂直压力分布

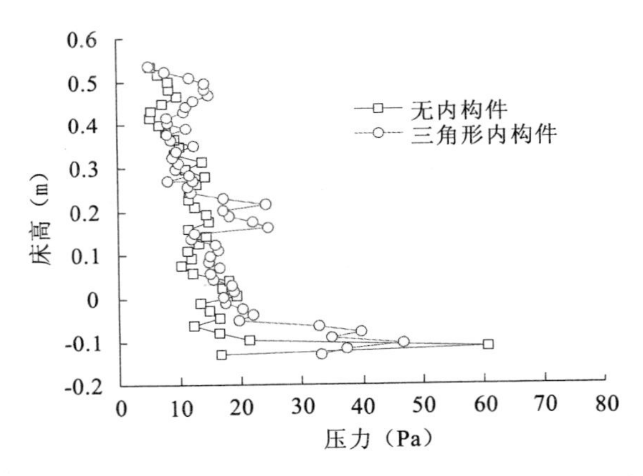

图 4-27　三角形内构件和无内构件时不同高度下的垂直压力分布

4.2.6　不同物性均质颗粒的概率分布分析

定义一个概率密度 $pd_{\xi,x}$ 来描述各种变量的概率分布情况，对于随机变量 ξ，设 x 为任意实数，Δx 为任意小的正数，对所有 ξ 样本进行分析，ξ 落在闭区间 $(x,\ x+\Delta x)$ 的样本数目记作 N_x，总的样本数为 N_t，则定义 ξ 在点 x 的概率密度为：$pd_{\xi,x}=N_x/N_t$[41]。通过此函数来描述移动床内颗粒速度的分布情况，即 N_t 表示移动床内颗粒的总数，N_x 表示速度处于某一值的颗粒数，pd 表示处于某一速度值的颗粒数量占总颗粒数量的百分比。在 DEM 数值模拟中，可以跟踪床内每一个颗粒的运动情况，因此可以得到处于任一速度值的颗粒数量。

图 4-28 表示了 $t=2$ s 不同物性颗粒在不同结构移动床内的概率密度分布情况。由图 4-28（a）可以看出，卸料时间 $t=2$ s，当颗粒的密度分别为 2 280 kg/m^3、1 280 kg/m^3、680 kg/m^{3}时，概率密度峰值基本相同，对应于概率密度峰值的颗粒速度分别为 0.13 m/s、0.15 m/s、0.15 m/s，且速度分布的宽度均在 0～0.2 m/s。因此，不同密度下的概率密度分布情况基本相同。同理，由图 4-28(b)可知不同滚动摩擦系数下的概率密度分布情况基本相同。

图 4-28(c)表示了 $t=2$ s 不同弹性恢复系数下的速度与概率密度的关系，由图中可知，$e=0.5$、0.7 时，峰值对应的速度以及速度分布的宽度完全相同。当 $e=0.9$ 时，概率密度峰值略小，且峰值对应的速度值略小，但相差不大。因此，认为弹性恢复系数对概率密度分布的影响不大。

图 4-28(d)表示了 $t=2$ s 不同滑动摩擦系数下的速度与概率密度的关系，由图中可知，当 $\mu=0.14$ 时，概率密度的峰值为 0.5，峰值对应的速度值为 0.15 m/s，即速度处在 0.18 m/s 的颗粒最多，占总数的 50%；当 $\mu=0.34$ 时，概率密度的峰值减小到 0.42，对应的速度值为 0.16 m/s，速度分布的范围略微变宽；当 μ 继续增加到 0.64 时，概率密度峰值继续减小到 0.3，对应的速度值为 0.15 m/s，速度分布的宽度变得更宽。因此，可以得出，滑动摩擦系数越大，床内颗粒的速度分布越不均匀，流动呈现漏斗流；而滑动摩擦系数越小，床内颗粒的速度分布越均匀，流动呈现整体流。

图 4-28(e)表示了不同形状颗粒在 $t=2$ s 时的速度与概率密度的关系。很明显，玉米形颗粒的概率密度峰值最大，且速度分布范围最窄，说明床内大部分颗粒以相同或差别很小的速度向下流动。球形的概率密度峰值仅次于玉米形颗粒，速度分布范围较玉米形颗粒略宽。圆柱形和椭球形的概率密度峰值最小，且速度分布范围最宽。

图 4-28(f)表示了不同尺寸颗粒在 $t=2$ s 时的速度与概率密度的关系。由图中可以看出，当 $d_p=15$ mm 时，概率密度峰值为 0.31，对应的速度值为 0.1 m/s，速度分布宽度为 0～0.2 m/s；当 $d_p=7$ mm 时，概率密度峰值为 0.305，对应的速度值为 0.15，速度分布宽度为 0～0.25 m/s；当 $d_p=4$ mm 时，概率密度峰值为 0.25，对应的速度值为 0.18，速度分布宽度为 0～0.38 m/s。因此，可以得出，随着颗粒尺寸的减小，概率密度峰值越来越小，对应的速度值越来越大，且速度分布范围越来越宽。即颗粒尺寸越大，床内颗粒速度分布越均匀，越接近整体流，但平均速度较小；颗粒尺寸越小，床内颗粒速度分布越不均匀，越接近漏斗流，但平均速度较大。

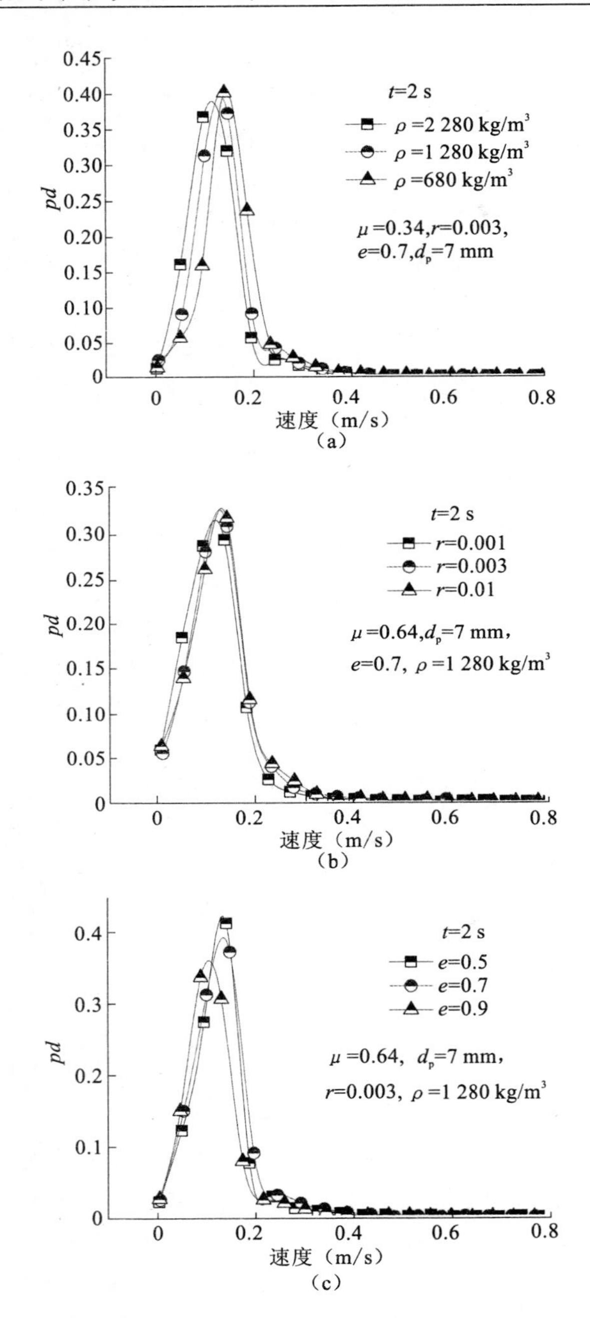

图 4-28　不同物性颗粒在不同结构移动床内的概率密度分布情况

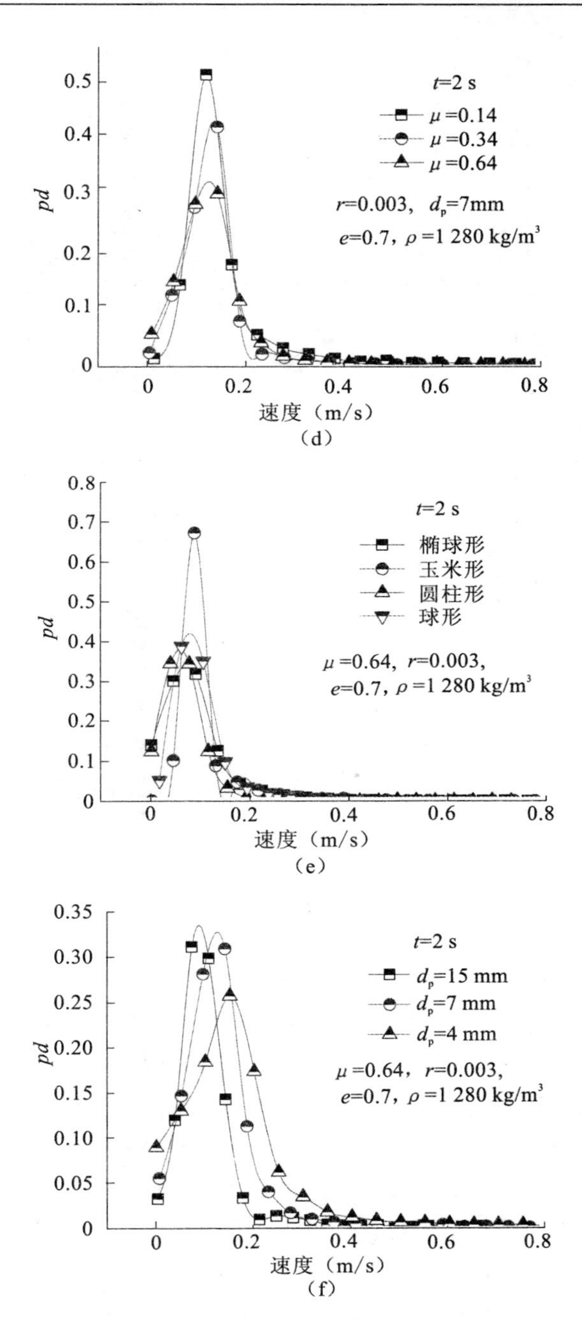
t=2 s
μ=0.14
μ=0.34
μ=0.64
r=0.003，dp=7mm
e=0.7，ρ=1 280 kg/m³
pd
速度（m/s）
(d)
t=2 s
椭球形
玉米形
圆柱形
球形
μ=0.64，r=0.003，
e=0.7，ρ=1 280 kg/m³
pd
速度（m/s）
(e)
t=2 s
dp=15 mm
dp=7 mm
dp=4 mm
μ=0.64，r=0.003，
e=0.7，ρ=1 280 kg/m³
pd
速度（m/s）
(f)

续图 4-28

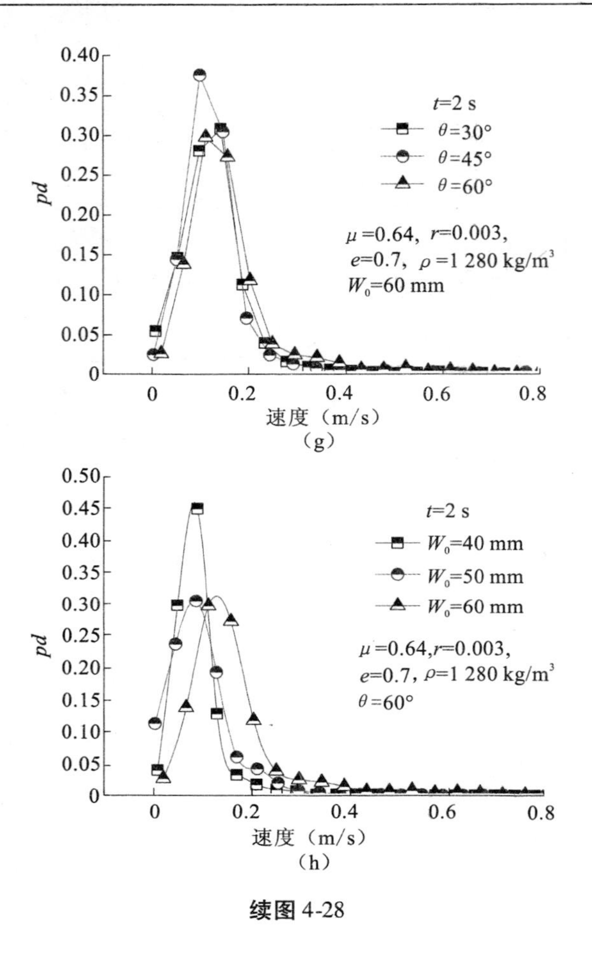

续图 4-28

图 4-28(g)表示了不同下料段角度移动床内颗粒的速度分布与概率密度的关系。由图中可以看出,三种床内速度分布宽度几乎相同。床 D 和床 C 的概率密度峰值均为 0.3,床 E 的略大,为 0.37。概率密度峰值对应的速度均为 0.1 m/s、0.12 m/s、0.1 m/s。因此,可以认为,下料段角度对概率密度分布的影响很小。

图 4-28(h)表示了不同出口尺寸移动床内颗粒的速度分布与概率密度的关系。由图中可以看出,床 A 的概率密度峰值为 0.45,对应的速度值为0.1 m/s,速度分布宽度为 0 ~ 0.2;床 B 的概率密度峰值为 0.3,对应的速度值为 0.1 m/s,速度分布宽度为 0 ~ 0.25 m/s;床 C 的概率密度峰值为 0.3,对应的速度值为 0.15 m/s,速度分布宽度为 0 ~ 0.3 m/s。由此可知,随着出口尺寸的增加,概率密度峰值逐渐变小,对应的速度值逐渐变大,且速度分布宽度变宽。即出口尺

寸越大,颗粒流动的速度越大,颗粒的速度越不均匀,越接近漏斗流;出口尺寸越小,颗粒流动的速度越小,颗粒的速度越均匀,越接近整体流。

4.2.7　均质颗粒的空隙率分布

空隙率是一个描述颗粒堆积结构的很重要的参数,它能影响床内压降、床层渗透性、气体速度分布等,它与颗粒的物理特性以及堆积状态有关,同时也与颗粒的运动状态有关。空隙率分为两种,即平均空隙率 ε_{mean} 和局部空隙率 ε。ε_{mean} 是指床内空隙的体积与整床体积的比,它用于描述整床颗粒的堆积结构。而 ε 是指将整床沿长度方向分成 n 个部分,比较每个部分的平均空隙率尤其是靠近壁面的区域,对局部空隙率的研究能进一步得到床内的局部堆积结构。

很多研究者对空隙率进行了研究[42-46]。Roblee 等[47]率先通过试验研究了床内近壁面区域的空隙率变化情况,方法是当颗粒在移动床内自然堆积后,将熔化的蜡填入到床中,凝固后,将床沿着横截面切成几片,研究每一部分的空隙率变化。结果发现,壁面区域的空隙率呈阻尼振荡的变化趋势,在距壁面 4～5 倍直径时趋于稳定。Benenati 等[48]用类似的方法测量了空隙率,试验中将蜡变成了环氧树脂,并得出了与 Roblee 相同的结果。Goodling 等[49]也应用此种方法对固定床内的空隙率进行了研究,用聚苯乙烯和环氧树脂的混合物作为介质。得到的结果是床内空隙率的变化是不断重复的抛物线形状,而不是正弦曲线,且在距壁面距离为 5 倍颗粒直径时达到稳定。Thadani 等[50]通过 X 光成像技术研究了固定床中空隙率的变化情况,结果表明阻尼振荡在距壁面 2.5 倍直径时趋于稳定。本节通过 DEM 模拟的方式研究了不同物性颗粒以及不同结构移动床内的空隙率分布情况。

4.2.7.1　不同物性颗粒的空隙率分布

图 4-29 描述了不同物性颗粒下的空隙率分布情况。从图 4-29(a)中可以看出,不同滑动摩擦系数下的空隙率分布曲线的趋势是相同的,在壁面处,空隙率达到最大值 1.0,随后大幅度地下降到最小值,之后再增加,进行一个振幅不断减小的阻尼振荡变化,在距壁面 25 mm 时,振荡趋于稳定,围绕一个恒定值进行波动。但还是可以看出一些区别,在距壁面 0～25 mm,空隙率进行振幅减小的阻尼振荡,这主要是壁面效应导致的,即颗粒－壁面、颗粒－颗粒之间的摩擦力导致越靠近壁面,空隙率越大。滑动摩擦系数为 0.64 时,空隙率从 1 下降到 0.038,之后增加到 0.88,继续下降到 0.23,之后增加到 0.55,结束阻尼振荡阶段,显然滑动摩擦系数大的颗粒壁面效应更加显著一些。在随后的稳定波动中,滑动摩擦系数为 0.14 时,空隙率波动范围最小,在

0.42～0.48，滑动摩擦系数为0.64时的波动范围最大，为0.36～0.53。即滑动摩擦系数越小，床内空隙率波动越小，分布越均匀。图4-29(b)表明对弹性恢复系数不同的颗粒壁面效应相同，而在远离壁面的区域，e分别为0.5、0.7、0.9时的空隙率波动范围分别为0.39～0.48、0.39～0.49、0.4～0.49，基本没有变化。同样地，图4-29(c)、(d)表明滚动摩擦系数和密度的变化对空隙率的影响不大。

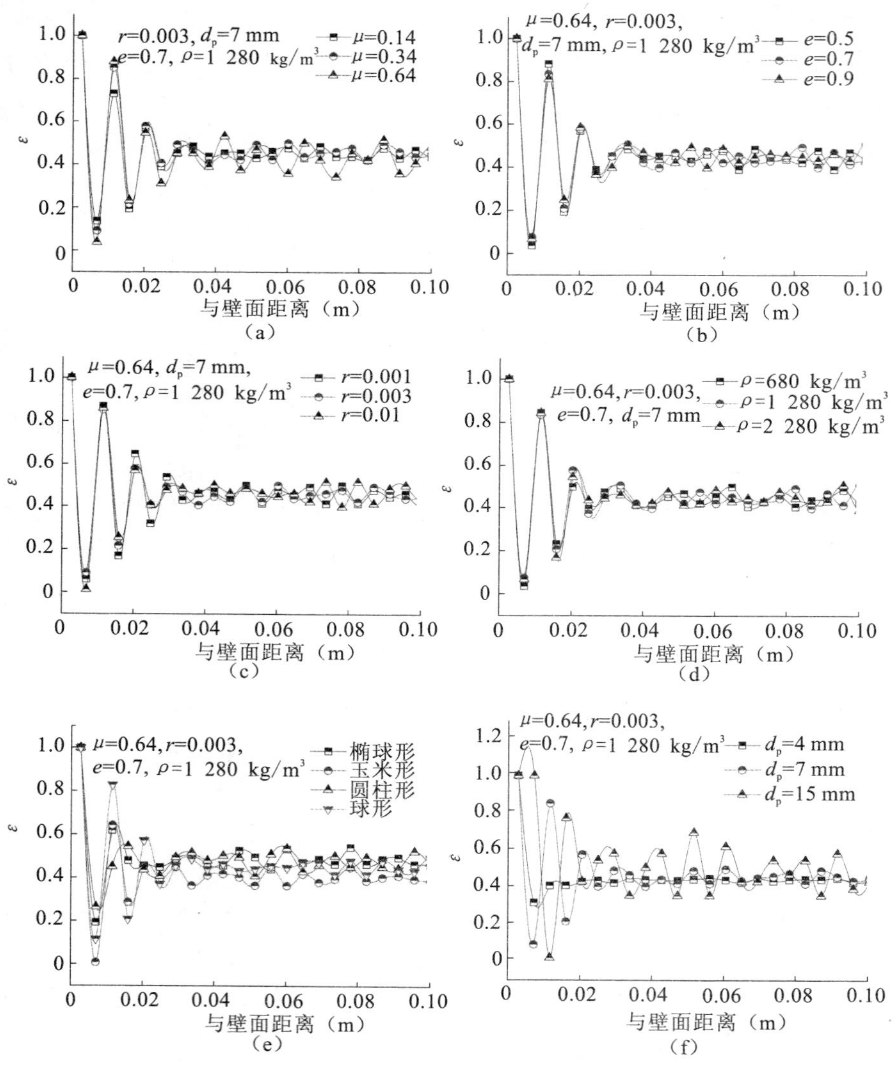

图4-29　不同物性堆积颗粒的空隙率分布

图4-29(e)表示了椭球形、玉米形、圆柱形、球形颗粒在移动床内的空隙率变化情况。对于椭球形颗粒，在壁面处，颗粒的空隙率达到最大值1，随后迅速减小到0.2，再增加到0.62，呈现阻尼振荡变化。在距壁面0.018 m处趋于稳定，之后空隙率在0.45～0.55波动。对于玉米形颗粒，空隙率仍然在壁面处达到最大值1，随后减小到0.012，再增加到0.63，之后再减小到0.28，在距壁面0.02 m处阻尼振荡结束，空隙率进入稳定阶段，在0.32～0.42波动。对比玉米形颗粒和椭球形颗粒的空隙率变化可以看出，玉米形颗粒的壁面效应较大，但进入稳定阶段后，玉米形颗粒的平均空隙率较椭球形要小。对于圆柱形颗粒，空隙率在壁面处达到最大值1，随后减小到0.26，在距壁面0.018 m处达到稳定，空隙率在0.42～0.55波动。对于球形颗粒在达到最大值1后下降到0.11，之后增加到0.82，在距壁面0.025 m处进入稳定阶段，空隙率在0.4～0.45波动。比较这四种形状颗粒的空隙率变化情况，可以看出，球形颗粒的壁面效应最大，其次是玉米形颗粒、椭球形颗粒，壁面效应最小的是圆柱形颗粒；玉米形颗粒的平均空隙率最小，其次是球形颗粒，圆柱形和椭球形颗粒的平均空隙率基本相同，为最大。

图4-29(f)表示了直径分别为4 mm、7 mm、15 mm的颗粒的空隙率变化情况。由图中可以明显看出，当d_p=4 mm时，阻尼振荡在距壁面0.012 m时已经结束，随即进入相对稳定状态，空隙率在此阶段的变化范围为0.4～0.45。当直径d_p=7 mm时，阻尼振荡在距壁面0.022 m处结束，相对稳定状态的空隙率波动范围为0.38～0.5。当直径d_p=15 mm时，阻尼振荡的振幅明显增大，且在距壁面0.022 m处结束，相对稳定阶段的空隙率波动范围为0.32～0.7。经过分析可知，颗粒的尺寸越大，壁面效应越显著，且床内空隙率的波动范围较大，空隙率越不均匀；颗粒尺寸越小，壁面效应越小，床内空隙率的波动范围越小，空隙率越均匀。

4.2.7.2　不同移动床内的空隙率分布

空隙率的研究方面，大多研究者针对圆柱形的固定床，对矩形的固定床或移动床的研究很少，而移动床的结构对空隙率的影响较大。

图4-30比较了玉米形颗粒和球形颗粒在五种不同宽长比(W/L)的移动床内的平均空隙率，颗粒堆积高度均相同。结果表明，在五种移动床内，玉米形颗粒的平均空隙率均小于球形颗粒的平均空隙率，并且两种形状颗粒的平均空隙率均随着宽长比(W/L)的增大而减小。

图4-31比较了玉米形颗粒和球形颗粒在五种不同高宽比(H/W)的移动床内的平均空隙率，移动床的主体截面面积保持不变。结果表明，当颗粒堆积

高度是床宽的一半时($H/W=0.5$),玉米形颗粒和球形颗粒的平均空隙率分别为0.436和0.48。随着高宽比的增大,球形颗粒的平均空隙率显著变小,但玉米形颗粒的平均空隙率只是略有减小。当高宽比 $H/W\geqslant3$ 时,堆积高度对玉米形颗粒和球形颗粒的平均空隙率的影响都比较微弱,这个结论与Ismail等[51]的研究结果一致。

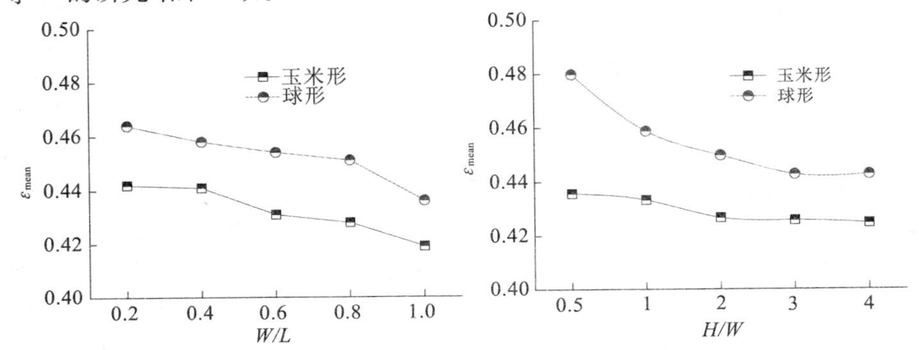

图4-30　不同宽长比的移动床内两种颗粒的平均空隙率变化

图4-31　不同高宽比的移动床内两种颗粒的平均空隙率变化

图4-32表示了玉米形颗粒和球形颗粒在 $W/L=0.2$ 的移动床内静止堆积时的空隙率变化情况。由图中可以看出,球形颗粒在距壁面0.035 m处由阻尼振荡转变为相对稳定的波动阶段,稳定阶段的波动范围是0.276~0.638。玉米形颗粒在距壁面0.04 m处由阻尼振荡转变为相对稳定的波动阶段,在相对稳定阶段的波动范围为0.328~0.561。

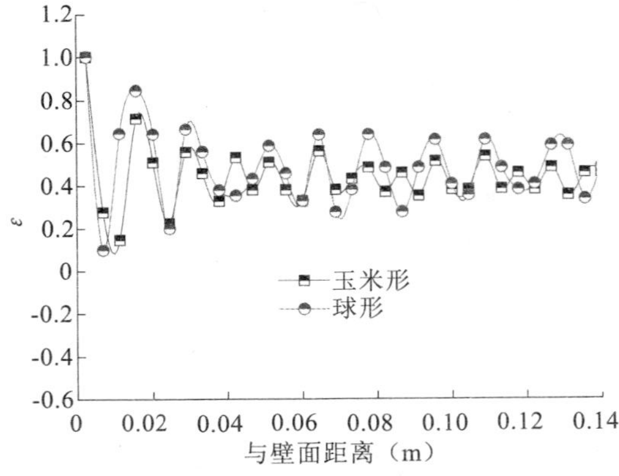

图4-32　在宽长比 $W/L=0.2$ 的移动床内两种颗粒自然堆积时的局部空隙率变化

图 4-33 和 4-34 分别为玉米形颗粒和球形颗粒在 $W/L=0.2$ 的移动床内卸料 2 s 和卸料 4 s 时的空隙率变化情况。由图中可以看出，球形颗粒在卸料过程中，阻尼振荡分别在距壁面 0.052 m、0.048 m 处转变为稳定阶段，因此壁面效应较静止堆积时更加显著。但是这种现象并没有体现在玉米形颗粒上。在相对稳定阶段，球形颗粒的空隙率波动范围分别为 0.28～0.61、0.35～0.56，而玉米形颗粒的空隙率波动范围分别为 0.31～0.56、0.30～0.64。结果表明，在卸料时，球形颗粒稳定阶段的空隙率变化随着卸料的进行而变小，玉米形稳定阶段的空隙率变化随着卸料的进行而变大。

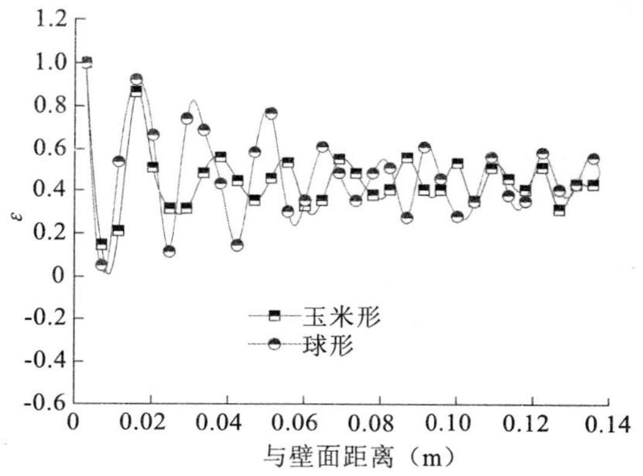

图 4-33　在宽长比 $W/L=0.2$ 的移动床内两种颗粒在卸料 2 s 时的局部空隙率变化

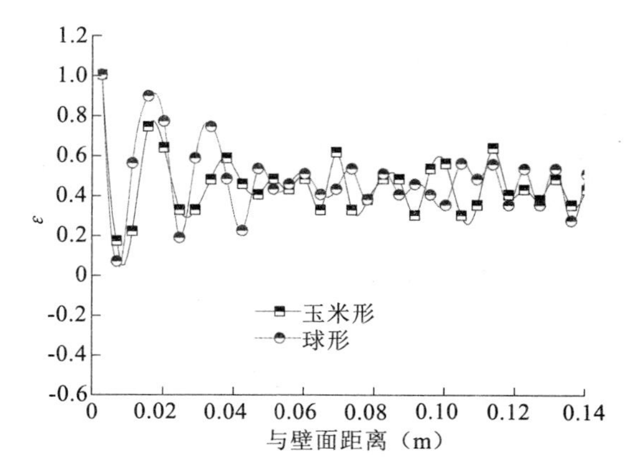

图 4-34　在宽长比 $W/L=0.2$ 的移动床内两种颗粒在卸料 4 s 时的局部空隙率变化

图4-35(a)～(d)表示了球形颗粒和玉米形颗粒在四种不同宽长比(W/L)的移动床内局部空隙率的变化情况。由图中可知,在相对稳定段,两种形状颗粒的空隙率波动范围随着 W/L 的增大而减小。当 $W/L=1$ 时,稳定段的空隙率几乎没有波动,呈一条直线。

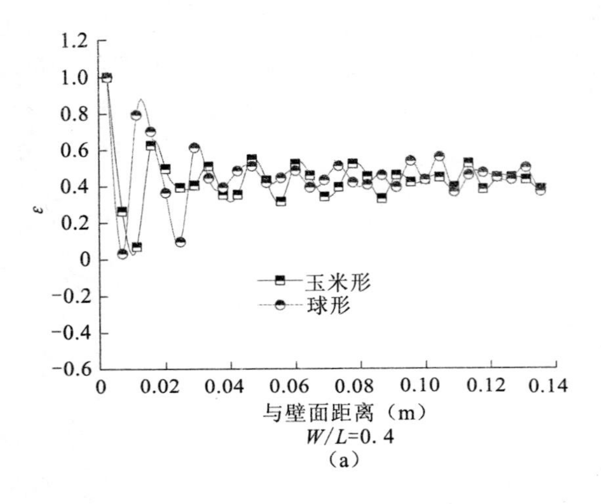

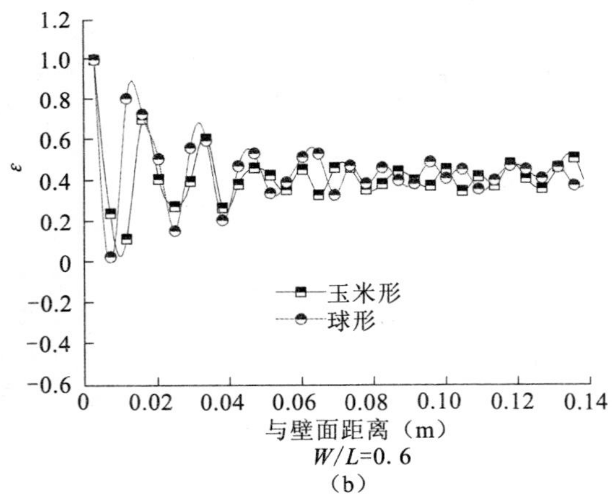

图4-35　两种颗粒在不同宽长比(W/L)的移动床内的局部空隙率的变化

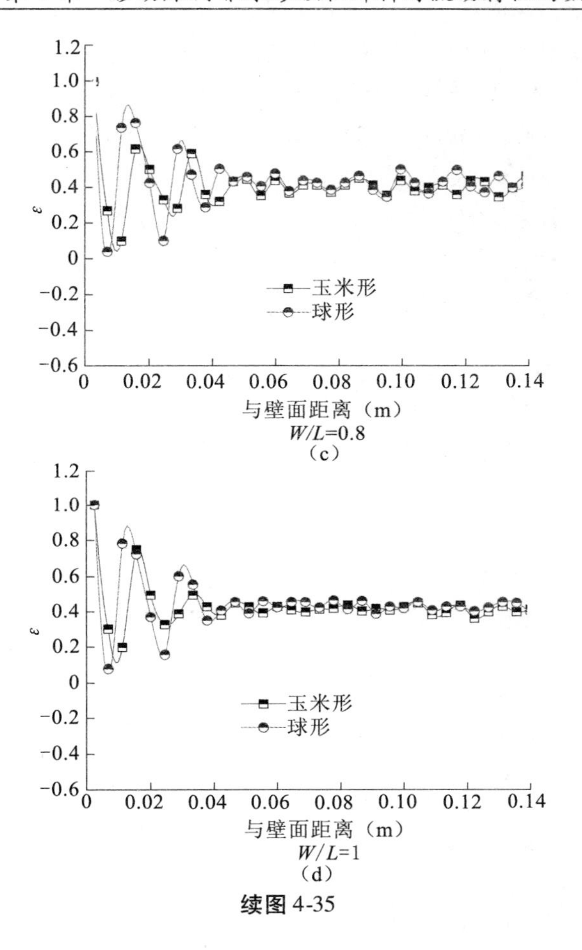

续图 4-35

4.3 异径混合非球形颗粒在移动床内卸料时的流动特性

4.3.1 异径混合非球形颗粒的流型

图4-36比较了异径混合颗粒的流型。图4-36(a)比较了颗粒直径比$\Phi_D=2$时，异径椭球形混合颗粒、异径玉米形混合颗粒、异径圆柱形混合颗粒和异径球形混合颗粒的流型。由图中可以看出，异径球形混合颗粒和异径非球形混合颗粒的流型有很大不同，球形混合颗粒在下料初始过程中，边壁速度与中心处速度的比即*MFI*值大于3，呈现整体流的流动状态，随着卸料的进

行，*MFI* 值逐渐减小，当下料率达到 41% 时，整体流向漏斗流转变。而三种异径非球形混合颗粒的 *MFI* 值明显较球形小，异径椭球形混合颗粒在卸料初始阶段的 *MFI* 值最大，其次是玉米形混合颗粒，而异径圆柱形混合颗粒的 *MFI* 值最小，即其速度梯度最大。随着下料率的进一步增大，三种形状混合颗粒的 *MFI* 值逐渐减小，且玉米形混合颗粒的 *MFI* 值最大，而其他两种形状颗粒 *MFI* 值相似。由此看出，非球形颗粒从颗粒开始流动时便为漏斗流，原因可能是非球形颗粒由于形状的关系，滚动性较差。

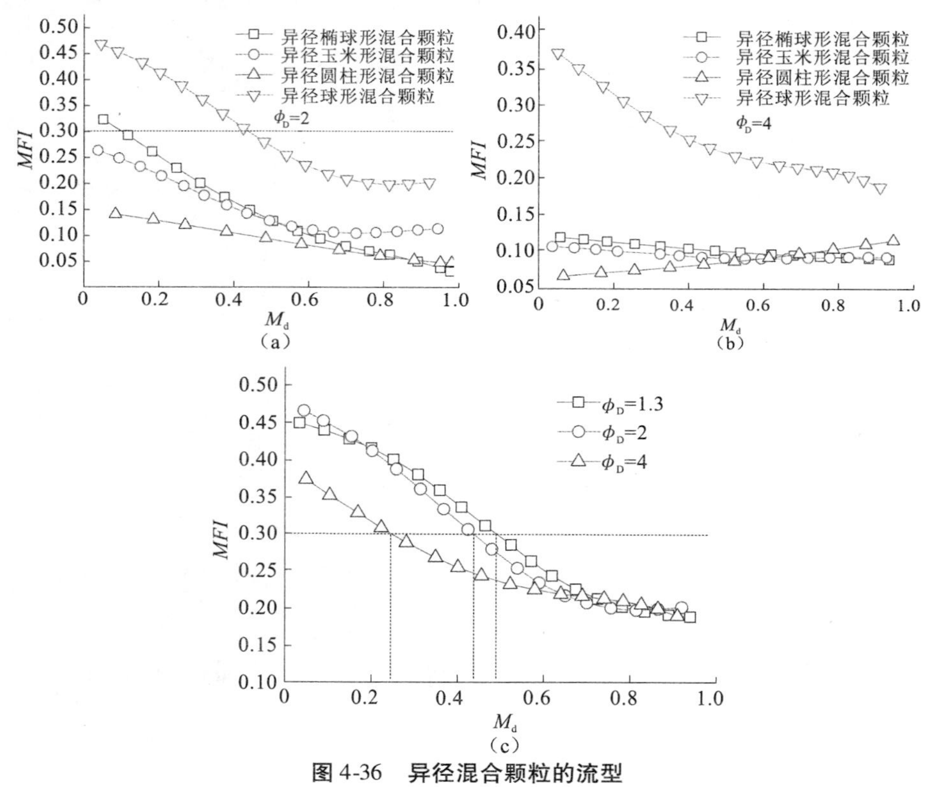

图 4-36　异径混合颗粒的流型

图 4-36(b) 比较了颗粒直径比 $\Phi_D = 4$ 时，异径椭球形混合颗粒、异径玉米形混合颗粒、异径圆柱形混合颗粒和异径球形混合颗粒的流型。由图中可以看出，球形混合颗粒的 *MFI* 值仍然较非球形混合颗粒大。而球形颗粒在下料率为 23% 时由整体流向漏斗流转变。非球形混合颗粒的 *MFI* 值很小，边壁与中心处的速度梯度较大。

图 4-36(c) 比较了球形混合颗粒在不同颗粒直径比时的流型。由图中可以看

出，当 $\Phi_D=1.3$ 和2时，**MFI** 值相差很小。但当颗粒直径比 $\Phi_D=4$ 时，**MFI** 值明显减小，且由整体流向漏斗流转变的时刻也由下料率为50%提前到下料率为25%。

4.3.2　异径混合非球形颗粒的速度分布

图4-37比较了异径混合颗粒的无量纲水平速度和垂直速度分布。图4-37(a)、(b)比较了颗粒直径比 $\Phi_D=4$ 时，异径椭球形混合颗粒、异径玉米形混合颗粒、异径圆柱形混合颗粒和异径球形混合颗粒的无量纲垂直速度和水平速度分布。由图中可以看出，四种颗粒在边壁处的无量纲垂直速度基本相同，球形颗粒的略大；而在中心处，异径玉米形混合颗粒的无量纲垂直速度最大，异径椭球形和圆柱形混合颗粒的垂直速度相同，而异径球形混合颗粒的垂直速度最小。异径椭球形混合颗粒和异径圆柱形混合颗粒的水平速度最小，异径球形混合颗粒的水平速度较大，这说明边壁处球形颗粒向中心处滚落较快。异径玉米形混合颗粒的水平速度最大。

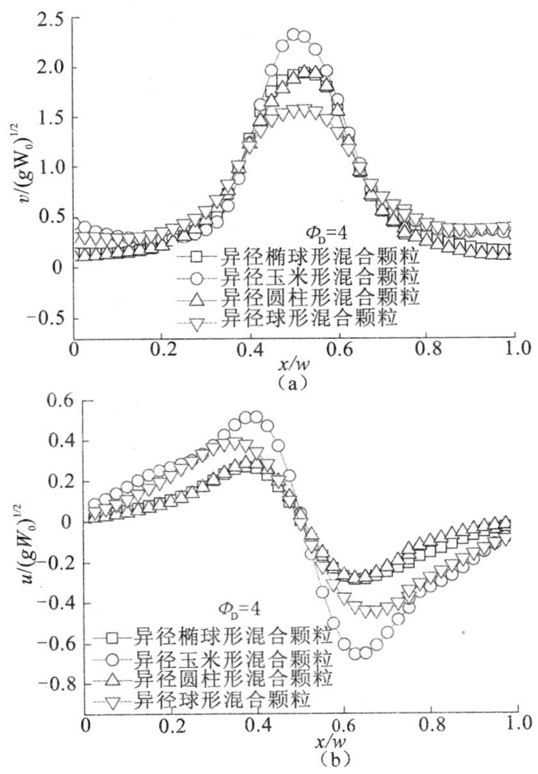

图4-37　异径混合颗粒的无量纲速度分布

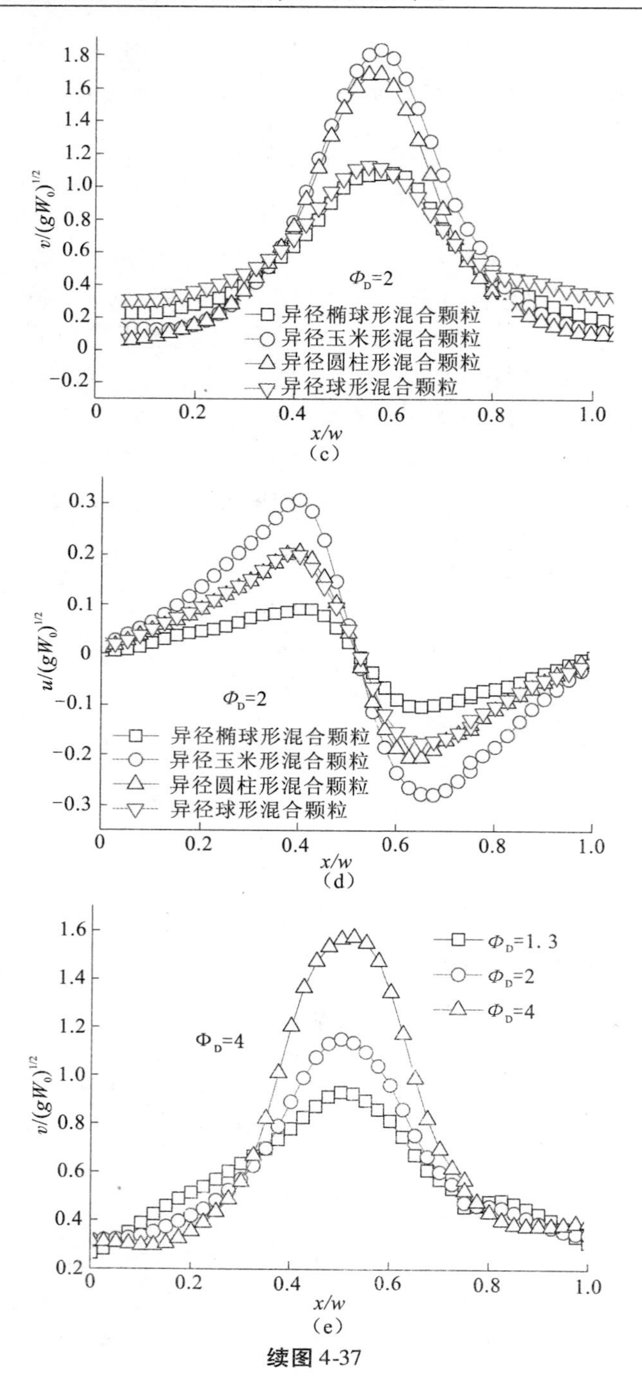

$v/(gW_0)^{1/2}$
Φ_D=2
异径椭球形混合颗粒
异径玉米形混合颗粒
异径圆柱形混合颗粒
异径球形混合颗粒
x/w
(c)
$u/(gW_0)^{1/2}$
Φ_D=2
异径椭球形混合颗粒
异径玉米形混合颗粒
异径圆柱形混合颗粒
异径球形混合颗粒
x/w
(d)
$v/(gW_0)^{1/2}$
Φ_D=4
Φ_D=1. 3
Φ_D=2
Φ_D=4
x/w
(e)

续图 4-37

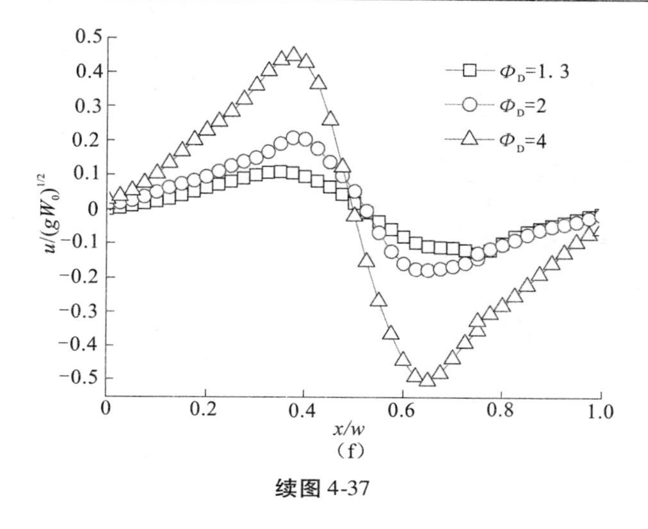

(f)

续图 4-37

图 4-37(c)、(d)比较了颗粒直径比 $\Phi_D=2$ 时,异径椭球形混合颗粒、异径玉米形混合颗粒、异径圆柱形混合颗粒和异径球形混合颗粒的无量纲垂直速度和水平速度分布。由图中可以看出,异径玉米形混合颗粒的垂直速度和水平速度均为最大。异径圆柱形混合颗粒的垂直速度略小,异径椭球形混合颗粒和球形混合颗粒的垂直速度最小。而异径球形混合颗粒和异径圆柱形混合颗粒的水平速度略小,异径椭球形混合颗粒的水平速度最小。

图 4-37(e)、(f)比较了颗粒直径比 $\Phi_D=1.3$、2、4 时的无量纲垂直速度和水平速度分布。由图中可以看出,三种颗粒直径比的混合颗粒边壁速度基本相同,中心处的垂直速度差别较大,颗粒直径比 Φ_D越大,中心处的垂直速度越大,中心与边壁处的速度梯度越大;反之,Φ_D越小,速度越小,速度梯度越小。在图 4-16(i)、(j)中得出的结论是均质颗粒流动时,颗粒直径越小,中心处的速度越大;反之,颗粒直径越大,速度越小。而此处,颗粒直径比越大,含有的颗粒尺寸越小,因此速度越大,与均质颗粒的研究相符。水平速度有相同的趋势,Φ_D越大,水平速度越大,Φ_D越小,水平速度越小。

4.3.3　异径混合非球形颗粒的概率分布分析

图 4-38 表示的是异径混合颗粒的概率分布情况。图 4-38(a)比较了三种颗粒直径比 $\Phi_D=1.3$、2、4 时的概率分布情况。由图中可以看出,当 $\Phi_D=1.3$ 时,概率分布的峰值为 0.36,对应的速度值为 0.15 m/s;当 $\Phi_D=2$ 时,概率分布的峰值稍小,为 0.32,对应的速度值为 0.1 m/s;当 $\Phi_D=4$ 时,概率分布的峰

值最小，为0.25，对应的速度值为0.05 m/s。且颗粒直径比越小，速度分布范围越窄；反之，颗粒直径比越大，速度分布范围越宽。

图4-38(b)比较了 $\Phi_D=2$ 时异径椭球形混合颗粒、异径玉米形混合颗粒、异径圆柱形混合颗粒和异径球形混合颗粒的概率分布情况。由图中可以看出，异径球形混合颗粒的概率分布只有一个峰，峰值为0.33，对应的速度值为0.1 m/s。异径椭球形混合颗粒的概率分布呈现两个峰，峰值为0.16和0.24，对应的速度值分别为0.001 m/s和0.1 m/s，第一个峰值对应于边壁处较小速度的颗粒，第二个峰值对应中心处流动的颗粒。异径圆柱形混合颗粒和异径玉米形混合颗粒的概率分布十分相似，都仅有一个峰，峰值分别为0.35和0.26，对应的速度均为0.001 m/s。

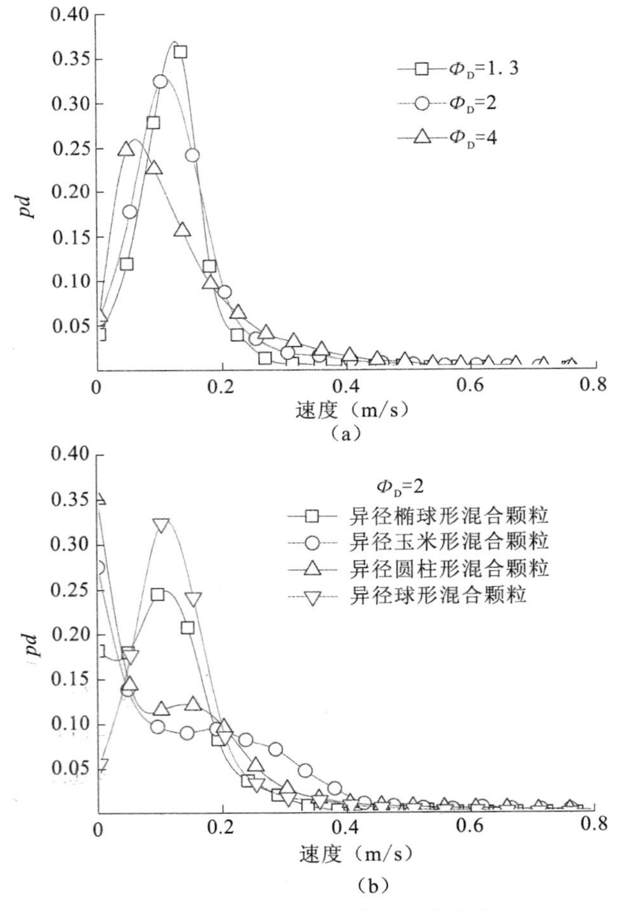

图4-38 异径混合颗粒的概率分布情况

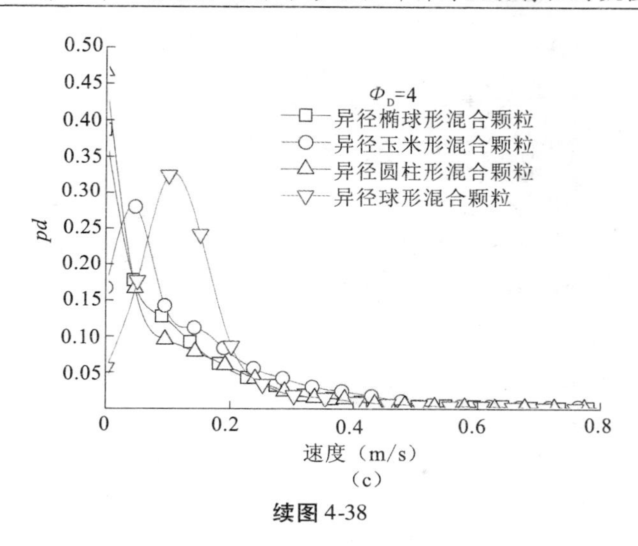

（c）

续图 4-38

图 4-38(c)比较了 $\Phi_D=4$ 时异径椭球形混合颗粒、异径玉米形混合颗粒、异径圆柱形混合颗粒和异径球形混合颗粒的概率分布情况。由图中可以看出,异径椭球形混合颗粒和异径圆柱形混合颗粒的概率分布十分相似,峰值在颗粒速度值极小处出现。异径球形混合颗粒的概率分布较异径玉米形混合颗粒的概率分布位置向右,且速度分布范围较宽。

4.3.4 异径混合非球形颗粒的空隙率分布

图 4-39 比较了异径混合颗粒的空隙率分布。图 4-39(a)比较了颗粒直径比 $\Phi_D=2$ 时,异径椭球形混合颗粒、异径玉米形混合颗粒、异径圆柱形混合颗粒和异径球形混合颗粒的局部空隙率分布。由图中可以看出,异径混合颗粒的局部空隙率分布和均质颗粒的空隙率分布趋势基本相同,在靠近壁面处,由于壁面作用,出现了振幅减小的阻尼振荡阶段,之后进入稳定的波动阶段。不同的是,异径混合颗粒的壁面作用较小,在距壁面 0.01 m 处就进入了稳定波动阶段。异径玉米形混合颗粒的空隙率波动范围为 0.35～0.42,平均空隙率为 0.4;异径球形混合颗粒的空隙率波动范围为 0.37～0.45,平均空隙率为 0.43;异径椭球形混合颗粒的空隙率波动范围为 0.42～0.52,平均空隙率为 0.47;异径圆柱形混合颗粒的空隙率波动范围为 0.37～0.51,平均空隙率为 0.453。因此,异径圆柱形混合颗粒的局部空隙率波动范围最大,平均空隙率也最大,其次为异径椭球形混合颗粒、异径球形混合颗粒,异径玉米形混合颗粒的空隙率波动范围最小,平均空隙率最小。

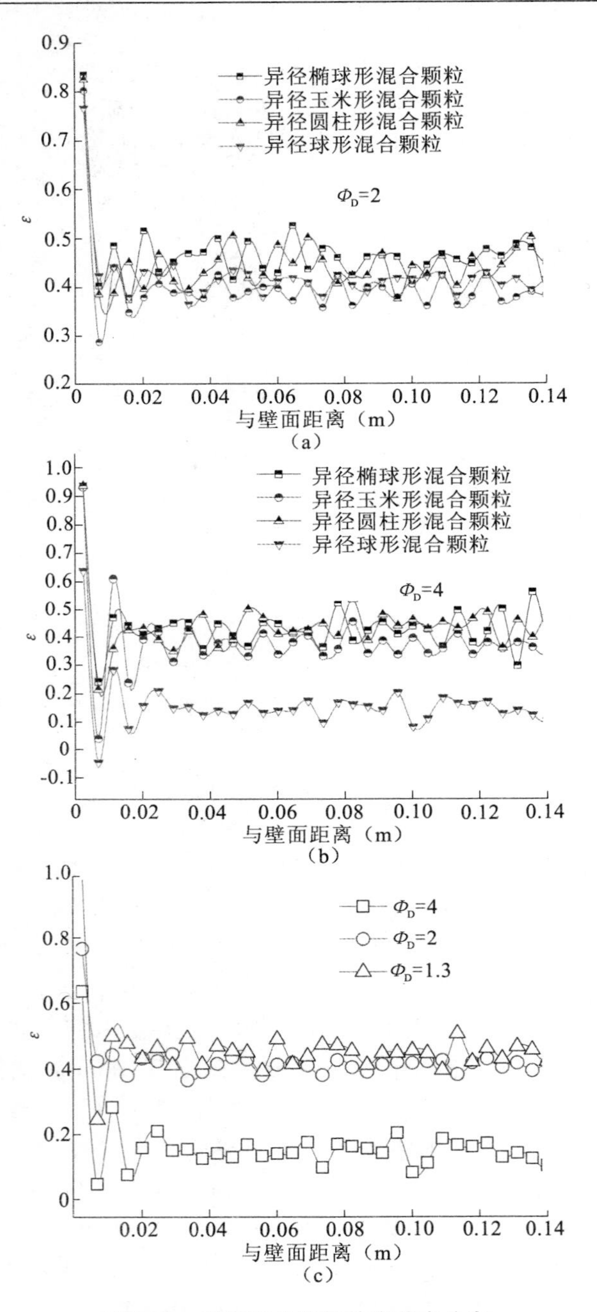

图 4-39　异径混合颗粒的空隙率分布

图4-39(b)比较了 $\Phi_D=4$ 时,异径椭球形混合颗粒、异径玉米形混合颗粒、异径圆柱形混合颗粒和异径球形混合颗粒的局部空隙率分布。由图中可以看出,当直径比增加到4时,空隙率分布变化较大。异径球形混合颗粒的空隙率波动范围最小,在0.08~0.21,平均空隙率为0.164;玉米形混合颗粒的空隙率分布范围为0.32~0.45,平均空隙率为0.387;异径椭球形混合颗粒的空隙率分布范围为0.3~0.55,平均空隙率为0.435;异径圆柱形混合颗粒的空隙率分布范围为0.36~0.53,平均空隙率为0.445。因此,异径圆柱形混合颗粒和异径椭球形混合颗粒的平均空隙率基本相同,异径玉米形混合颗粒较小,而异径球形混合颗粒的平均空隙率最小。

在图4-39(c)中可以得到和均质颗粒相比,壁面对不同尺寸混合颗粒的空隙率影响范围很小,仅在距壁面0.012 m左右的范围内。另外,在不受壁面影响的区域内,二元混合物颗粒空隙率的波动相对均质颗粒要小,这和颗粒的堆积方式有关。且混合物中颗粒直径比越大,平均空隙率越小。

4.3.5　异径混合非球形颗粒的颗粒分离情况

早期的一些研究认为床内颗粒流动不会产生分离[52]。而另一些研究[53]则表示如果填料的时候颗粒是均匀的,则卸料时仍然是均匀的,没有分离状况;如果填料时是分离的,则卸料开始时卸出更多的细颗粒,快结束时则卸出更多的粗颗粒。实际上,不同的移动床结构如不同的下料段倾角、出口尺寸、床的高宽比以及不同的颗粒物性都会导致床内两种不同的流动形式:整体流和漏斗流[54]。当颗粒流动为整体流时,所有的颗粒同时向出口流动,颗粒流动的边界与壁面重合。相反,当颗粒流动为漏斗流时,一些颗粒流动,而另外一些颗粒则相对静止,因此颗粒流动的边界不是壁面,而在颗粒内部。

Standish等[55,56]研究了旋转且壁面倾斜的料斗中颗粒流动时的分离情况,均匀的颗粒混合物加入到料斗中并形成堆,并有了最初的分离现象。在卸料时观察到,最初卸出的物料中细颗粒含量较多,随着卸料的进行,粗颗粒卸出的更多。这个结果与Denburg等[57]的试验现象一致。近年来,Arteaga和Tuzun等[7,58]的试验工作指出了Standish研究的缺点,即最初加料时颗粒没有达到完全均匀混合的状态。因此,在通过双光子γ射线层析技术确定床内颗粒混合均匀后考察了颗粒卸料时的分离情况,且只研究卸料而不是加料卸料连续进行时的分离情况。研究了不同尺寸比的非黏性、二元、三元混合物的颗粒分离情况,以及在下料段角度分别为30°和90°的料斗中的颗粒分离情况。结果表明,料斗中是整体流时,颗粒的分离程度较小;相反,颗粒流动为漏斗流时，分离情况较严重。且在初始卸料阶段卸出更多的细颗粒，同样在卸料最终阶段卸出最多的还是细颗粒。在此转变过程中存在卸料中细颗粒较少的情况，随后细颗粒增多，在此过程中，存在一个假的稳定现象，即暂时的卸料中细颗粒和粗颗粒的组成均衡的现象。为了分析颗粒分离结果，Arteaga 等[7]基于颗粒微观结构提出了一个模型，阐述了颗粒尺寸比为何值时颗粒的分离是可行的。此模型假设二元混合物中当粗颗粒的表面被细颗粒覆盖时，颗粒分离不能发生。同时，阐述了当细颗粒的质量分数 x_f 小于极限值 $x_{f,L}$ 时，颗粒分离或者渗透情况才会发生，而此极限值是颗粒直径比 Φ_D 的函数：$x_{f,L} = 4/(4+\Phi_D)$。需要指出的是，这个模型只是描述了自由流动的球形颗粒在什么情况下会发生分离现象，而不能预测颗粒的分离程度或分离速率。Sleppy 等[59]通过试验研究了混合十分均匀的两种尺寸的糖粒混合物分别在整体流和漏斗流系统中的分离状态，试验结果和 Arteaga 得到的结果十分一致，只是在中间的稳态阶段尺寸的时间较少或者不存在这一状态。这种分歧的原因可能是料斗的宽度或者高度不同引起的。在漏斗流中，从卸料中过量的细颗粒转变到过量的粗颗粒是类似正弦曲线的形式；而在整体流中分离遵守 Arteaga 等的模型，即颗粒尺寸比为 5.7∶1时，由于细颗粒含量大于极限含量，因此不能发生分离，而颗粒尺寸比为 2∶1时，可以发生分离。然而在漏斗流系统中，任意混合物都会发生分离，但是模型中考虑了哪种混合物分离程度较大。Markley 等[60]研究了料斗尺寸对颗粒分离效果的影响。结果表明，料斗尺寸的大小对颗粒分离程度的影响不大。Alexander 等[61]研究了在两个料斗中重复卸料时的颗粒逐渐分离情况。先将一个料斗中填满颗粒混合物，然后将颗粒卸出到另一个相同尺寸的料斗中，再将上面的料斗移动到下面，将颗粒卸出到其中，如此反复进行。结果表明，经过几次的卸料后，颗粒逐渐显示出分离状态，并且此分离状态与第一次卸料时的分离状态有很大差别，且分离程度与初始填料方法无关。Shinohara 等[62]通过试验分析并预测了颗粒的分离，使用临界颗粒尺寸及混合比去研究整体流流动时颗粒的分离情况。Samadani 等[63]研究了二元玻璃珠混合物在透明的二维平底筒仓中的颗粒分离情况，其筒仓厚度是粗颗粒直径的 15 倍。通过对流动的观测，颗粒分离出现在自由表面变成 V 形之后，此时，粗颗粒以较大的速度向中心处的出口流动。然而，大多数试验中的颗粒直径比为 2，还有更小的颗粒直径比（1.2），此时颗粒分离情况也会出现，细颗粒的质量分数为 15%。上面所述均是对颗粒分离现象的试验研究，而对卸料时的颗粒分离的模拟研究却很少。Tanaka 等[6]通过 DEM 模拟了二维料斗中二元混合物的颗粒分离情况。Christakis 等[11]通过连续介质模型模拟了二元混合物在三维料斗中的流动并且研究了颗粒分离情况。

本节通过 DEM 数值模拟研究了颗粒形状、颗粒直径比、细颗粒质量分数、颗粒摩擦系数、密度以及移动床结构如下料段角度、出口尺寸等对卸料过程中分离状况的影响。模拟过程中用到的参数如表 4-2 所示。

表 4-2　模拟参数

计算条件或参数		
颗粒形状		玉米形,椭球形,圆柱形,球形
颗粒密度(kg/m^3)	粗颗粒 ρ_c	1 280,640
	细颗粒 ρ_f	1 280,640
弹性模量		
颗粒 E_p(N/m^2)		3.0×10^9
壁面 E_w(N/m^2)		3.0×10^9
泊松比		
颗粒 γ_p		0.33
壁面 γ_w		0.33
滑动摩擦系数	颗粒 - 颗粒 μ	0.64
	颗粒 - 壁面 μ_w	0.34
滚动摩擦系数	颗粒 - 颗粒 r	0.003
	颗粒 - 壁面 r_w	0.003
弹性恢复系数 e		0.59
细颗粒质量分数 x_f		30%
颗粒直径比 $\Phi_D=d_c/d_f$		1.3,2,4
床高 H(mm)		600
初始堆积高度 H_0(mm)		500
床长 L(mm)		200
床宽 W(mm)		50
移动床出口尺寸 W_0(mm)		40,50,60
移动床下料段倾角 θ		30°,45°,60°

细颗粒的含量对混合颗粒的分离有着很大的影响。通过文献[64,65]可知，随着细颗粒在床内质量分数的增加，分离程度有所降低，这是因为床内空隙大部分被细颗粒填满，从而使促进分离的渗透现象不容易发生。这一现象可以由二元混合物的堆积结构来进一步解释。增加细颗粒的质量分数，整床空隙率变小，因此可供细颗粒渗透的间隙变小。随着细颗粒质量分数的继续增加，空隙率达到最小，渗透将会受到极大的限制，分离程度降低。再进一步增大细颗粒的含量，空隙率反而会有所增加，但是仍然不会发生渗透现象，因为此时的空隙已不足以发生渗透，在此状态下，粗颗粒被周围的细颗粒限制在其中，不能移动，因而不会有分离现象发生。Arteaga 等[7]提出了一个使得颗粒分离的细颗粒含量的极限值，即 $x_{f,L}=4/(4+\Phi_D)$，也就是说细颗粒的含量超过极限值 $x_{f,L}$ 就不能发生分离。根据此式得出，当 $\Phi_D=1.3$ 时，细颗粒含量的极限值为 75%；当 $\Phi_D=2$ 时，细颗粒含量的极限值为 66.7%；当 $\Phi_D=4$ 时，细颗粒含量的极限值为 50%。因此，本书选择的细颗粒含量为 $x_f=30\%$。

4.3.5.1 颗粒物性对卸料时颗粒分离的影响

混合颗粒在流动过程中产生的分离现象随颗粒物性的变化而变化，因此本节研究了颗粒物性对颗粒分离情况的影响。本节用到的主要符号：x_i 为任一时刻床内细颗粒的质量分数，x_f 为初始状态下细颗粒的质量分数，S 表示床内混合颗粒的分离程度。

$$S=\sqrt{\frac{1}{P}\sum_{1}^{P}\left[\left(\frac{x_i}{x_f}\right)_p-\left(\frac{x_i}{x_f}\right)_{mean}\right]^2}$$

式中 P——将整个卸料过程分成 p 个时间段；

$(x_i/x_f)_p$——p 时间段床内细颗粒的质量分数占初始阶段细颗粒质量分数的百分比；

$(x_i/x_f)_{mean}$——p 个时间段内 x_i/x_f 的平均值。

当 $S=0$ 时，表示卸料过程中两种颗粒保持均匀混合，没有发生分离现象，随着 S 值的增大，颗粒分离程度增大。

1. 颗粒形状对卸料时颗粒分离的影响

不同尺寸的混合颗粒在流动时会产生分离现象，而颗粒形状对分离情况有很大的影响。图 4-40 表示了四种不同形状颗粒在 D 床中卸料时的分离情况，每一种形状的颗粒直径比 Φ_D 均为 4，细颗粒的质量分数 x_f 均为 30%。由图中可以看出，在颗粒直径比相同、细颗粒含量相同的情况下，不同的颗粒形状有着不同的分离情况。当 $M_d<0.5$，即下料率小于 50% 时，玉米形颗粒、椭球形颗粒及球形颗粒均混合得较好，细颗粒含量略有减少；但圆柱形颗粒的

x_i/x_f值明显大于 1，在 1.0～1.2，即在卸料的过程中，床内细颗粒含量较初始阶段增大。当 $M_d>0.5$ 时，圆柱形颗粒的细颗粒含量一直较大，且随着下料率的增加而显著增加，椭球形颗粒和玉米形颗粒的分离情况较为相似，细颗粒含量同样显著增大，而球形颗粒的细颗粒含量先显著减小，在下料率达到 92% 时，细颗粒含量才有所增加。

图 4-41 表示了四种形状的颗粒在整个卸料过程中的分离程度 S。由图中可以看出，椭球形颗粒的颗粒分离程度最大，为 0.42，玉米形颗粒和圆柱形颗粒的分离程度十分相似，分别为 0.31 和 0.29，而球形颗粒的分离程度最小，为 0.13。

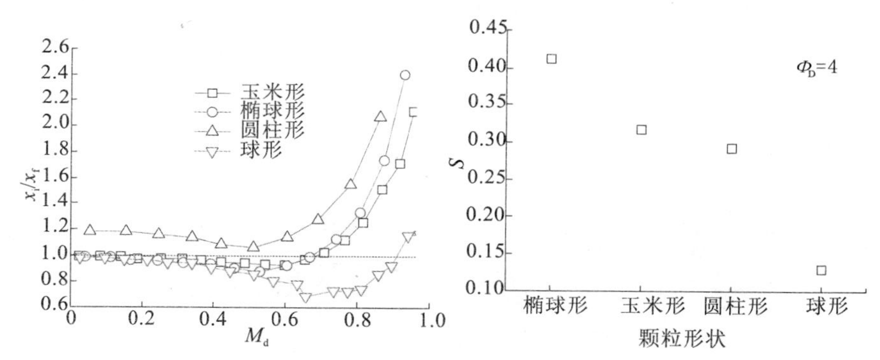

图 4-40　不同形状颗粒在移动床中卸料时的分离情况，$\Phi_D=4$，$x_f=30\%$

图 4-41　不同形状颗粒在移动床中卸料时的分离程度

图 4-42(a)、(b)、(c)、(d)表示了椭球形颗粒、玉米形颗粒、圆柱形颗粒以及球形颗粒在 $M_d=0.2$、0.5、0.8 时的分离情况。图中灰色颗粒表示粗颗粒，黑色颗粒表示细颗粒。由图中可以看出，当 $M_d=0.2$ 时，四种颗粒在床内没有明显的分离现象，但四种颗粒的上表面均为灰色的粗颗粒，这是由于渗透作用使得细颗粒位于粗颗粒的下面。当 M_d增加到 0.5 时，四种颗粒的分离情况明显不同，椭球形颗粒和圆柱形颗粒的粗颗粒和细颗粒界限十分分明，由于漏斗流和渗透作用，细颗粒处在两侧，而粗颗粒处在中间。玉米形颗粒同样是细颗粒向下渗透，粗颗粒多数处于上表面和床的中心处，但是粗颗粒和细颗粒的界限不十分分明。而球形颗粒则表现为粗颗粒在上方、细颗粒在下方的分离状况，因此床内细颗粒先行流出，含量会显著减小。当 M_d继续增加到 0.8 时，四种形状颗粒的分离情况已经十分明显，均是细颗粒处在壁面处，而粗颗粒处在中心处的流通区域，由于漏斗流的作用，粗颗粒先行流出，细颗粒最后

流出，因此床内细颗粒含量显著增加。

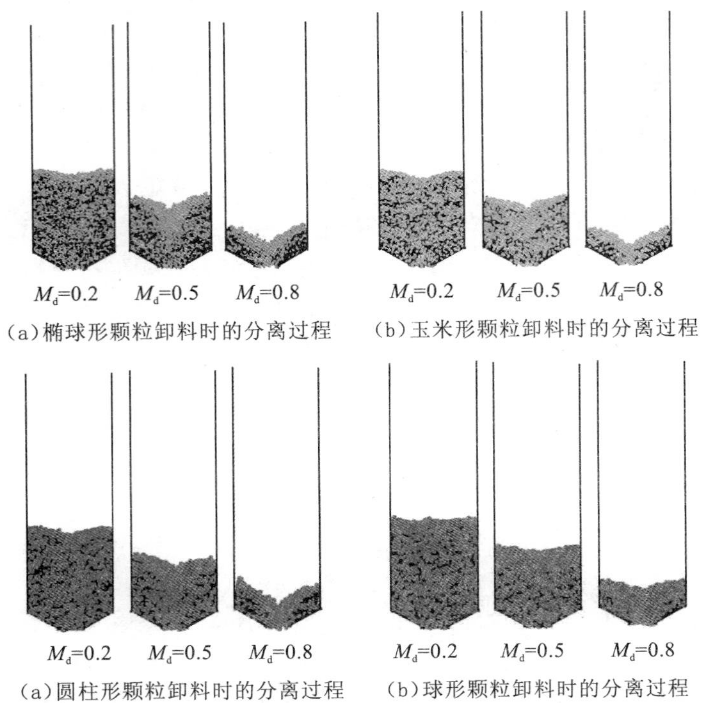

图 4-42 四种形状颗粒卸料时的分离过程

图 4-43 表示了 $\Phi_D = 2$、$x_f = 30\%$ 时，不同形状颗粒在 D 床中卸料时的分离情况。由图中可以看出，当颗粒直径比为 2 时，四种形状的颗粒分离情况十分相似。当下料率 $M_d < 60\%$ 时，四种形状颗粒床内混合情况均较好，x_i/x_f 值在 1 附近。当 $M_d > 60\%$ 时，分离情况有所变化，在四种形状颗粒中，圆柱形颗粒的 x_i/x_f 值最大，且随着下料率的增大显著增加，这表明了床内细颗粒的含量显著增加。椭球形和玉米形颗粒的 x_i/x_f 值基本相同，且在 $M_d > 70\%$ 时，才有明显增加，即此时床内细颗粒含量开始增加。球形颗粒的 x_i/x_f 值最小，且在 $M_d > 85\%$ 时才有所增加。四种不同颗粒 x_i/x_f 值不同的主要原因是：颗粒的不同形状使得床内的流型不同，从而导致颗粒分离情况有所不同。

图 4-44 表示了不同形状颗粒在 D 床中卸料时的分离程度。由图中可以看出，椭球形颗粒、玉米形颗粒、圆柱形颗粒的 S 值分别为 0.286、0.33、0.29，相差很小，而球形颗粒的分离程度 S 值为 0.13，明显较其他形状的分离程度要小。

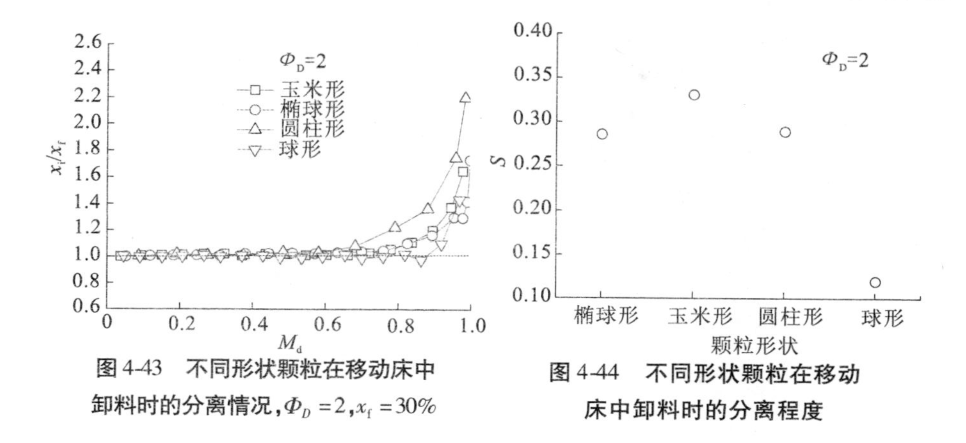

图 4-43 不同形状颗粒在移动床中卸料时的分离情况，$\Phi_D=2, x_f=30\%$

图 4-44 不同形状颗粒在移动床中卸料时的分离程度

2. 颗粒直径比对颗粒分离的影响

在颗粒流动过程中，普遍认为控制颗粒发生分离的方法即是控制床内颗粒的尺寸分布，也就是使混合颗粒的直径比尽量变小[66-68]。图 4-45 表示了 $x_f=30\%$ 时，在 D 床中不同颗粒直径比的混合颗粒的分离情况。从图中可以看出，当颗粒直径比 $\Phi_D=1.3$ 和 $\Phi_D=2$ 时，床内混合颗粒在下料率达到 90% 前都呈现较均匀的状态；当下料率超过 90% 时，两种颗粒直径比下的颗粒分离情况相似，即床内细颗粒的质量分数显著增加。当 $\Phi_D=4$ 时，分离现象较前两种有较大的变化，在下料率小于 22% 时，混合颗粒均匀地卸出；当下料率大于 22% 小于 90% 时，床内细颗粒含量明显减少，即卸出的混合颗粒中含有更多的细颗粒；当下料率超过 90% 以后，床内细颗粒含量增加。图 4-46 通过计算分析了三种不同颗粒直径比的混合颗粒的分离程度，从图中可以看出，随着颗粒直径比的增大，颗粒的分离程度显著增加，这一结果与参考文献结果一致[69,70]。

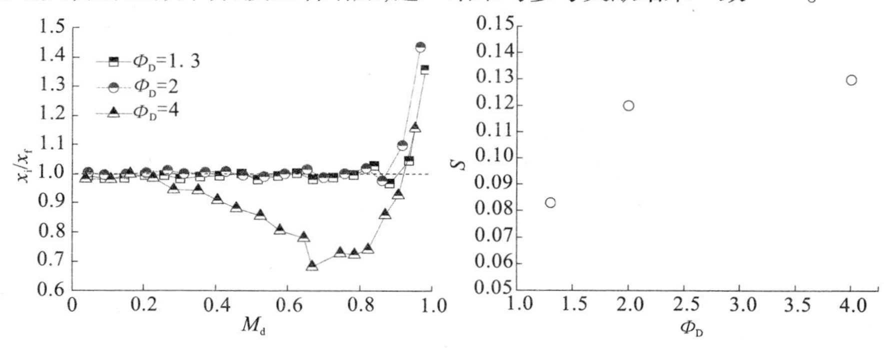

图 4-45 不同直径比混合颗粒在移动床中卸料时的分离情况，$x_f=30\%$

图 4-46 不同直径比混合颗粒在移动床中卸料时的分离程度

图 4-47 直观地描述了三种颗粒直径比 $\Phi_D=1.3$、2、4 的混合颗粒在不同下料率时颗粒分离情况示意图，从而解释了出现图 4-45 中的颗粒分离情况的原因。图中灰色颗粒表示粗颗粒，黑色颗粒表示细颗粒。图 4-47(a)表示了 $\Phi_D=1.3$ 的混合颗粒的分离过程，由图中可以看出，当下料率分别为 20% 和 60% 时，床内颗粒混合较均匀，基本没有发生分离的现象。当下料率增加到 90% 时，颗粒混合仍然较均匀，但是通过观察可以看到边壁处尤其是主体与渐缩下料段交界处的细颗粒较多，而由于颗粒壁面间有摩擦作用，这部分颗粒会在颗粒的最后阶段才能卸出，这即是图 4-45 中卸料最后阶段的细颗粒含量显著增大的原因。

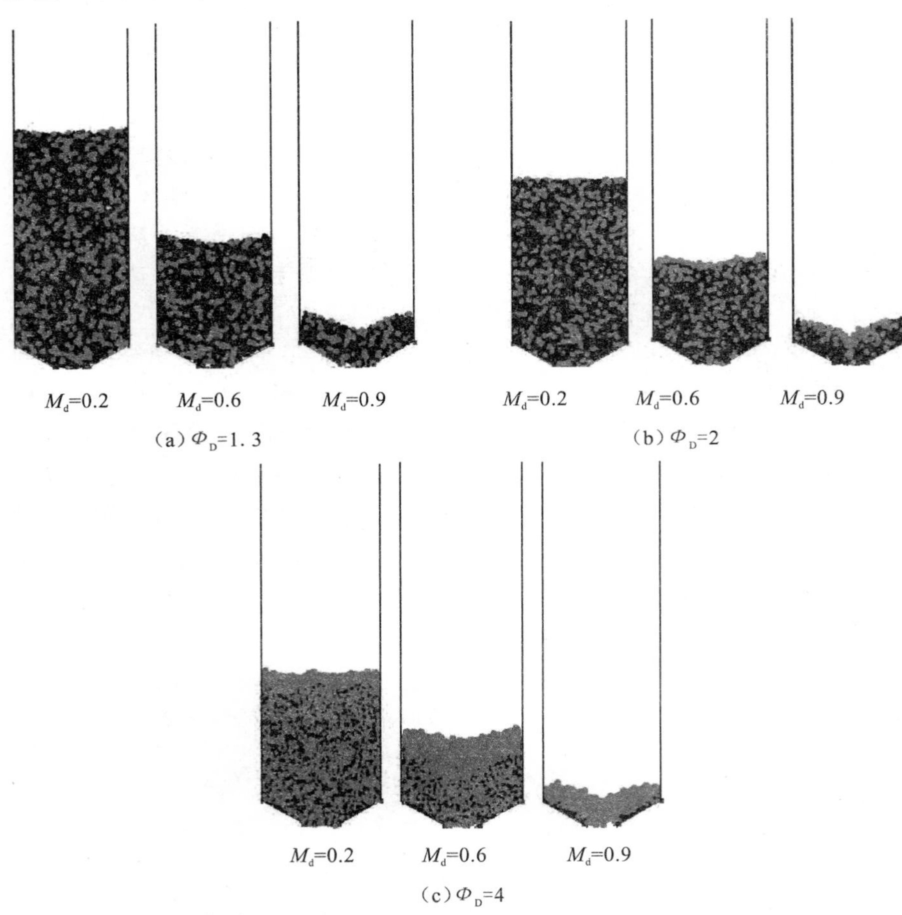

图 4-47　不同颗粒直径比混合颗粒卸料时的分离过程

图4-47(b)表示了 $\Phi_D=2$ 的混合颗粒的分离过程，由图中可以看出，当下料率为20%时，床内颗粒混合得十分均匀。当下料率增大到60%时，颗粒分离的现象并不是十分明显，但是在床的上表面堆满了粗颗粒，而在渐缩下料段的倾斜壁面上堆满了细颗粒。当下料率继续增大到90%时，颗粒分离现象已经十分明显，颗粒上表面呈现一个倾斜的状态，且布满了粗颗粒，在靠近壁面处布满了细颗粒。床内呈现明显的漏斗流的状态，上表面的粗颗粒先从出口流出，壁面处的细颗粒随后流出，即在最后的卸料阶段床内细颗粒含量显著增大。

图4-47(c)表示了 $\Phi_D=4$ 的混合颗粒的分离过程，由图中可以看出，当下料率为20%时，床内部颗粒混合较好，但是床的上表面布满了粗颗粒。当下料率为60%时，分离现象已经十分明显，粗颗粒在床的上面，细颗粒在床的下面，产生这种现象的主要原因是渗透，即细颗粒通过渗透作用向下流动，从而先于粗颗粒流出移动床，导致图4-45所示的下料率在22%～90%时，床内细颗粒的含量明显减少。当下料率增大到90%时，只有壁面处存在较少细颗粒，由于与壁面的摩擦作用和漏斗流的作用，这部分颗粒成为最后卸出的颗粒，因此出现了图4-45中最后阶段细颗粒含量增大的现象。

3. 颗粒密度比对颗粒分离的影响

图4-48描述了 $x_f=30\%$、$\Phi_D=4$ 时不同颗粒密度比($\Phi_\rho=\rho_c/\rho_f$)混合颗粒卸料时的分离情况，其中 Φ_ρ 表示颗粒密度比，ρ_c 表示粗颗粒的密度，ρ_f 表示细颗粒的密度。从图中可以看出，当颗粒密度比 Φ_ρ 从0.5增加到2时，混合颗粒在卸料过程中的分离情况基本没有受到影响。这一研究结果与很多文献中的研究结果一致[71-73]。但有很多研究者[74-76]得出相反的结论，即混合颗粒的密度比对分离有着重要的影响。这些研究发现在颗粒自然堆积、颗粒在倾斜板上流动时颗粒密度对分离有着很大的影响，这主要是由于促使分离的因素除了渗透还有其他力的作用。而本书混合颗粒在移动床中的流动，产生分离的主要原因是渗透，因此颗粒密度比对分离没有影响。

4. 摩擦系数对颗粒分离的影响

1) 颗粒－颗粒滑动摩擦系数的影响

图4-49表示了不同颗粒－颗粒滑动摩擦系数混合颗粒在移动床中卸料时的分离情况。图4-49(a)表示 $\Phi_D=2$ 时 $\mu=0.14$、0.34、0.64时的混合颗粒分离情况。由图中可以看出，在下料率达到60%之前，三种摩擦系数下的混合颗粒几乎没有产生分离状况。当下料率大于60%时，$\mu=0.14$ 的混合颗粒中细颗粒的含量略有变小，这是因为摩擦系数较小时，颗粒处于整体流的状

态，而细颗粒通过渗透作用向下流动，因此卸料中细颗粒的含量较多，床内细颗粒含量变少。$\mu=0.34$ 和 $\mu=0.64$ 在下料率大于60%时的颗粒分离情况基本相同，即床内细颗粒含量增加。原因是颗粒－颗粒滑动摩擦系数的变大导致颗粒流动由整体流转变为漏斗流，细颗粒通过渗透作用在床的下方，粗颗粒由倾斜的上表面向下滚落先于细颗粒从床中卸出，因此在卸料最后阶段，床内细颗粒含量增大。

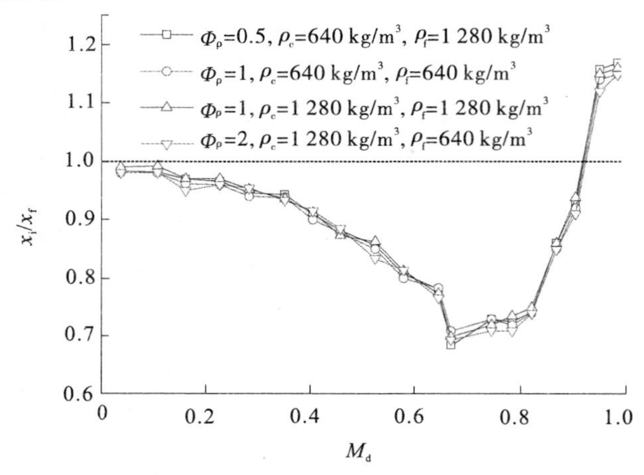

图4-48　不同颗粒密度比混合颗粒在移动床中卸料时的分离情况，$x_f=30\%$，$\Phi_D=4$

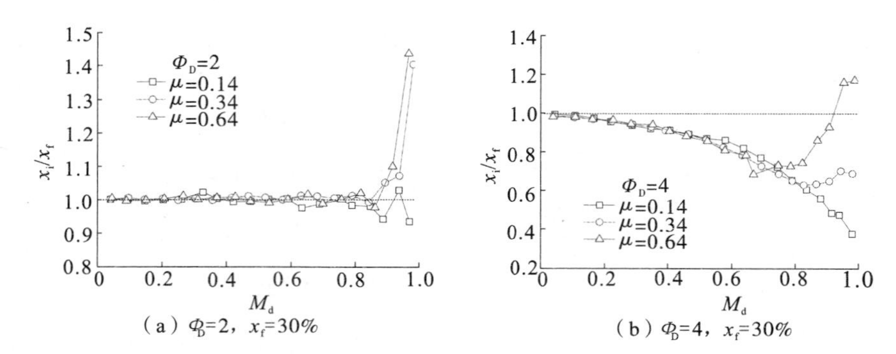

图4-49　不同颗粒－颗粒滑动摩擦系数混合颗粒在移动床中卸料时的分离情况

图4-49(b)表示 $\Phi_D=4$，$\mu=0.14$、0.34、0.64时的混合颗粒分离情况。由图中可以看出，颗粒－颗粒滑动摩擦系数对初始卸料阶段的分离影响较小，对卸料即将结束时的分离影响很大。在下料率小于70%时，三种摩擦系数的颗粒分离情况均呈现床内细颗粒含量较少的情况，这主要是由于细颗粒的渗透

作用。当下料率大于 70% 时,床内细颗粒的含量随着 μ 的增大而增大。产生这种情况的原因是增大摩擦系数即增大了床层的空隙率,且摩擦系数的不同会导致床内流型不同。首先,$\mu=0.14$、0.34、0.64 时,床内的空隙率随着摩擦系数的增大而增大。大的空隙率导致渗透速率的增加,从而使得细颗粒较多地存在于床的下方。其次,摩擦系数会影响床内流型,对于摩擦系数较小的情况,细颗粒虽然通过渗透存在于床的下部,但由于颗粒流动为整体流,遵循先进先出的原则,下方的细颗粒会先于粗颗粒流出,因此床内细颗粒含量一致很少。而摩擦系数越大,颗粒的流型越接近漏斗流,床内颗粒上表面呈 V 形,细颗粒通过渗透作用到达床底部后不能流出,而是上部的粗颗粒先滚出出口,因此卸料最后阶段细颗粒含量会有所增大。

图 4-50 表示了 $\Phi_D=2$ 和 $\Phi_D=4$ 时,颗粒 - 颗粒滑动摩擦系数 $\mu=0.14$、0.34、0.64 时的颗粒分离程度。由图中可以看出,当颗粒直径比为 2 时,随着摩擦系数的增大,颗粒的分离程度有所增加;而当颗粒直径比为 4 时,颗粒的分离程度反而随着摩擦系数的增加而减小。

图 4-50(b)表示了 $\Phi_D=4, x_f=30\%$ 时,颗粒 - 颗粒滑动摩擦系数分别为 $\mu=0.14$、0.34、0.64 时的颗粒分离程度。由图中可以看出,三种摩擦系数下的分离程度相差不多,且在这三个摩擦系数中,随着摩擦系数的增大,分离程度反而略有减小。原因如上述分析。

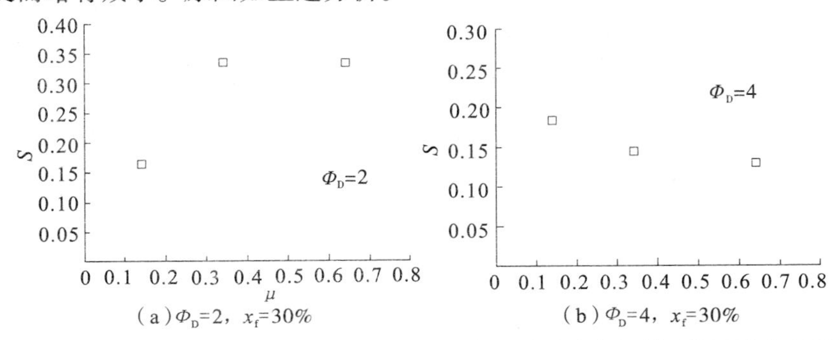

(a) $\Phi_D=2$, $x_f=30\%$　　(b) $\Phi_D=4$, $x_f=30\%$

图 4-50　不同颗粒 - 颗粒滑动摩擦系数混合颗粒在移动床中卸料时的颗粒分离程度

由前面的分析可知,图 4-51 表示了下料率为 90% 时,不同颗粒 - 颗粒滑动摩擦系数下混合颗粒的分离情况。由图 4-50(a)、(b)可以看出,当 $\Phi_D=2$ 时,三种摩擦系数下的颗粒分离情况有很大区别,相比之下 $\mu=0.14$ 时,颗粒混合得较均匀,且颗粒流动仍为整体流,因此渗透作用使壁面处的细颗粒会同粗颗粒一起从出口流出。$\mu=0.34$ 时,上表面呈 V 形且粗颗粒较多,壁面处则细颗粒较多,粗颗粒和细颗粒之间没有明显的分界线,此时颗粒流动呈漏斗流的型式,粗颗粒通过倾斜表面首先流出,细颗粒最后卸出,因此在最后阶段,床内细颗粒含量显著增大。$\mu=0.64$ 时的分离情况和 $\mu=0.34$ 是相同的,唯一的区别是颗粒上表面更加倾斜,堆积了更多的粗颗粒,而壁面处堆积了更多的细颗粒,粗颗粒和细颗粒的分界线更加明显。当 $\Phi_D=4$ 时,$\mu=0.14$、0.34、0.64的颗粒在下料率达到90%时的分离情况基本相同,唯一的区别是随着摩擦系数的增大,壁面处的细颗粒含量增多;摩擦系数越大,流动越倾向于漏斗流,上部的粗颗粒越容易先从出口流出,细颗粒最后流出。因此,图 4-51 很直观地解释了图 4-50 中的分离结果。

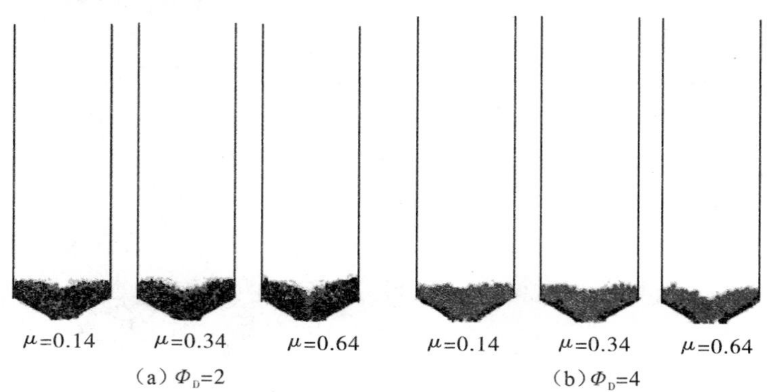

图 4-51 $M_d=0.9$ 时,不同颗粒 - 颗粒滑动摩擦系数下混合颗粒的分离情况

2)颗粒 - 壁面滑动摩擦系数的影响

根据文献中的研究[31,77]可知,颗粒 - 壁面滑动摩擦系数 μ_w 是一个需要考察的参数。图 4-52 表示了 $\Phi_D=4$,$x_f=30\%$,$\mu=0.34$ 时不同颗粒 - 壁面滑动摩擦系数的混合颗粒在 D 床中卸料时的分离情况。从图中可以看出,当 μ_w 分别为 0.14、0.34、0.64 时,混合颗粒在下料率小于 90% 时的分离情况基本相同,随着下料率的增大,细颗粒含量逐渐减少。差别只是存在于卸料的最后阶段,很明显,μ_w 分别为 0.14 和 0.34 时,下料率达 95% 以后,床内细颗粒含量急剧变少,这是因为细颗粒由于渗透作用积聚在倾斜壁面上,壁面摩擦系数较小,因此细颗粒仍然先于粗颗粒流出移动床。而当 μ_w 增大到 0.64 时,积聚在壁面上的细颗粒由于壁面摩擦的作用会慢于粗颗粒流出,因此含量增大。从图 4-53 可以看出,在整个流动过程中,三种颗粒 - 壁面滑动摩擦系数下的颗粒分离程度 S 相差较小。

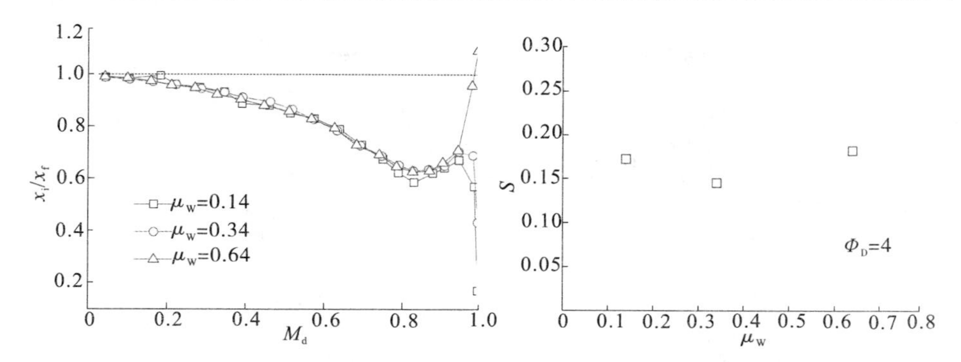

图 4-52　不同颗粒－壁面滑动摩擦系数混合颗粒在移动床中卸料时的分离情况，$\Phi_D=4, x_f=30\%, \mu=0.34$

图 4-53　不同颗粒－壁面滑动摩擦系数下的颗粒分离程度

5. 颗粒－颗粒滚动摩擦系数的影响

图 4-54 表示了 $\Phi_D=4, x_f=30\%$ 时，不同颗粒－颗粒滚动摩擦系数混合颗粒卸料时的分离情况。由图中可以看出，颗粒－颗粒滚动摩擦系数 r_p 的变化对混合颗粒卸料时的分离结果基本没有影响。

6. 颗粒－壁面滚动摩擦系数的影响

图 4-55 表示了 $\Phi_D=4, x_f=30\%$ 时，不同颗粒－壁面滚动摩擦系数混合颗粒卸料时的分离情况。由图中可以看出，颗粒－壁面滚动摩擦系数 r_w 的变化对混合颗粒卸料时的分离结果几乎没有影响。

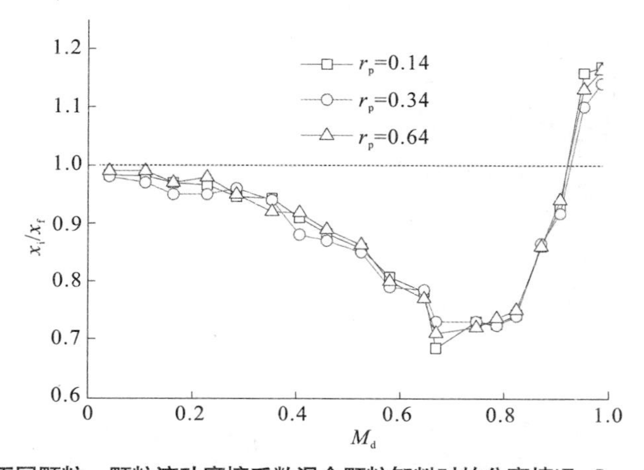

图 4-54　不同颗粒－颗粒滚动摩擦系数混合颗粒卸料时的分离情况，$\Phi_D=4, x_f=30\%$

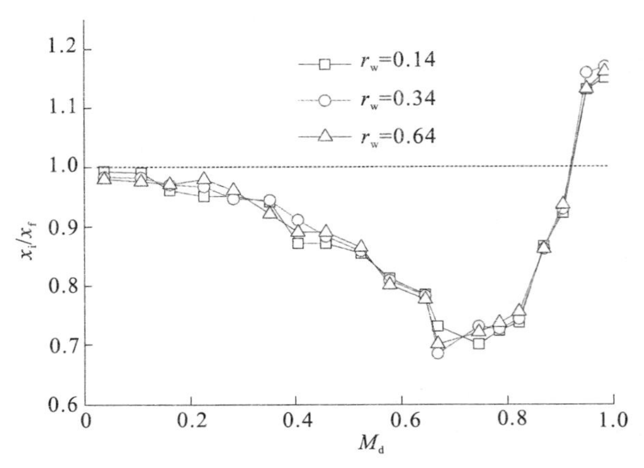

图 4-55　不同颗粒－壁面滚动摩擦系数混合颗粒卸料时的分离情况，$\Phi_D=4$，$x_f=30\%$

4.3.5.2　移动床结构对卸料时颗粒分离的影响

1. 出口尺寸对颗粒分离的影响

图 4-56 表示了 $\Phi_D=2$，$x_f=30\%$ 时不同出口尺寸对混合颗粒卸料时分离情况的影响。由图中可以看出，出口尺寸对混合颗粒的分离有着很大的影响。当混合颗粒在 $W_0=40$ mm 的床中流动时，在卸料初始阶段，即下料率小于30%时，颗粒分离情况不十分明显；当下料率超过 30%时，床内细颗粒含量增加，且随着下料率的增大而增大。卸料开始阶段，细颗粒通过渗透作用向下流动，随粗颗粒一同流出，由第 3 章内容可知，$W_0=40$ mm 的床中流动由开始阶段的整体流逐渐转变为漏斗流，此时由于细颗粒渗透到下方，粗颗粒占据了上表面，由于漏斗流的作用，粗颗粒通过中心向下流动快速通过出口，细颗粒在靠近壁面处随后卸出。因此，出现了图 4-56 中细颗粒含量逐渐增大的趋势。当混合颗粒在 $W_0=60$ mm 床中流动时，当下料率小于 50%时，床内颗粒混合得较均匀，基本没有分离现象；当下料率在 50%～80%时，细颗粒含量较少；当下料率大于 80%时，细颗粒含量显著增加。这是因为虽然 $W_0=60$ mm 的床内流动一直为整体流，但仍然有细颗粒通过渗透快速向下流动的情况发生，而 $W_0=60$ mm 的床出口较大，渗透下来的一部分颗粒堆积在壁面上，另一部分则通过出口流出，即中间阶段细颗粒含量减少的原因。最后当颗粒流动到渐缩下料段时，边壁处和中心处会产生速度差，中心处的粗颗粒会先流出，导致最后阶段细颗粒含量增加。当混合颗粒在 $W_0=50$ mm 的床中流动时，分离情况具有以上两床的分离特点，即中间阶段细颗粒含量少，且最后阶段细颗粒含

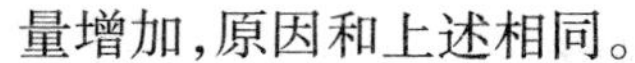

量增加，原因和上述相同。

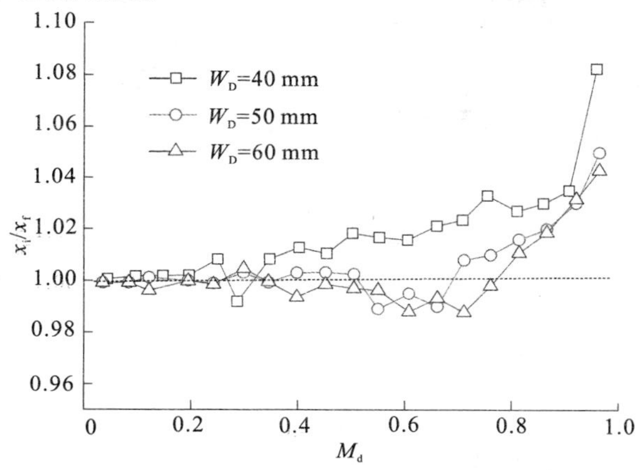

图 4-56　不同出口尺寸对混合颗粒卸料时分离情况的影响，$\Phi_D=2$，$x_f=30\%$

2. 下料段倾角对颗粒分离的影响

图 4-57 表示了 $\Phi_D=2$，$x_f=30\%$ 时不同下料段角度对混合颗粒卸料时分离情况的影响。由图中可以看出，当混合颗粒在下料段角度 $\theta=45°$ 的床中流动时，虽然细颗粒也会发生渗透作用，但是并没有立刻从出口流出，床内细颗粒含量一直较多，且随着下料率的增加细颗粒含量有增加的趋势。混合颗粒在 $\theta=60°$ 和 $\theta=30°$ 的床中卸料时的分离情况如前所述。

图 4-58 表示了不同下料段角度时混合颗粒的分离程度。由图中可以看出，混合颗粒在 $\theta=60°$ 的床中流动时分离程度 S 最小，而在 E 床中流动时的分离程度最小。

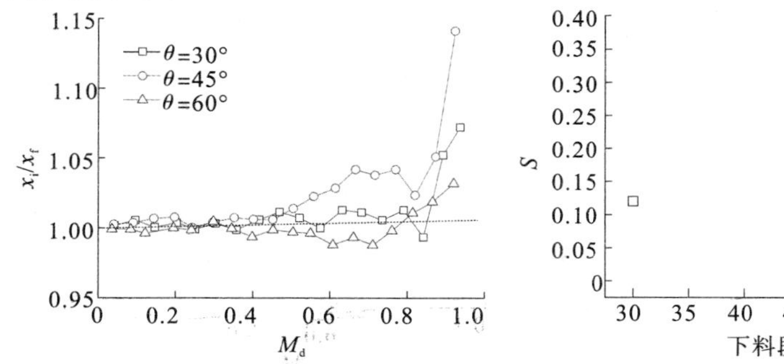

图 4-57　不同下料段角度对混合颗粒卸料时分离情况的影响，$\Phi_D=2$，$x_f=30\%$

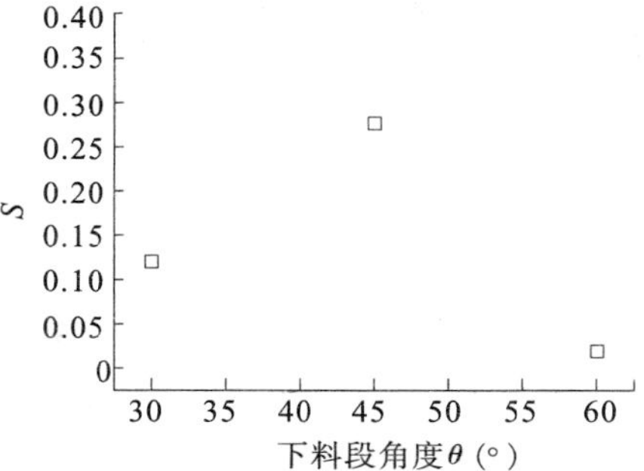

图 4-58　不同下料段角度时混合颗粒的分离程度

图4-59表示了不同下料段角度时混合颗粒的分离情况。从图中可以看出,混合颗粒在三种移动床中的卸料过程中,当下料率为60%时,颗粒混合情况基本相同,在上表面有较多的粗颗粒时,细颗粒由于渗透作用在壁面处,在这一点上,$\theta=30°$的床中尤其明显;当下料率达到90%时,由于$\theta=60°$的床中的流动最为接近整体流,因此分离情况最不显著。

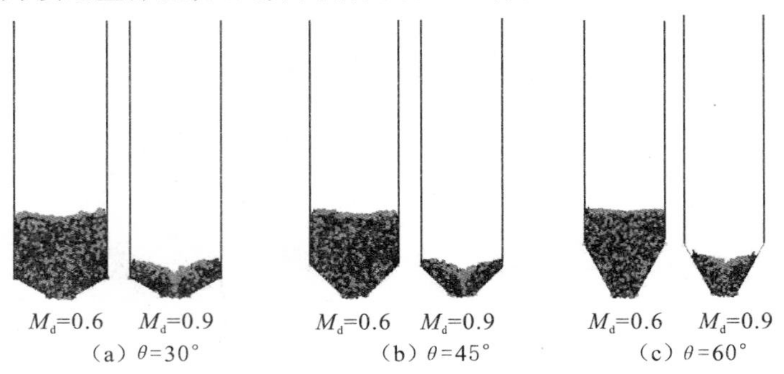

图4-59　不同下料段角度时混合颗粒的分离情况

3. 填料高度对颗粒分离的影响

图4-60表示了当$\Phi_D=2$,$x_f=30\%$时,不同填料高度对混合颗粒在移动床中卸料时分离情况的影响,其中H表示填料高度,W表示床的宽度。由图中可以看出,当填料高度与床的宽度比$H/W=1$时,床内混合颗粒在卸料过程中较为均匀,在卸料的最后时刻床内细颗粒含量增大。而当填料高度是床宽度的一半即$H/W=0.5$时,在下料率小于40%时,床内颗粒混合均匀;当下料率在40%~70%时,细颗粒含量减少,当下料率大于70%时,细颗粒含量显著增大。当填料高度是床宽度的4倍即$H/W=4$时,在下料率小于40%时,床内颗粒同样混合均匀;当下料率大于40%时,细颗粒含量逐渐增大。

图4-61表示了不同填料高度混合颗粒在下料率为50%和85%时的分离情况。从图中可以看出,当下料率为50%时,三种高宽比下的颗粒混合情况没有明显分别,但此时由于细颗粒的渗透所用,$H/W=0.5$的移动床内,床的上表面呈V形的倾斜状态,且上表面堆满了粗颗粒,因此如图4-60所示,此时床内细颗粒含量较少。而$H/W=1$时,细颗粒虽有渗透作用,但混合情况仍然较好。当$H/W=4$时,细颗粒仍然向下渗透,但由于堆积颗粒较高,渗透下来的细颗粒还未经出口流出,因此此时细颗粒含量略高。当下料率为85%时,三种高宽比的床内颗粒均为上表面倾斜,且堆满粗颗粒,细颗粒渗透到下面,由于漏斗流的流型导致粗颗粒快速从出口流出,细颗粒最后流出,因此

图 4-60 中细颗粒含量增高。

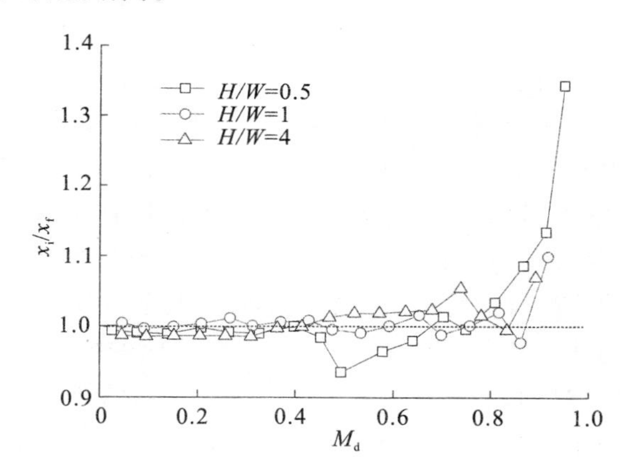

图 4-60　不同填料高度对混合颗粒在移动床中卸料时分离情况的影响，$\Phi_D=2$，$x_f=30\%$

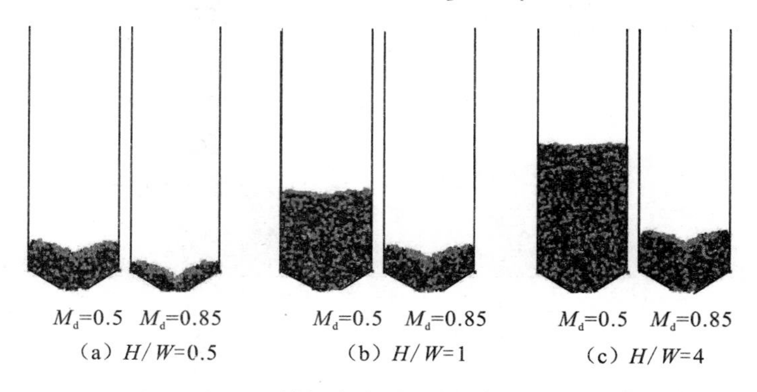

图 4-61　不同填料高度时混合颗粒的分离情况

4.4　异形混合非球形颗粒在移动床内卸料时的流动特性

4.4.1　异形混合非球形颗粒的下料率

图 4-62 比较了异形混合颗粒与均质颗粒的下料率。图 4-62(a) 比较了玉米形圆柱形混合颗粒和均质玉米形、圆柱形颗粒的下料率，由图中可以看出，此混合颗粒和均质颗粒的下料率完全相同。图 4-62(b) 比较了玉米形椭球形

混合颗粒和均质玉米形、椭球形颗粒的下料率，由图中看出，此混合颗粒和均质颗粒的下料率仍然相同。图4-62(c)比较了圆柱形椭球形混合颗粒和均质圆柱形、椭球形颗粒的下料率，由图中看出，此混合颗粒和均质颗粒的下料率相同。图4-62(d)比较了球形玉米形混合颗粒和均质球形、玉米形颗粒的下料率，由图中可以看出，均质球形颗粒的下料率最大，球形玉米形混合颗粒和均质玉米形颗粒的下料率相同，略小。图4-62(e)比较了球形圆柱形混合颗粒和均质球形、圆柱形颗粒的下料率，由图中可以看出，均质球形颗粒的下料率最大，球形圆柱形混合颗粒和均质圆柱形颗粒的下料率相同，略小。图4-62(f)比较了球形椭球形混合颗粒和均质球形、椭球形颗粒的下料率，由图中可以看出，均质球形颗粒的下料率最大，球形椭球形混合颗粒和均质椭球形颗粒的下料率相同，略小。通过上面分析可知，非球形颗粒的下料率较球形颗粒要小。

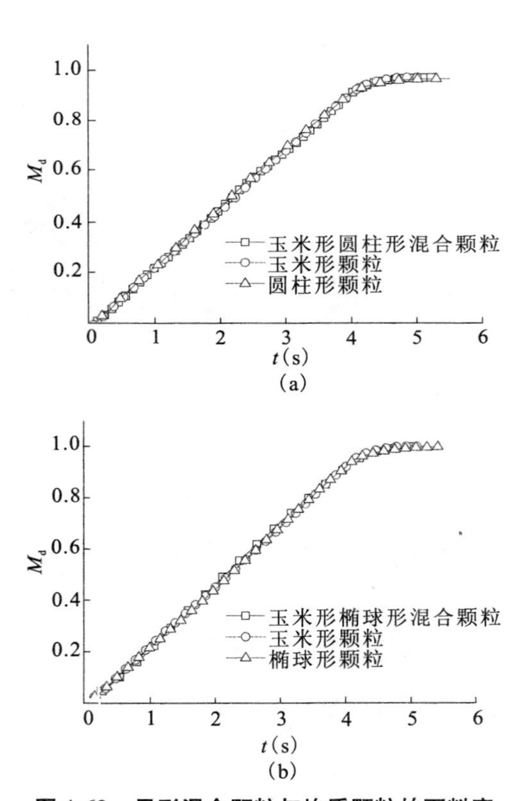

图4-62　异形混合颗粒与均质颗粒的下料率

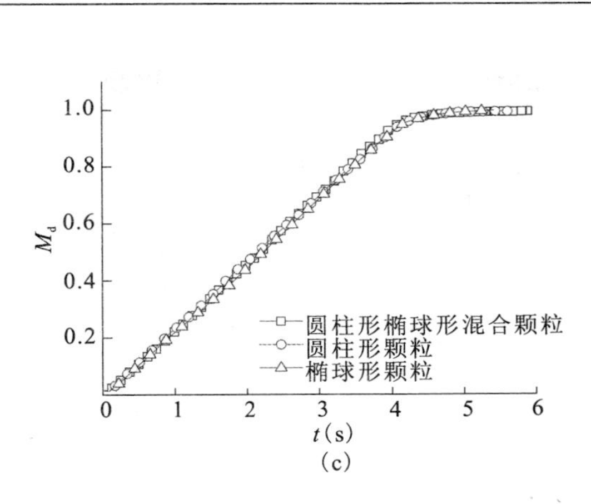
1.0
0.8
0.6
0.4
0.2
M_d
圆柱形椭球形混合颗粒
圆柱形颗粒
椭球形颗粒
0
1
2
3
4
5
6
t(s)
(c)

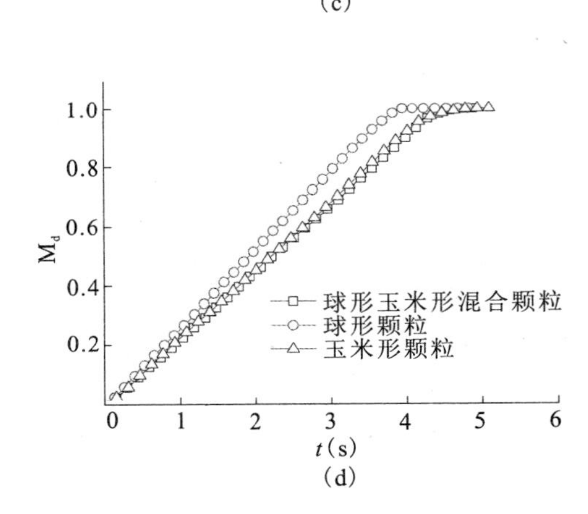
1.0
0.8
0.6
0.4
0.2
M_d
球形玉米形混合颗粒
球形颗粒
玉米形颗粒
0
1
2
3
4
5
6
t(s)
(d)

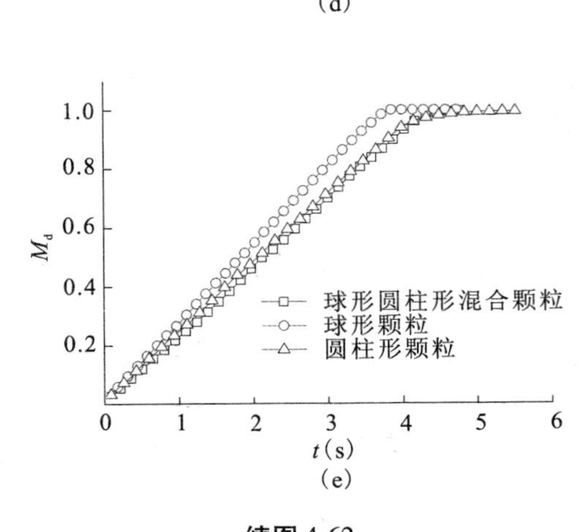
1.0
0.8
0.6
0.4
0.2
M_d
球形圆柱形混合颗粒
球形颗粒
圆柱形颗粒
0
1
2
3
4
5
6
t(s)
(e)

续图 4-62

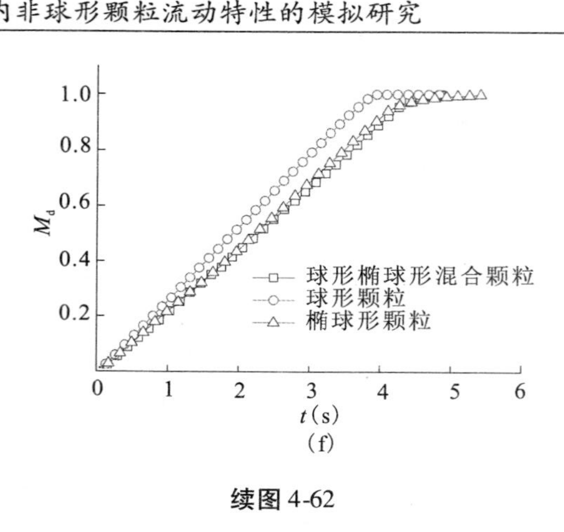

(f)

续图 4-62

4.4.2 异形混合非球形颗粒的流型

图 4-63 比较异形混合颗粒与均质颗粒卸料时 *MFI* 值随下料率的变化情况。图 4-63(a)比较了球形玉米形混合颗粒和均质球形颗粒、均质玉米形颗粒在卸料时 *MFI* 值随下料率的变化情况，由图中可以看出，球形颗粒的 *MFI* 值最大，玉米形颗粒的 *MFI* 值最小，混合颗粒居中。在卸料初始阶段，三种颗粒的 *MFI* 值均达到最大，分别为 0.5、0.4、0.35，随着卸料的进行，*MFI* 值不断减小。球形颗粒在下料率大于 52% 时，*MFI* 值小于 0.3，即此时颗粒流型由整体流转为漏斗流。而均质玉米形颗粒和混合颗粒由整体流向漏斗流转变的交界处为 12% 和 30%。

图 4-63(b)比较了球形圆柱形混合颗粒和均质球形颗粒、均质圆柱形颗粒在卸料时 *MFI* 值随下料率的变化情况。由图中可以看出，均质圆柱形颗粒的 *MFI* 值从卸料初始阶段起即小于 0.3，且在整个卸料阶段中，*MFI* 值均为最小，即边壁与中心处颗粒的速度梯度最大。而球形圆柱形混合颗粒在卸料初始阶段的 *MFI* 值为 0.34，当下料率大于 12% 时，*MFI* 值小于 0.3，流型由整体流转为漏斗流。

图 4-63(c)比较了球形椭球形混合颗粒和均质球形、均质椭球形颗粒在卸料时 *MFI* 值随下料率的变化情况。由图中可以看出，椭球形颗粒的 *MFI* 值在三种颗粒中最小，即速度梯度较大，且椭球形颗粒的 *MFI* 最大值为 0.3。球形椭球形混合颗粒的 *MFI* 值在卸料初始阶段达到最大，最大值为 0.41，随着卸料的进行，*MFI* 值不断减小，在下料率超过 19% 时，*MFI* 值小于 0.3，由整体流的流型转为漏斗流。

图 4-63(d)比较了玉米形圆柱形混合颗粒和均质玉米形颗粒、均质圆柱形颗粒在卸料时 *MFI* 值随下料率的变化情况。由图中可以看出,当下料率小于34%时,玉米形颗粒和混合颗粒的 *MFI* 值较为接近,最大值为0.35,圆柱形颗粒的 *MFI* 最大值较小,为0.2,这表明圆柱形颗粒的边壁处与中心处颗粒的速度梯度较大。当卸料率超过34%时,三种颗粒的 *MFI* 值差别较小。

图 4-63(e)比较了玉米形椭球形混合颗粒和均质玉米形颗粒、均质椭球形颗粒在卸料时 *MFI* 值随下料率的变化情况。由图中可以看出,椭球形颗粒在卸料过程中的 *MFI* 值略小,玉米形颗粒的 *MFI* 值略大,而混合颗粒的 *MFI* 值居中。

图 4-63(f)比较了圆柱形椭球形混合颗粒和均质圆柱形颗粒、均质椭球形颗粒在卸料时 *MFI* 值随下料率的变化情况。由图中可以看出,三种颗粒的 *MFI* 值在卸料初始阶段有较大不同,均质圆柱形颗粒的 *MFI* 最大值为0.19,而均质椭球形颗粒和混合颗粒的 *MFI* 最大值分别为0.3和0.33。随着卸料的进行,三种颗粒的 *MFI* 值越来越接近。

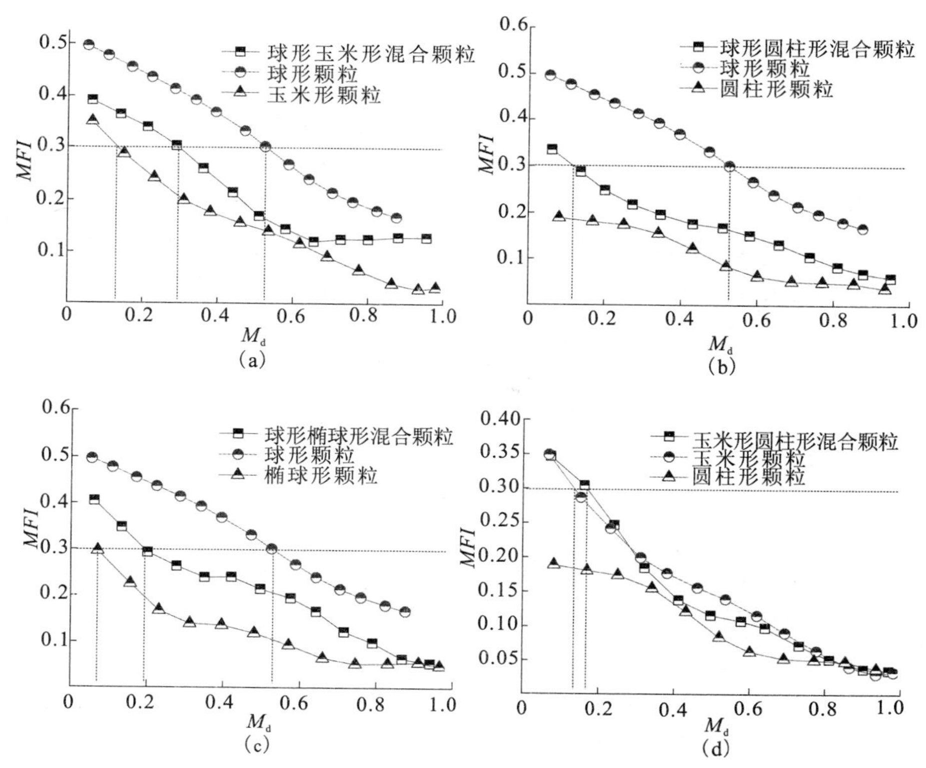

图 4-63　异形混合颗粒与均质颗粒卸料时 *MFI* 值随下料率的变化

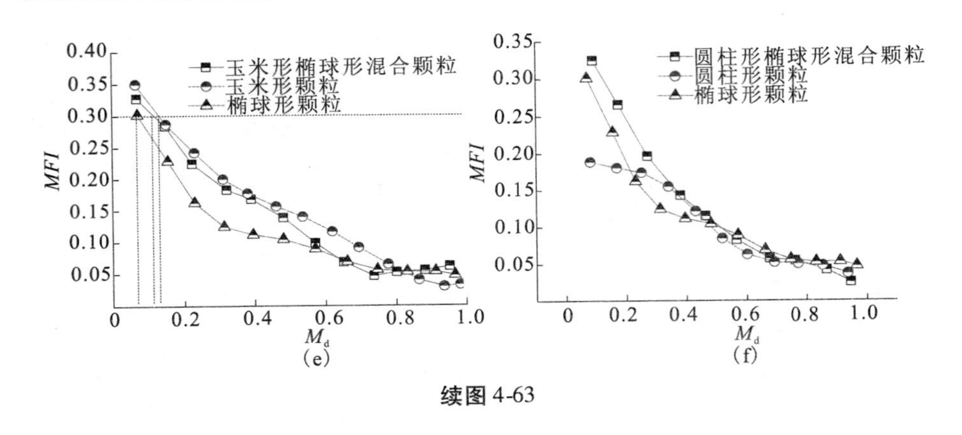

续图 4-63

4.4.3 异形混合非球形颗粒的概率分布分析

图 4-64 比较了异形混合颗粒与均质颗粒的概率分布情况。图 4-64(a)比较了球形椭球形混合颗粒和均质球形、均质椭球形颗粒的概率分布情况。由图中可以看出,球形颗粒的概率分布只有一个峰,峰值为 0.37,对应的速度值为 0.1 m/s,最小速度对应的 *pd* 值为 0.05,即处于最小速度的颗粒数极少。均质椭球形颗粒的概率分布呈现两个峰,峰值分别为 0.22 和 0.2,对应的速度值为 0.001 m/s 和 0.15 m/s,即速度小的颗粒数和速度大的颗粒数相当。而球形椭球形混合颗粒的概率分布介于两种均质颗粒之间,混合颗粒的概率分布只有一个峰,峰值为 0.27,小于均质球形颗粒的峰值。

图 4-64(b)比较了球形玉米形混合颗粒和均质球形、均质玉米形颗粒的概率分布情况。由图中可以看出,均质玉米形颗粒的概率分布存在两个峰,第一个峰值较小,为 0.2,对应的速度值为 0.001 m/s,第二个峰值较大,为 0.3,对应的速度值为 0.1m/s,即处于较大速度值的颗粒数较多。球形玉米形混合颗粒的概率分布和均质球形颗粒的基本相同,不同之处在于均质球形颗粒速度最小值对应的 *pd* 值较小,即速度值较小的颗粒数较少。

图 4-64(c)比较了球形圆柱形混合颗粒和均质球形颗粒、均质圆柱形颗粒的概率分布情况。由图中可以看出,均质圆柱形颗粒的概率分布存在两个峰,峰值分别为 0.27、0.2,对应的速度值分别为 0.001 m/s 和 0.1 m/s,即较小的速度值对应的颗粒数较多。球形圆柱形混合颗粒的概率分布只有一个峰,峰值小于球形颗粒,为 0.2 m/s。

图 4-64(d)比较了玉米形椭球形混合颗粒和均质玉米形颗粒、均质椭球

形颗粒的概率分布情况。由图中可以看出,均质椭球形颗粒和均质玉米形颗粒的概率分布极为相似,均有两个峰,但峰值有所不同,分别为 0.2 和 0.3,对应的颗粒速度也有所不同,分别为 0.15 m/s 和 0.1 m/s,即均质玉米形颗粒的速度分布范围相对较窄,处在速度最大值处的颗粒数较多。混合颗粒的概率分布只有一个峰,峰值为 0.23,介于两种均质颗粒之间。

图 4-64(e) 比较了玉米形圆柱形混合颗粒和均质玉米形颗粒、均质圆柱形颗粒的概率分布情况。由图中可以看出,混合颗粒的概率分布介于两种均质颗粒之间,有两个峰值,分别为 0.26 和 0.19。速度较小值对应的颗粒数较多。

图 4-64(f) 比较了圆柱形椭球形混合颗粒和均质圆柱形颗粒、均质椭球形颗粒的概率分布情况。由图中可以看出,两种均质颗粒的概率分布均有两个峰,但混合颗粒只有一个峰,峰值为 0.27,对应的速度为 0.001 m/s,即速度最小值对应的颗粒数最多。

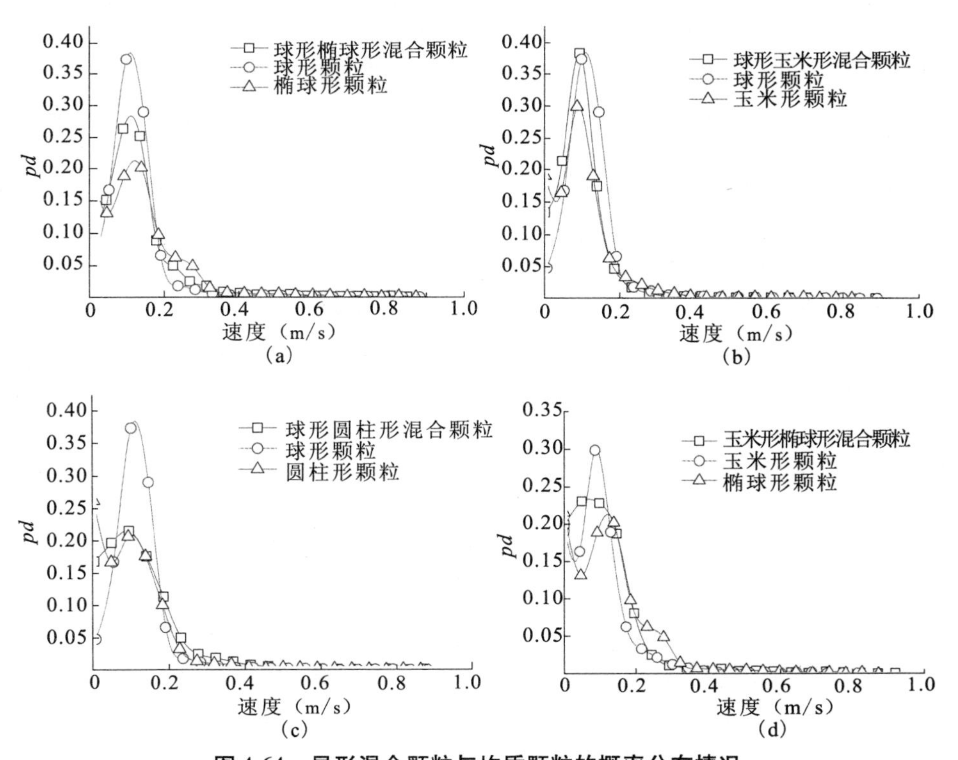

图 4-64　异形混合颗粒与均质颗粒的概率分布情况

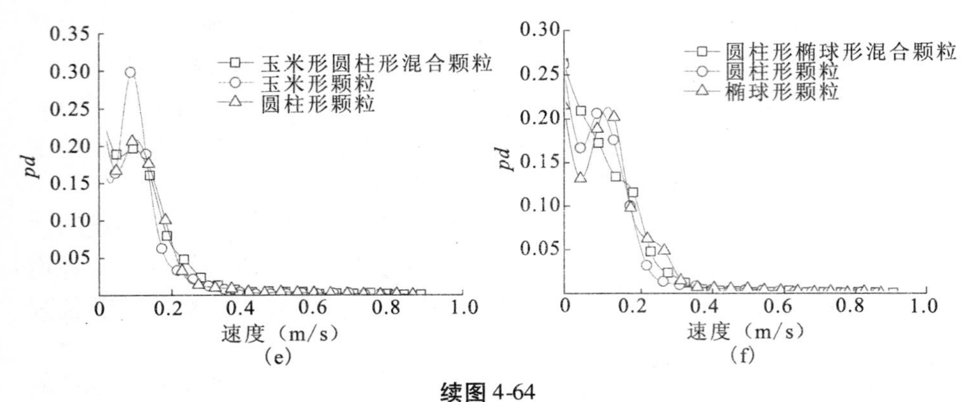

续图 4-64

4.4.4 异形混合非球形颗粒的空隙率分布

图 4-65 比较了异形混合颗粒与均质颗粒的空隙率分布情况。图 4-65(a)比较了球形椭球形混合颗粒和均质球形颗粒、均质椭球形颗粒的空隙率分布情况，由图中可以看出，三种颗粒的空隙率分布趋势相同，即由于壁面作用引起的振幅逐渐减小的阻尼振荡，接着进入稳定的波动阶段。不同之处在于，均质球形颗粒的壁面效应较大，即阻尼振荡阶段的振幅较大，其次是混合颗粒，均质椭球形颗粒的壁面效应最小。在相对稳定的波动阶段，均质球形的颗粒的波动范围为 0.41 ~0.5，均质椭球形颗粒的波动范围为 0.38 ~0.61，而混合颗粒的波动范围为 0.41 ~0.55，可见均质椭球形颗粒的空隙率波动范围最大，混合颗粒的空隙率波动范围介于两者之间。

图 4-65(b)比较了球形玉米形混合颗粒和均质球形颗粒、均质玉米形颗粒的空隙率分布情况。由图中可以看出，与玉米形颗粒和混合颗粒相比，均质球形颗粒的振幅最大，即壁面效应最大。在相对稳定的波动阶段，均质玉米形颗粒的空隙率波动范围为 0.42 ~0.52，混合颗粒的空隙率波动范围为 0.42 ~0.53。由此可见，混合颗粒和均质颗粒的空隙率变化基本相同。

图 4-65(c)比较了球形圆柱形混合颗粒和均质球形颗粒、均质圆柱形颗粒的空隙率分布情况。由图中可以看出，三种颗粒中，仍然是球形颗粒的壁面效应最大，另两种颗粒的壁面效应基本相同。均质圆柱形颗粒的空隙率波动范围为 0.41 ~0.53，混合颗粒的空隙率波动范围为 0.38 ~0.57。由此可见，混合颗粒的空隙率波动范围最大。

图 4-65(d)比较了玉米形椭球形混合颗粒和均质玉米形颗粒、均质椭球

形颗粒的空隙率分布情况。由图中可以看出,均质玉米形颗粒的壁面效应最大,而均质椭球形颗粒的壁面效应最小,混合颗粒居中。混合颗粒的空隙率波动范围为0.38~0.55。因此,均质椭球形的空隙率范围最大,玉米形的最小,混合颗粒的居中。

图4-65(e)比较了玉米形圆柱形混合颗粒和均质玉米形颗粒、均质圆柱形颗粒的空隙率分布情况。由图中可以看出,均质玉米形颗粒的壁面效应最大,均质圆柱形的最小。在相对稳定的波动阶段,玉米形圆柱形混合颗粒的波动范围为0.38~0.57。由此可见,混合颗粒的空隙率波动范围最大。

图4-65(f)比较了圆柱形椭球形混合颗粒和均质圆柱形颗粒、均质椭球形颗粒的空隙率分布情况。由图中可以看出,三种颗粒的壁面效应基本相同。混合颗粒的空隙率波动范围为0.39~0.58。因此,均质椭球形的空隙率波动范围最大,而均质圆柱形的居中,混合颗粒的最小。

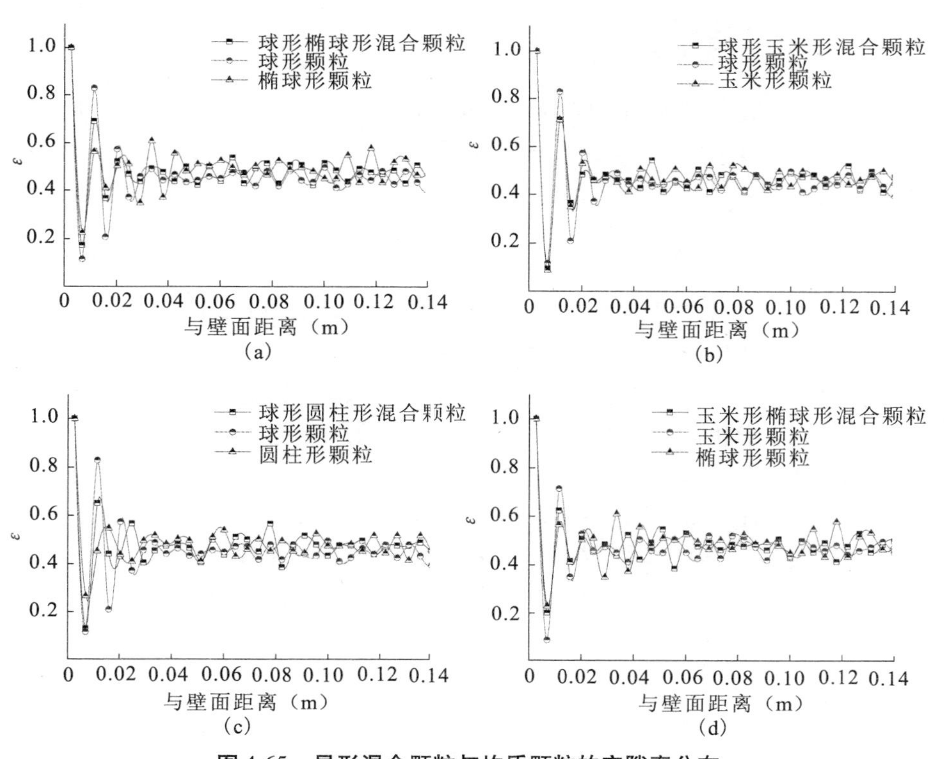

图4-65　异形混合颗粒与均质颗粒的空隙率分布

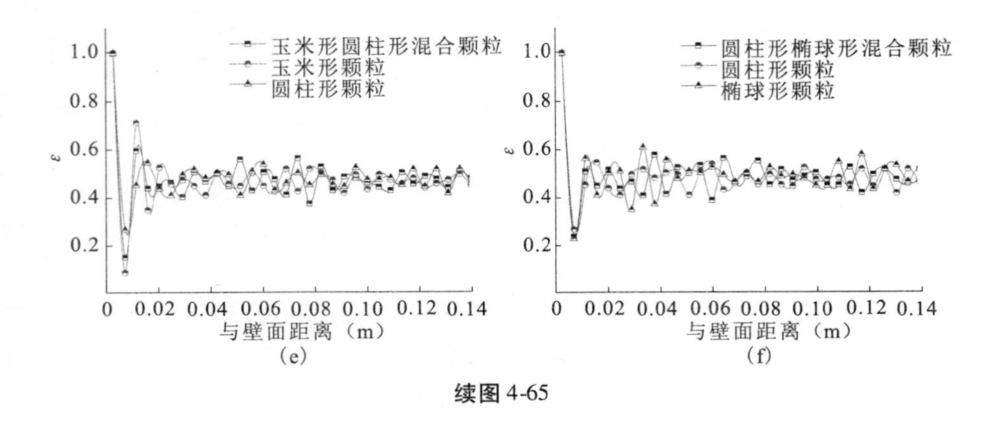

续图 4-65

4.5 异重混合非球形颗粒在移动床内卸料时的流动特性

在双组分混合物中，形状相同、当量直径相同，但密度不同，即质量不同的混合颗粒为异重混合颗粒，本节主要研究了异重混合颗粒在移动床内的宏观流动特性。

4.5.1 异重混合非球形颗粒的下料率

图 4-66 表示了异重混合非球形颗粒的下料率。图 4-66(a) 比较了异重玉米形混合颗粒和均质玉米形颗粒的下料率，从图中可以看出，异重玉米形混合颗粒和均质玉米形颗粒的下料率相同。图 4-66(b) 比较了异重圆柱形混合颗粒和均质圆柱形颗粒的下料率，从图中可以看出，两种颗粒的下料率基本相同，异重圆柱形混合颗粒的下料率略大。图 4-66(c) 表示了异重椭球形混合颗粒和均质椭球形颗粒的下料率，由图中可以看出，两种颗粒的下料率相同。图4-66(d) 表示了异重球形混合颗粒和均质球形颗粒的下料率，由图中可以看出，两种颗粒的下料率相同。

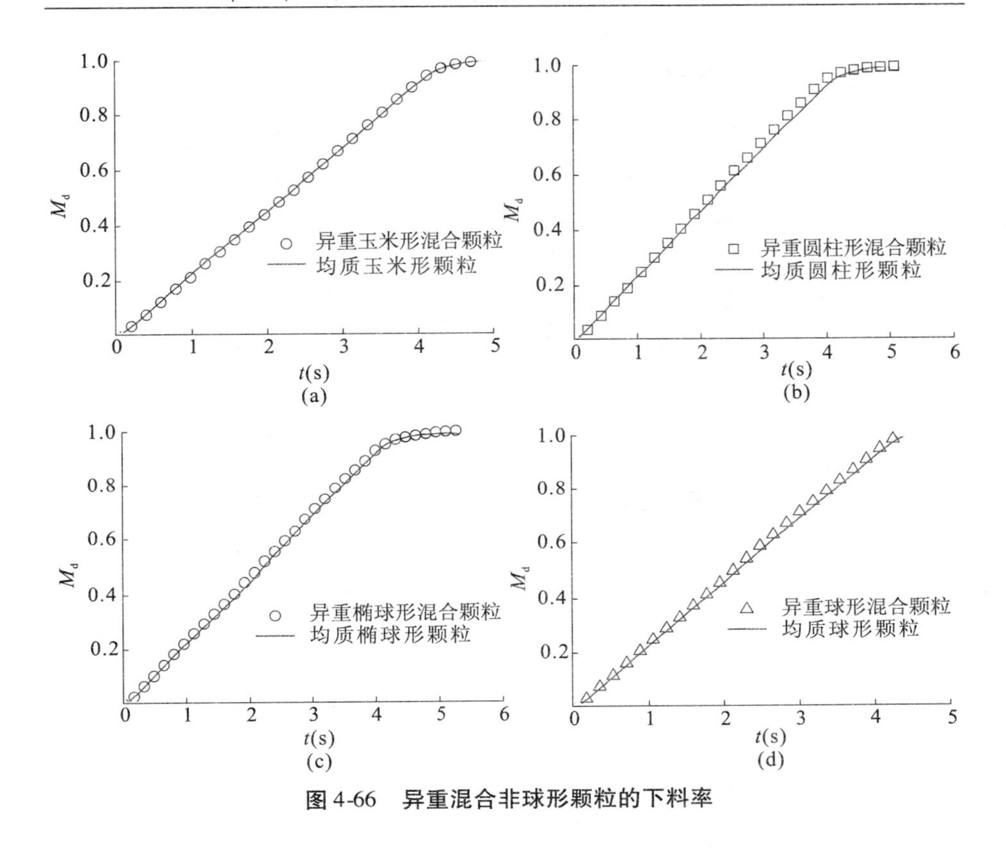

图 4-66　异重混合非球形颗粒的下料率

4.5.2　异重混合非球形颗粒的流型

图 4-67 表示了异重混合非球形颗粒卸料时 *MFI* 随下料率的变化。图 4-67(a)比较了异重玉米形混合颗粒和均质玉米形颗粒卸料时 *MFI* 随下料率的变化。由图中可以看出,两种颗粒的 *MFI* 值相差不多,在卸料初始阶段,*MFI* 值大于0.3,分别为 0.35、0.36,随着下料率的增大,*MFI* 值逐渐减小。异重玉米形混合颗粒和均质玉米形颗粒分别在下料率为 12% 和 15% 时由整体流转向漏斗流。

图 4-67(b)比较了异重圆柱形混合颗粒和均质圆柱形颗粒卸料时 *MFI* 随下料率的变化。由图中可以看出,圆柱形颗粒无论是异重混合还是均质颗粒在卸料时的 *MFI* 值相差很小,且均小于 0.3,即边壁速度较小,而中心处速度较大,流型均为漏斗流。*MFI* 随着下料率的增大而减小。

图 4-67(c)比较了异重椭球形混合颗粒和均质椭球形颗粒卸料时 *MFI* 随下料率的变化。由图中可以看出，在 $M_d < 0.5$ 时，异重混合颗粒的 *MFI* 值较均质颗粒大，即异重混合颗粒的速度梯度较小。且异重混合颗粒在下料率为 11% 时，*MFI* 小于 0.3，而均质颗粒的 *MFI* 的最大值为 0.28。随着下料率的增大，当 $M_d > 0.5$ 时，异重混合颗粒和均质颗粒的 *MFI* 值基本相同。

图 4-67(d)比较了异重球形混合颗粒和均质球形颗粒卸料时 *MFI* 随下料率的变化。由图中可以看出，异重混合颗粒的 *MFI* 值小于均质球形颗粒，即异重球形混合颗粒的速度梯度较大。异重球形混合颗粒的 *MFI* 值在卸料初始阶段达到最大值 0.43，随着卸料的进行，*MFI* 值不断变小，当下料率超过 47% 时，*MFI* 值小于 0.3，即由整体流转为漏斗流。均质球形颗粒的 *MFI* 值同样在卸料初始时达到最大值 0.5，*MFI* 值随着卸料的进行不断变小，在下料率大于 53% 时，*MFI* 值小于 0.3，流型由整体流转为漏斗流。

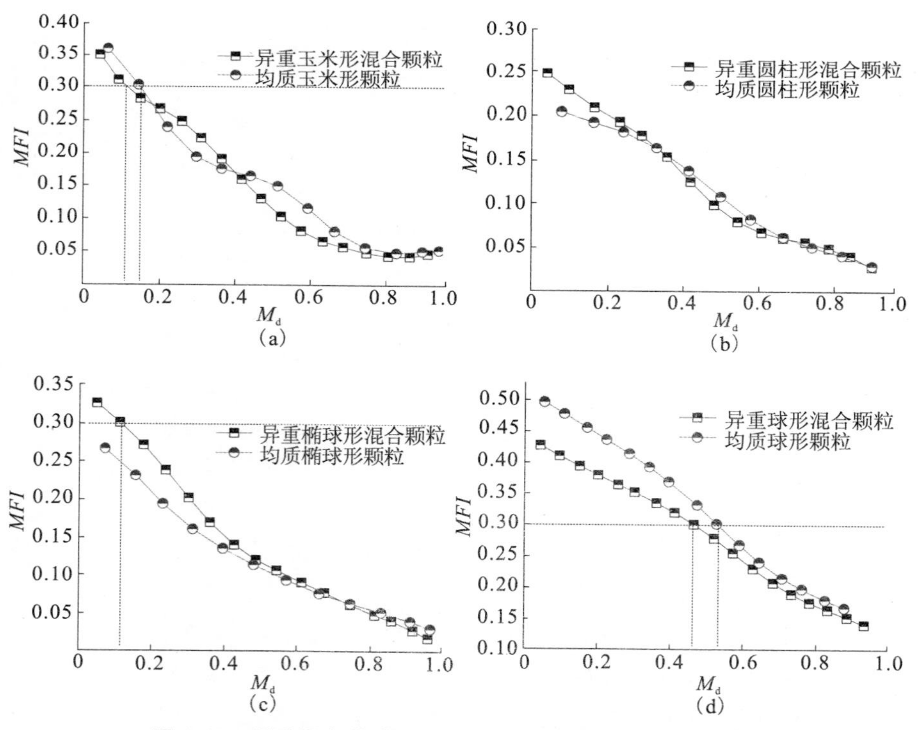

图 4-67　异重混合非球形颗粒卸料时 *MFI* 随下料率的变化

4.5.3 异重混合非球形颗粒的概率分布分析

图 4-68 比较了异重混合颗粒的概率分布情况。图 4-68(a)比较了异重玉米形混合颗粒和均质玉米形颗粒的概率分布情况,由图中可以看出,异重玉米形混合颗粒的概率分布有两个峰,峰值分别为 0.16 和 0.24,对应的速度分别为 0.001 m/s 和 0.09 m/s,其中较小的速度是指靠近壁面处的颗粒,而较大的速度对应的是中心处的颗粒。均质玉米形颗粒的概率分布形状和异重混合颗粒的极为相似,也存在两个峰,不同的是峰值较小,分别为 0.19 和0.3,而对应的颗粒速度为 0.002 m/s 和 0.1 m/s,且异重玉米形混合颗粒的速度分布范围较均质颗粒略宽。

图 4-68(b)比较了异重圆柱形混合颗粒和均质圆柱形颗粒的概率分布情况。由图中可以看出,异重圆柱形混合颗粒的概率分布存在两个峰,其峰值分别为 0.16 和 0.24,对应的颗粒速度分别为 0.001 m/s 和 0.1 m/s。而均质圆柱形颗粒同样存在两个峰,峰值分别为 0.26 和 0.21,对应的速度值分别为 0.001 m/s和 0.1 m/s。比较两种颗粒的概率分布可以发现,异重混合颗粒的概率密度最大值对应的颗粒速度为 0.1 m/s,而均质颗粒的概率密度最大值对应的颗粒速度为 0.001 m/s,即均质圆柱形颗粒分布在壁面处的颗粒数较多,而异重圆柱形混合颗粒分布在中心处的颗粒数较多。

图 4-68(c)比较了异重椭球形混合颗粒和均质椭球形颗粒的概率分布情况。由图中可以看出,两种颗粒的概率分布有较大差别。均质椭球形颗粒的概率分布存在两个峰,峰值分别为 0.22 和 0.2,对应的颗粒速度为 0.001 m/s 和 0.16 m/s,而异重椭球形混合颗粒只有一个峰,峰值为 0.27,对应的速度为 0.001 m/s。因此,异重椭球形混合颗粒中,速度处于 0.001 m/s 的颗粒数最多,且随着速度的增大,对应的颗粒数逐渐减小。

图 4-68(d)比较了异重球形混合颗粒和均质球形颗粒的概率分布情况。由图中可以看出,两种颗粒的概率分布特性基本相同。

4.5.4 异重混合非球形颗粒的空隙率分布

图 4-69 表示了异重混合颗粒的空隙率分布。图 4-69(a)比较了异重玉米形混合颗粒和均质玉米形颗粒的空隙率分布情况,由图中可以看出,两种颗粒的壁面效应相同,均呈现振幅相同的阻尼振荡,在距壁面 0.02 m 处壁面效应消失,进入相对稳定的波动阶段。异重玉米形混合颗粒的波动范围为 0.4 ~ 0.52,均质玉米形颗粒的波动范围为 0.4 ~ 0.51。由此可见,两种玉米

形颗粒的空隙率变化相同。

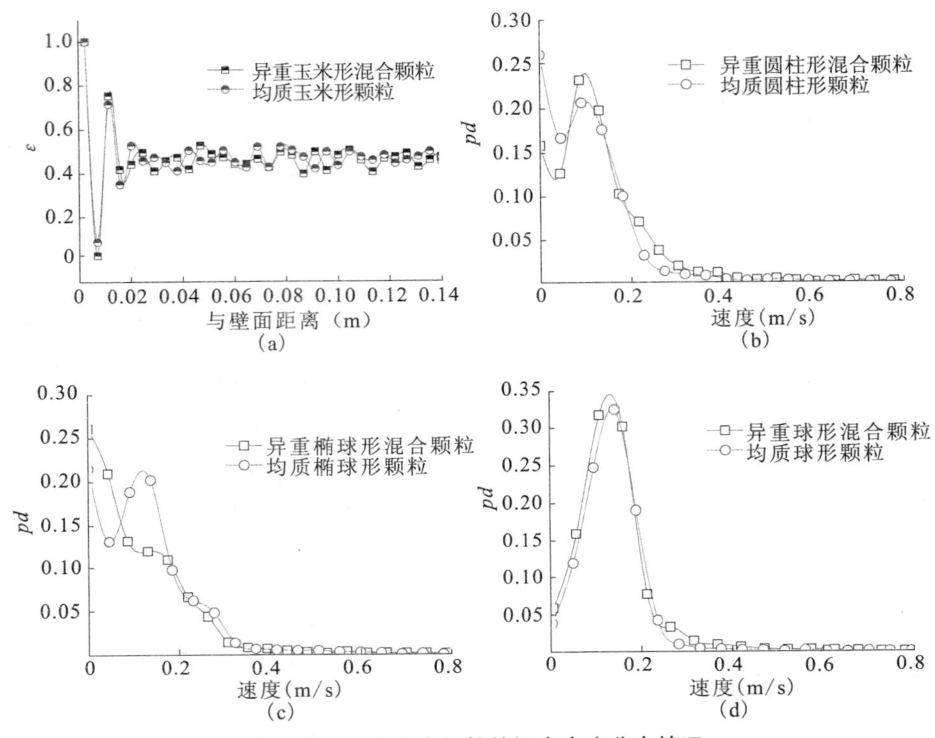

图 4-68　异重混合颗粒的概率密度分布情况

图 4-69(b)比较了异重圆柱形混合颗粒和均质圆柱形颗粒的空隙率分布情况,由图中可以看出,异重圆柱形混合颗粒和均质圆柱形颗粒的壁面效应相同,均呈现振幅相同的阻尼振荡,在距壁面 0.017 m 处进入稳定振荡阶段。异重圆柱形混合颗粒的波动范围为 0.41 ~0.52,而均质圆柱形颗粒的波动范围为 0.41 ~0.55,两种圆柱形颗粒的空隙率变化相同。

图 4-69(c)比较了异重椭球形混合颗粒和均质椭球形颗粒的空隙率分布情况。两种颗粒在距壁面 0.025 m 处壁面效应消失。异重椭球形混合颗粒的波动范围为 0.38 ~0.6,均质椭球形颗粒的波动范围为 0.35 ~0.61。两种颗粒的空隙率变化相同。

图 4-69(d)比较了异重球形混合颗粒和均质球形颗粒的空隙率分布。两种颗粒在距壁面 0.028 m 处壁面效应消失,进入相对稳定的波动阶段。异重球形混合颗粒的波动范围为 0.4 ~0.5,均质球形颗粒的波动范围为 0.39 ~0.5。

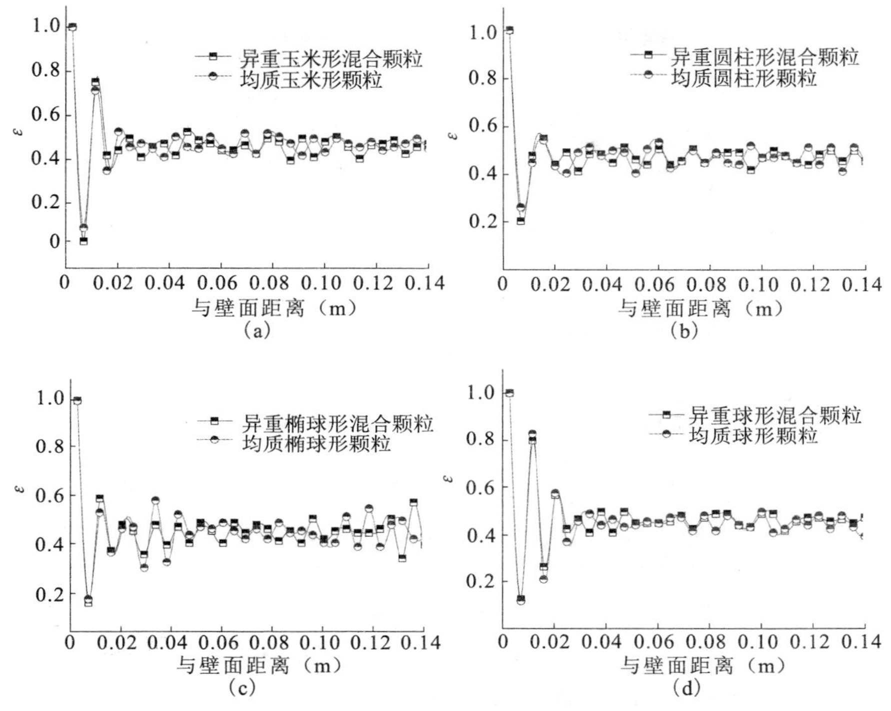

图 4-69　异重混合颗粒的空隙率分布

由此可见，不同形状颗粒的异重混合颗粒和均质颗粒的空隙率变化相同。

4.5.5　异重混合非球形颗粒的分离情况

图 4-70 表示了不同形状异重混合非球形颗粒在卸料时的颗粒分离情况。图中，x_i为任一时刻床内轻颗粒的质量分数；x_f为初始状态下轻颗粒的质量分数。由图中可以看出，在下料率小于 50% 时，异重椭球形颗粒、异重圆柱形颗粒和异重球形颗粒的 x_i/x_f值十分接近 1，即床内轻颗粒和重颗粒混合得较好。当下料率大于 50% 时，三种混合颗粒的变化趋势也基本相同，x_i/x_f值明显增大，即床内轻颗粒含量变多，卸出的多为重颗粒；在卸料的最后阶段，下料率大于 90% 时，轻颗粒含量急剧下降。而异重玉米形颗粒的分离情况有所不同，在卸料初始阶段，x_i/x_f值明显大于 1，为 1.04 ~ 1.08，即床内轻颗粒含量较多，到卸料最后阶段，x_i/x_f值明显变小。

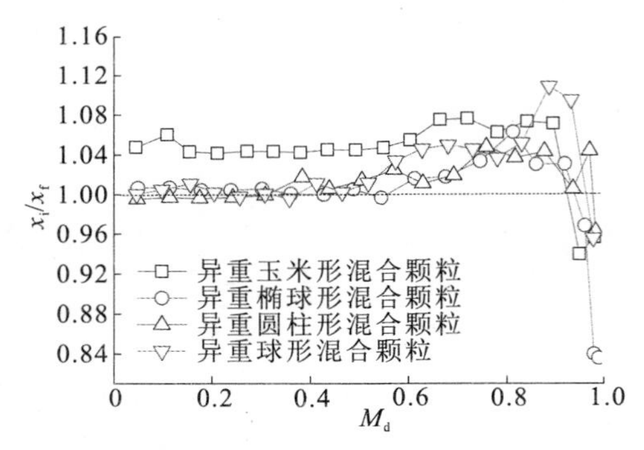

图 4-70　不同形状异重混合颗粒在卸料时的分离情况

4.6　本章小结

本章基于非球形颗粒的 DEM 直接数值模拟研究了均质颗粒及异径/异形/异重混合颗粒在移动床内的宏观流动特性。通过研究得出了以下结论：

(1)均质颗粒的宏观及颗粒尺度上的流动特性。

均质颗粒在移动床中卸料时,颗粒 - 颗粒滑动摩擦系数越大,颗粒的质量流率越小;而颗粒 - 壁面滑动摩擦系数、滚动摩擦系数、弹性恢复系数以及颗粒密度对颗粒的质量流率几乎没有影响。颗粒直径对质量流率影响较大,颗粒直径越小,质量流率越大;反之,颗粒直径越大,质量流率越小。不同形状的颗粒也有不同的质量流率,玉米形颗粒的质量流率最大,其次是球形、椭球形和圆柱形,且球形颗粒较非球形颗粒的质量流率平稳。下料段角度对质量流率的影响有明显的分界线,当下料段角度小于 40°时,平均质量流率变化不大,一旦超过这个角度,平均质量流率随着角度的增大显著增加。出口尺寸越大,平均质量流率越大。

均质颗粒的物性对卸料时的流型也有较大影响。滑动摩擦系数越小,边壁与中心处颗粒的速度梯度越小,颗粒流动越接近整体流;反之,滑动摩擦系数越大,速度梯度越大,颗粒流动越接近漏斗流。弹性恢复系数、颗粒密度、滚动摩擦系数对流型的影响很小。同种颗粒不同直径时流型也有所不同,颗粒直径越大,速度梯度越小;反之,颗粒直径越小,速度梯度越大。在不同形状颗粒的流动中,球形颗粒的 *MFI* 值最大,速度梯度最小,其次是椭球形颗粒,速度梯度最大的是玉米形颗粒和圆柱形颗粒。下料段角度越大,颗粒流动越接近整体流。出口尺寸对流型的影响不十分明显。

不同的弹性恢复系数、颗粒密度及滚动摩擦系数对速度的影响极小。而滑动摩擦系数对速度有较大影响，滑动摩擦系数越小，速度越大；反之，速度越小。而颗粒的直径越大，颗粒速度越小；颗粒的直径越小，颗粒速度越大。不同形状颗粒的速度也有不同，玉米形颗粒的速度略大，其他颗粒的速度无明显差别。此外，颗粒的速度随出口尺寸的增大而增大，且随下料段角度的增大而增大。

颗粒静止时，床内垂直方向上的压力先是随着深度的增加而增加，到达一个最大值后，随着深度的继续增加而减小。而水平方向上的压力则围绕一个恒定值不断波动。颗粒卸料时，水平及垂直压力均比静止时要小，但最大压力值有可能大于颗粒静止时的最大压力值，这个压力即为过压力。

三种内构件即三角形内构件、人字形内构件和八字形内构件均能在一定程度上改善移动床内的流动。其中三角形内构件的效果最为显著。

不同颗粒密度、不同滚动摩擦系数、不同弹性恢复系数对均质颗粒的概率分布几乎没有影响。滑动摩擦系数对概率分布有较大影响，滑动摩擦系数越大，概率密度分布的峰值越小；反之，滑动摩擦系数越小，概率密度分布的峰值越大。玉米形颗粒的概率密度分布峰值最大，其他三种颗粒的基本相同。颗粒尺寸越小，概率密度分布峰值越小，对应的速度值越大，且速度分布范围越宽；反之，颗粒尺寸越大，概率密度分布峰值越大，对应的速度值越小，速度分布范围越窄。随着出口尺寸的增加，概率密度分布峰值逐渐变小，且速度分布范围变宽，而下料段角度对概率密度分布的影响较小。

颗粒物性对均质颗粒的空隙率分布也有较大影响。滑动摩擦系数越大，壁面效应越明显，且空隙率的波动范围越大；反之，滑动摩擦系数越小，壁面效应越小，空隙率的波动范围越小。弹性恢复系数、滚动摩擦系数及颗粒密度对空隙率的分布几乎没有影响。对于不同形状的空隙率分布，球形颗粒的壁面效应最大，其次是玉米形颗粒、椭球形颗粒，壁面效应最小的是圆柱形颗粒；而玉米形的平均空隙率最小，其次是球形，圆柱形和椭球形的平均空隙率基本相同，为最大。而对于不同颗粒的直径，颗粒尺寸越大，壁面效应越显著，空隙率波动范围越大；反之，颗粒尺寸越小，壁面效应越小，空隙率波动范围越小。颗粒的平均空隙率随着移动床宽长比（W/L）和高宽比（H/D）的增大而减小。颗粒的空隙率在静止和卸料时有很大不同，球形颗粒的空隙率波动范围随着卸料的进行而变小，而玉米形颗粒的空隙率波动范围随着卸料的进行而变大。

（2）异径混合颗粒的宏观流动特性。

颗粒直径比 $\Phi_D=4$ 和 $\Phi_D=2$ 的异径球形混合颗粒的 *MFI* 值均比异径非球形颗粒的大，即异径非球形颗粒在流动时更加接近漏斗流。且颗粒直径 Φ_D 越大，*MFI* 值越小；反之，Φ_D越小，*MFI* 值越大。

颗粒直径比 $\Phi_D=4$ 和 $\Phi_D=2$ 时，异径玉米形颗粒的垂直速度及水平速度较大，而异径椭球形颗粒的垂直速度及水平速度相对较小，另外两种形状的混合颗粒速度居中。且颗粒直径比 Φ_D 越大，颗粒的垂直速度及水平速度越大；反之，颗粒直径比越小，颗粒的垂直速度及水平速度越小。

颗粒直径比越小，概率密度的峰值越大，速度分布范围越窄；反之，颗粒直径比越大，概率密度的峰值越小，速度分布范围越宽。

颗粒直径比为 2 时，异径圆柱形混合颗粒的局部空隙率波动范围最大，平均空隙率也最大，其次为异径椭球形混合颗粒、异径球形混合颗粒，异径玉米形混合颗粒的空隙率波动范围最小，平均空隙率最小。颗粒直径比为 4 时，异径圆柱形混合颗粒和异径椭球形混合颗粒的平均空隙率基本相同，异径玉米形混合颗粒较小，而异径球形混合颗粒的平均空隙率最小，且混合物中颗粒直径比越大，平均空隙率越小。

异径混合颗粒在流动过程中会产生颗粒分离现象。当颗粒直径比为 4 时，四种形状混合颗粒的颗粒分离程度从大到小依次为异径椭球形混合颗粒、异径玉米形混合颗粒、异径圆柱形混合颗粒和异径球形混合颗粒。而颗粒直径比为 2 时，异径非球形混合颗粒分离程度差别不大，异径球形颗粒的分离程度最小。颗粒直径比越大，颗粒的分离程度越显著，且颗粒密度、滚动摩擦系数对颗粒分离没有影响，但颗粒 – 颗粒滑动摩擦系数、颗粒 – 壁面滑动摩擦系数对颗粒的分离都有较大影响。

(3)异形混合颗粒的宏观流动特性。

异形混合非球形颗粒的下料率均与均质颗粒的下料率相同，没有变化。

异形混合颗粒的 *MFI* 值介于两均质颗粒的 *MFI* 值之间。

异形混合颗粒的概率密度分布特性介于两种均质颗粒之间。球形玉米形混合颗粒和均质颗粒的空隙率分布基本相同；而球形圆柱形混合颗粒较均质球形、圆柱形颗粒的空隙率波动范围大；球形椭球形混合颗粒和玉米形椭球形混合颗粒的空隙率变化居于两均质颗粒之间；玉米形圆柱形混合颗粒的空隙率变化较均质颗粒的空隙率大，而圆柱形椭球形混合颗粒的空隙率比均质颗粒要小。

(4)异重混合颗粒的宏观流动特性。

异重混合颗粒的下料率与均质颗粒的下料率相同。

异重玉米形混合颗粒及异重圆柱形混合颗粒的 *MFI* 值与均质玉米形颗粒、均质圆柱形颗粒的 *MFI* 值基本相同。而异重椭球形混合颗粒的 *MFI* 值较均质颗粒略大，但速度梯度略小。而异重球形混合颗粒的 *MFI* 值较均质球形颗粒的要小，但速度梯度较大。

异重玉米形混合颗粒与均质颗粒的概率密度分布形状极为相似，但是峰值较小，且速度分布范围较宽。异重圆柱形混合颗粒和均质颗粒的概率分布均有两个峰值，但均质圆柱形颗粒的最大峰值对应的速度值极小，而混合颗粒的最大峰值对应的速度值极大。异重椭球形混合颗粒只有一个峰值，而均质椭球形颗粒的概率分布有两个峰值。异重球形混合颗粒和均质球形颗粒的概率密度分布基本相同。

不同形状的异重混合颗粒和均质颗粒的空隙率变化相同。

异重玉米形混合颗粒在卸料过程中床内的轻颗粒含量较多，只有在卸料的最后阶段轻颗粒含量变少。异重椭球形混合颗粒、异重圆柱形混合颗粒及异重球形混合颗粒的分离情况极为相似，初始阶段床内颗粒混合极好，随着卸料的进行，轻颗粒含量增大，在卸料的最后阶段，轻颗粒含量显著减小。

参考文献

[1] Langston P A, Tuzun U, Heyes D M. Discrete element simulation of granular flow in 2D and 3D hopper: dependence of discharge rate and wall stress on particle interactions [J]. Chemical Engineering Science, 1994, 50(6): 967 - 987.

[2] 周德义，马成林，左春柽，等. 散粒农业物料孔口出流成拱的离散单元仿真[J]. 农业工程学报，1996，12(2): 186 - 189.

[3] Ristow G H. Out flow rate and wall stress for two-dimensional hoppers[J]. Physica A, 1997, 235: 319 - 326.

[4] 徐泳，Kafui K D，Hornton C T. 用颗粒离散元法模拟料仓卸料过程[J]. 农业工程学报，1999，15(3): 65 - 69.

[5] Cleary P W, Sawley M L. DEM modelling of industrial granular flows: 3D case studies and the effect of particle shape on hopper discharge[J]. Applied Mathematical Modelling, 2002, 26: 89 - 111.

[6] Tanaka T, Kajiwara Y, Inada T. Flow dynamics of granular materials in a hopper[J]. Trans. ISIJ., 1988, 28: 907 - 915.

[7] Arteaga P, Tuzun U. Flow of binary mixtures of equal-density granules in hoppers-size segregation[J]. Chem. Eng. Sci., 1990, 45(1): 205 - 223.

[8] Coelho D, Thovert J F, Adler P M. Geometrical and transport properties of random packings of spheres and aspherical particles[J]. Physical Review E, 1997, 55(2): 1959 - 1977.

[9] nandakumar K, Shu Y Q, Chuang K T. Predicting geometrical properties of random packed beds from computer simulation[J]. AIChE J, 1999, 45(11): 2286 - 2297.

[10] Schnitzlein K. Modelling radial dispersion in terms of the local structure of packed

beds[J]. Chemical Engineering Science, 2001, 56: 579－585.

[11] Christakis N, Patel M K, Cross M, et al. Predictions of segregation of granular material with the aid of physica, a 3D unstructured finite-volume modelling framework[J]. Int. J. Numer. Meth. Fluids, 2002, 40: 281－291.

[12] Balevicius R, Kacianauskas R, Mroz Z, et al. Discrete-particle investigation of friction effect in filling and unsteady/steady discharge in three-dimensional wedge-shaped hopper[J]. Powder Technology, 2008, 187: 159－174.

[13] Coetzee C J, Els D N J. Calibration of discrete element parameters and the modeling of silo discharge and bucket filling[J]. Computers and Electronics in Agriculture, 2009, 65: 198－212.

[14] Anand A, Curtis J S, Wassgren C R, et al. Predicting discharge dynamics from a rectangular hopper using the discrete element method(DEM)[J]. Chemical Engineering Science, 2008, 63: 5821－5830.

[15] Brown R L, Richards J C. Profile of flow of granules through apertures[J]. Transactions of the Institution of Chemical Engineers, 1960, 38: 243－250.

[16] Nguyen T V, Brennen C, Sabersky R H. Gravity flow of granular materials in conical hoppers[J]. Journal of Applied Mechanics, 1979, 46: 529－535.

[17] Nedderman R M, Tuzun U, Savage S B, et al. The flow of granular materials I: Discharge rates from hoppers[J]. Chemical Engineering Science, 1982, 37(11): 1597－1609.

[18] Mindlin R D. Compliance of elastic bodies in contact[J]. Journal of Applied Mechanics, 1949, 16: 259－268.

[19] Janssen H A. Particle segregation in fluidised binary mixtures[J]. Chemical Engineering Science, 1993, 48(9): 1583－1592.

[20] Franklin F C, Johanson L N. Flow of granular material through a circular orifice[J]. Chemical Engineering Science, 1955, 4(3): 119－129.

[21] Gao J, Ahmadi G. Gas-particle two-phase turbulent flow in a vertical duct[J]. International Journal of Multiphase Flow, 1955. 21(6): 1203－1228.

[22] Brown R L, Richards J C. Kinematics of the flow of dry powder sand bulk solids[J]. Rheologica Acta, 1965, 4: 153.

[23] Beverloo W A, Leniger H A, Vande Velde J. The flow of granular solids through orifices[J]. Chemical Engineering Science, 1961, 15: 260－269.

[24] Huntington A P, Rooney N M. Chemical engineering tripos part2, Research Project Report[J]. University of Cambridge, 1971.

[25] Myers M E, Sellers M. Chemical engineering, tripos part2, Research Project Report. University of Cambridge, 1971.

[26] Johanson J R, Jenike A W. Stress and velocity fields in gravity flow of bulk solids.

Salt Lake City, UT, 1962.

[27] Polderman H G, Boom J, Hilster E D, et al. Solids flow velocity profiles in mass flow hoppers[J]. Chemical Engineering Science, 1987, 42(4): 737－744.

[28] 赵永志，程易，金涌. 颗粒移动床不稳定运动的计算颗粒动力学模拟[J]. 化工学报, 2007, 58(9):2216－2224.

[29] Balevicius R, Kacianauskas R, Mroz Z, et al. Discrete-particle investigation of friction effect in filling and unsteady/steady discharge in three-dimensional wedge-shaped hopper[J]. Powder Technology, 2008, 187(2):159－174.

[30] Chou C S, Chen R Y. The static and dynamic wall stresses in a circulatory two-dimensional wedge hopper[J]. Advanced Powder Technology, 2003, 14(2):195－213.

[31] Carson J W. Preventing particel segregation[J]. Chem. Eng., 2004, 2:29－31.

[32] Brown C J, Lahlouh E H, Rotter J M. Experments on a square planform steel silo [J]. Chemical Engineering Science, 2000, 55(20):4399－4413.

[33] Rotter J M, Holst J M F G, Ooi J Y, et al. Silo pressure predictions using discrete-element and finite-element analysis [J]. Philosophical Transactions: Mathematical, Physical and Engineering Science, 1998, 356: 2685－2712.

[34] 武锦涛. 移动床中固体颗粒运动与传热的研究[D]. 杭州：浙江大学, 2005.

[35] Johanson J R. The placement of inserts to correct flow in bins[J]. Powder Technology, 1967, 1:328－333.

[36] Tsunakawa H, Aoki R. The vertical force of bulk solids on objects in bins[J]. Powder Technology, 1975, 11:237－243.

[37] Tüzün U, Nedderman R M. Gravity flow of granular materials round obstacles-II (investigation of the stress profiles at the wall of a silo with inserts) [J]. Chemical Engineering Science, 1985, 40(3):337－351.

[38] Moriyama R, Jotaki T. The reduction in pulsating wall pressure near the transition point in a bin by inserting a rod[J]. Bulk Solids Handling, 1989, 1(4):353－355.

[39] Strusch J, Schwedes J. The use of slice element methods for calculating inserts load [J]. Bulk Solids Handling, 1994, 14(3):505－512.

[40] Yang S C, Hsiau S S. The simulation and experimental study of granular materials discharged from a silo with the placement of inserts[J]. Powder Technology, 2001, 120:244－255.

[41] Wu J T, Binbo J, Chen J Z, et al. Multi-scale study of particle flow in silos[J]. Advanced Powder Technology, 2009, 20:62－73.

[42] Ismail J H. Packing and pressure drop in packed bed systems[D]. UK: University of Leeds, 2008.

[43] Summers P. Structural properties of packed bed arrangements[D]. UK: University of Leeds, 1994.

[44]Zou R P, Yu A B. The packing of spheres in a cylindrical container: the thickness effect[J]. Chem. Eng. Sci., 1995, 50: 1504 - 1507.

[45]Mueller G A E. Radial voidage fraction correlation for packed beds[J]. Can. J. Chem. Eng., 1999, 77:132 - 135.

[46]Zhang W L, Thompson K E, Reed A H, et al. Relationship between packing structure and porosity in fixed beds of equilateral cylindrical particles[J]. Chemical Engineering Science, 2006, 61: 8060 - 8074.

[47]Roblee L H S, Baird R M, Tierney J W. Radial porosity variations in packed beds [J]. AIChE J, 1958, 460:4.

[48]Benenati R F, Brosilow C B. Void fraction distribution in beds of spheres[J]. AIChE J, 1962, 8:359 - 370.

[49]Goodling J S, Vachon R I, Stelpfug W S, et al. Radial porosity distribution in cylindrical beds packed with spheres[J]. Powder Technololy, 1983, 35:23 - 34.

[50]Thadani M C, Peebles F N. Variation of local void fraction in randomly packed beds of equal spheres[J]. Ind. Eng. Chem. Proc. Des. Dev., 1966, 5:265 - 274.

[51]Ismail J H, Fairweather M, Javed K H. Structural properties of beds packed with ternary mixtures of spherical particles partⅠ-global properties[J]. Trans IChemE, 2002, 80:645 - 653.

[52]Peacock H M. The design or adaption of storage bunkers to prevent size segregation of solids[J]. J. Inst. Fuel, 1938, 11:230 - 239.

[53]Brown R L. The fundamental principles of segregation[J]. J. Inst. Fuel, 1939, 13:15 - 19.

[54]Rhodes M J. Introduction to particle technology[M]. Wiley, New York, 1998.

[55]Standish N. Studies of size segregation in filling and emptying a hopper[J]. Powder Technology, 1985, 45:43 - 56.

[56]Standish N, Kilic A. Comparison of stop-start and continuous sampling methods of studying segregation of materials discharging from a hopper[J]. Chem. Eng. Sci., 1985, 40(11):2152 - 2153.

[57]Denburg J F V, Bauer W C. Segregation of particles in the storage of materials[J]. Chem. Eng., 1964, 28:135 - 142.

[58]Tuzun U, Arteaga P. A microstructural model of flowing ternary mixtures of equal-density granules in hoppers[J]. Chem. Eng. Sci., 1992, 47(7):1619 - 1634.

[59]Sleppy J A, Puri V M. Size-segregaion of granulated sugar during flow[J]. Trans. ASAE, 1996, 39(4):1433 - 1439.

[60]Markley C A, Puri V M. Scale-up effect on size-segregation of sugar during flow[J]. Trans. ASAE, 1998, 41(5):1469 - 1476.

[61]Alexander A, Roddy M, Brone D, et al. A method to quantitatively describe powder segregation during discharge from vessels[M]. Pharmaceutical Technology Yearbook, 2000.

[62] Shinohara K, Shoji K, Tanaka T. Mechanism of segregation and blending of particles flowing out of mass-flow hoppers[J]. Ind. Eng. Chem. Proc. D. D. , 1970, 9(2):174 -180.
[63] Samadani A, Pradhan A, Kudroli A. Size segregation of granular matter in silo discharges[J]. Phys. Rev. E, 1999,60(6):7203 -7209.
[64] Nikitidis M S, Tuzun U, Spyrou N M. Measurement of size segregation by self-diffusion in slow-shearing binary mixture flows using dual photon gamma-ray tomography [J]. Chem. Eng. Sci. , 1998, 53(13):2335 -2351.
[65] McGeary R K. Mechanical packing of spherical particles[J]. J. Am. Ceram. Soc. , 1961, 44(10):513 -522.
[66] Johanson J R. Predicting segregation of bimodal particle mixtures using the flow properties of bulk solids[J]. Pharmaceutical Technology, 1996,8(1): 38 -44.
[67] Tang P, Puri V M. Methods for minimizing segregation: A review[J]. Particul. Sci. Technol, 2004, 22:321 -337.
[68] Carson J W, Royal T A, Goodwill D J. Understanding and eliminating particle segregation problems[J]. Bulk Solids Handling, 1986,6(1):139 -144.
[69] Scott A M, Bridgwater J. Interparticle percolation: A fundamental solids mixing mechanism[J]. Ind. Eng. Chem. Fund, 1975,14(1):22 -27.
[70] Bridgwater J, Cooke H, Scott A M. Inter-particle percolation: Equipment development and mean percolation velocities[J]. Trans. Inst. Chem. Eng. , 1978,56:157 -167.
[71] Lawrence L R, Beddow J K. Powder segregation during die filling[J]. Powder Technology, 1968, 2:253 -259.
[72] Williams J C. The segregation of particulate materials: A review[J]. Powder Technology, 1976,15:245 -251.
[73] Harris J F G, Hildon A M. Reducing segregation in binary powder mixtures with particular reference to oxygenated washing powders[J]. Ind. Eng. Chem. Proc. D. D. , 1970,9(3):363 -367.
[74] Johanson K, Eckert C, Ghose D, et al. Quantitative measurement of particle segregation mechanisms[J]. Powder Technology, 2005, 159(1):1 -12.
[75] Khakhar D V, McCarthy J J, Ottino. Mixing and segregation of granular materials in chute flows[J]. Chaos, 1999,9(3):594 -610.
[76] Drahun J A, Bridgwater J. The mechanisms of free surface segregation[J]. Powder Technology, 1983, 36:39 -53.
[77] Purutyan H, Pittenger H, Carson J W. Solvle solids handling problems by retrofitting [J]. Chem. Eng. Prog. , 1998, 36: 27 -39.

第5章 移动床内非球形颗粒连续流动时流动特性的数值试验研究

在第4章中,系统深入地研究了移动床内颗粒卸料时的流动特性,得到了较多有参考意义的颗粒流动的规律,而在活性焦脱硫脱硝的实际过程中,颗粒在移动床中的流动是连续的,因此本章在前面研究的基础上进一步研究了移动床内非球形颗粒连续流动时的宏观及颗粒尺度上的流动特性。

在移动床内颗粒流动方面,国内外学者已经做出了大量的研究。如杨智(2008)[1]通过DEM数值模拟研究了移动床内球形颗粒的速度、空隙率等流动特性,并通过试验进行了验证。傅巍(2006)[2]建立了矩形移动床冷态试验装置,通过颗粒流动的试验,分析了球形颗粒在移动床内的流动规律。武锦涛(2005)[3]应用颗粒随机运动模型从运动学的角度考察了球形颗粒的运动,研究了宏观即颗粒尺度上的流动特性,并对模型进行了校正。Wu等(2009)[4]通过数值模拟研究了移动床内球形颗粒流动的过程,分析了颗粒物性对流动规律的影响。

综上所述,对移动床内颗粒流动的研究都仅限于球形颗粒,而并没有考虑到非球形颗粒在移动床内的流动规律,因此本章重点讨论了非球形颗粒在移动床内连续流动时的流动特性。

5.1 模拟对象及条件

本章研究了玉米形颗粒、椭球形颗粒、圆柱形颗粒及球形颗粒在移动床中连续流动时的流动规律。打开出口使得物料在重力作用下流出,同时不断地加入物料,使得颗粒在床内保持连续流动。模拟参数见表5-1。

表5-1 模拟参数

计算条件或参数	
颗粒形状	玉米形(玉米颗粒),椭球形(黑豆颗粒),圆柱形(活性焦颗粒),球形(黄豆颗粒)

续表 5-1

计算条件或参数		
颗粒当量直径(mm)	非球形颗粒	7 mm
	球形颗粒	7 mm
颗粒密度 ρ (kg/m^3)		1 280
弹性模量		
颗粒 E_p (N/m^2)		3.0×10^9
壁面 E_w (N/m^2)		3.0×10^9
泊松比		
颗粒 γ_p		0.33
壁面 γ_w		0.33
滑动摩擦系数	颗粒 - 颗粒 μ	0.64
	颗粒 - 壁面 μ_w	0.34
滚动摩擦系数	颗粒 - 颗粒 r	0.003
	颗粒 - 壁面 r_w	0.003
弹性恢复系数 e		0.7
床高 H(mm)		600
初始堆积高度 H_0(mm)		500
床长 L(mm)		200
床宽 W(mm)		200
移动床出口尺寸 W_0(mm)		40
移动床下料段倾角 θ		60°

图 5-1 比较了玉米形椭球形混合颗粒试验和模拟的流型图,由图中可以看出,模拟结果和试验结果符合较好。然而,流型图只是定性地比较了模拟和试验的结果,通过下料率可以对模拟结果和试验结果进行定量的比较。图5-2比较了玉米形椭球形混合颗粒试验和模拟的下料率,由图中可以看出,模拟结果较试验结果略小,误差在可接受范围内,因此可以表明,混合非球形颗粒的模拟结果是可靠的。

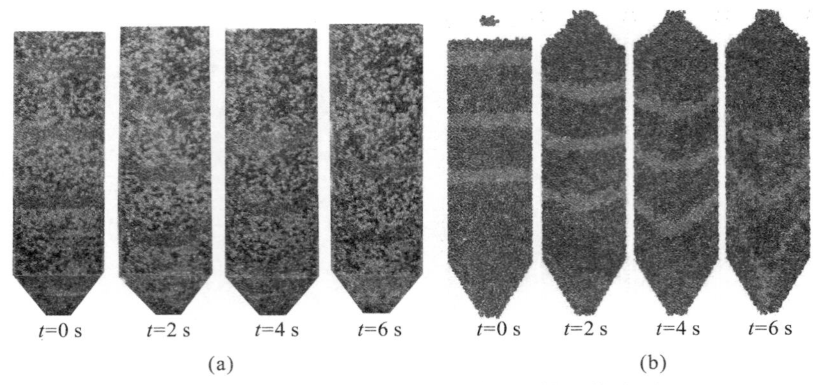

图 5-1　玉米形椭球形混合颗粒试验和模拟的流型图

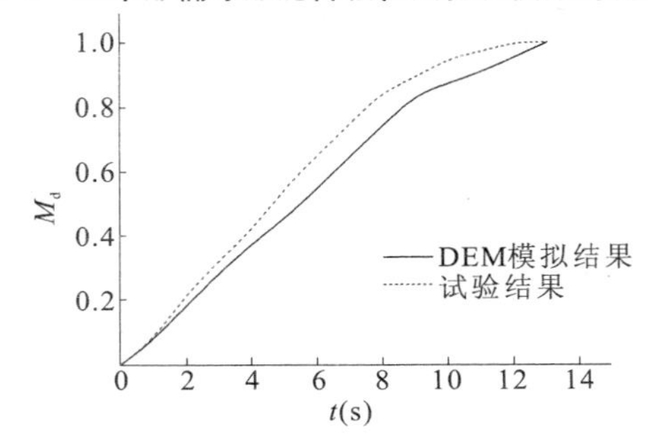

图 5-2　试验和模拟的下料率

5.2　均质非球形颗粒移动床内连续流动时的流动特性

5.2.1　平均质量流率

图 5-3 比较了不同颗粒形状下均质颗粒的平均质量流率。由图中可以看出，球形、玉米形、椭球形、圆柱形颗粒在同一床中的平均质量流率分别为 0.615 kg/s、0.672 kg/s、0.593 kg/s、0.389 kg/s。即玉米形颗粒的平均质量流率最大，其次是球形颗粒和椭球形颗粒，平均质量流率最小的是圆柱形颗粒。这与试验所得结果相符。图 5-4 表示了球形颗粒在移动床中连续流动时的流型图。由图可知，在初始阶段即 $t=0$ s 时，颗粒在重力作用下自由堆积在移动床内，当出口打开后，颗粒由出口不断流出，同时流出的颗粒又从移动床顶部流入床内，从而形成一个连续流动的过程。

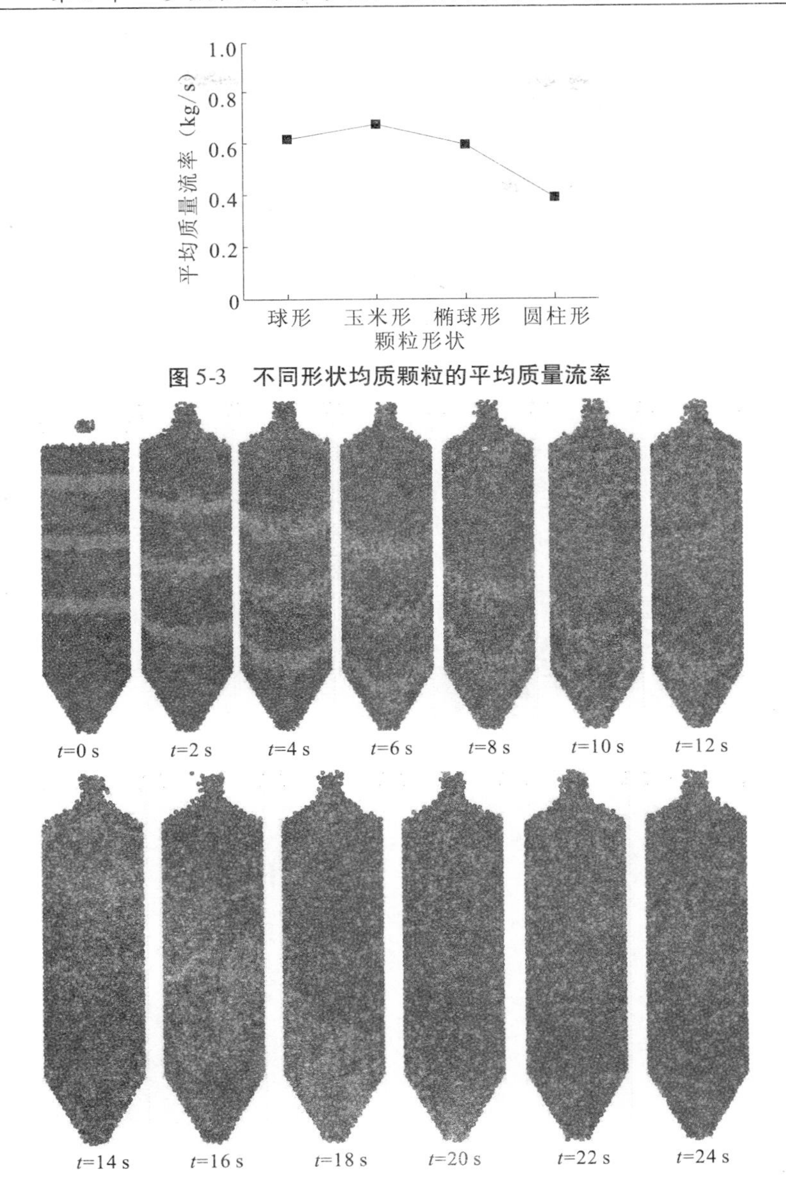

图 5-3　不同形状均质颗粒的平均质量流率

图 5-4　球形颗粒在移动床中连续流动时的流型图

5.2.2　流型

图 5-5 比较了不同形状颗粒在连续流动时的流型图。由图中可以看出，在移动床主体部分，球形颗粒和椭球形颗粒的流型均呈抛物线形状，而玉米形

颗粒和圆柱形颗粒的流型基本成一条直线。在下料段部分，四种颗粒的流型均呈 V 形，其中椭球形颗粒的顶角最小，其次是球形颗粒，玉米形颗粒和圆柱形颗粒的顶角最大。

5.2.3 概率分布特性

图 5-6 表示了不同形状颗粒在移动床内连续流动时的概率密度分布情况。由图中可以看出，四种形状颗粒在移动床中连续流动时，概率密度分布有所不同。玉米形颗粒和球形颗粒的概率密度分布较为相似，仅有一个峰，但是玉米形颗粒的峰值较大，为 0.53，对应的速度值较小，为 0.1 m/s，而球形颗粒的峰值为 0.41，对应的速度值为 0.13 m/s，且球形颗粒的速度分布范围略宽。而椭球形和圆柱形颗粒的概率密度分布几乎相同，均有两个峰，第一个峰值对应的速度为 0.001 m/s，此峰值对应的是边壁处速度较小的颗粒，而第二个峰值对应的速度为 0.1 m/s，此峰值对应的是出口上方速度较大的颗粒。由此可见，球形、玉米形颗粒在流动过程中边壁处速度小的颗粒较少，而椭球形颗粒和圆柱形颗粒边壁处速度小或几乎不流动的颗粒较多。

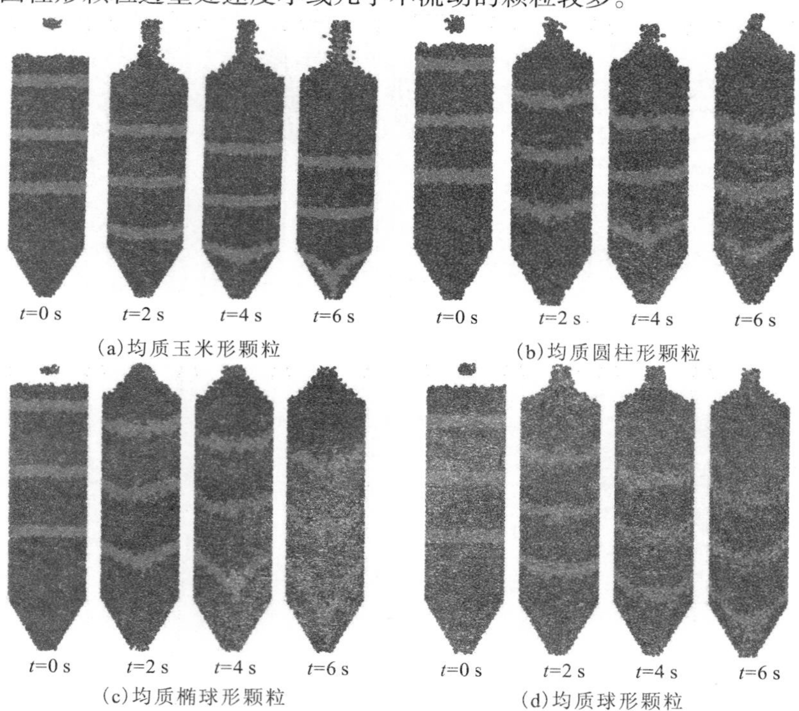

图 5-5　不同形状颗粒在连续流动时的流型图

5.2.4　空隙率分布

图 5-7 表示了不同形状颗粒在移动床内连续流动时的空隙率分布。与前面的研究相同,空隙率分布在靠近壁面处是一个呈振幅减小的阻尼振荡形式,随着与壁面距离的增加,颗粒的空隙率进入相对稳定的波动阶段。由图中可以看出,在近壁面处,球形颗粒的振幅最大,即球形颗粒的壁面效应最为显著,其次是玉米形颗粒、椭球形颗粒,圆柱形颗粒的壁面效应最小。在相对稳定的波动阶段,球形颗粒的波动范围为 0.39 ~0.55,玉米形颗粒的波动范围为0.41 ~0.52,椭球形和圆柱形颗粒的波动范围分别为 0.39 ~0.55 和 0.4 ~0.55,即四种形状颗粒的空隙率波动范围并无明显差别。

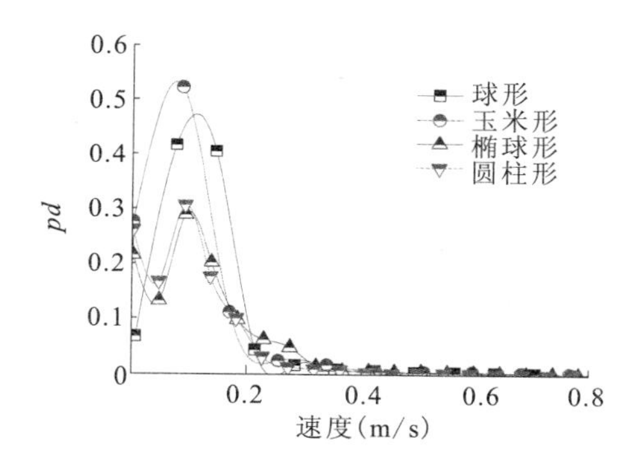

图 5-6　不同形状颗粒在移动床内连续流动时的概率密度分布

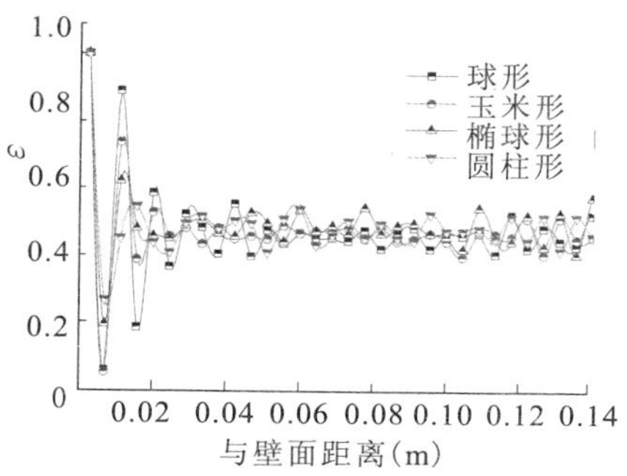

图 5-7　不同形状颗粒在移动床内连续流动时的空隙率分布

5.2.5　速度分布

图 5-8 比较了不同形状均质颗粒在移动床内连续流动时的速度分布。由图中可以看出,移动床内的颗粒在连续加料 - 卸料和卸料时的速度分布情况基本是一致的,即中心处的速度大,边壁处的速度小,呈现漏斗流的特点。且球形颗粒的速度最大,其次是玉米形颗粒、圆柱形颗粒,椭球形颗粒的速度最小。

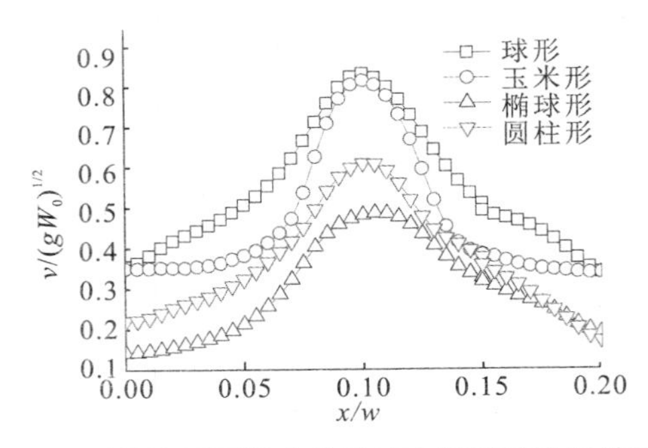

图 5-8　不同形状均质颗粒在移动床内连续流动时的速度分布

5.3　异形混合非球形颗粒移动床内连续流动时的流动特性

5.3.1　平均质量流率

图 5-9 比较了异形混合颗粒和均质颗粒的平均质量流率。图 5-9(a) 比较了玉米形圆柱形混合颗粒和均质玉米形颗粒、均质圆柱形颗粒的平均质量流率，由图中可以看出，三种颗粒的平均质量流率分别为 0.5、0.672、0.389，即玉米形圆柱形混合颗粒的平均质量流率介于两种均质颗粒之间。图 5-9(b) 比较了玉米形椭球形混合颗粒和均质玉米形、均质椭球形颗粒的平均质量流率，由图中可以看出，玉米形颗粒的平均质量流率最大，椭球形的最小，而混合颗粒的平均质量流率介于两者之间。图 5-9(c) 比较了圆柱形椭球形混合颗粒和均质圆柱形、均质椭球形颗粒的平均质量流率，由图中可以看出，混合颗粒的平均质量流率为 0.452 kg/s，较均质圆柱形颗粒的平均质量流率略大，但小于椭球形颗粒的平均质量流率。图 5-9(d)、(e)、(f) 分别比较了球形玉米形混合颗粒、球形椭球形混合颗粒以及球形圆柱形混合颗粒和相应的均质颗粒的平均质量流率，由图中可以看出，混合颗粒的平均质量流率介于相应的均质颗粒的平均质量流率之间。

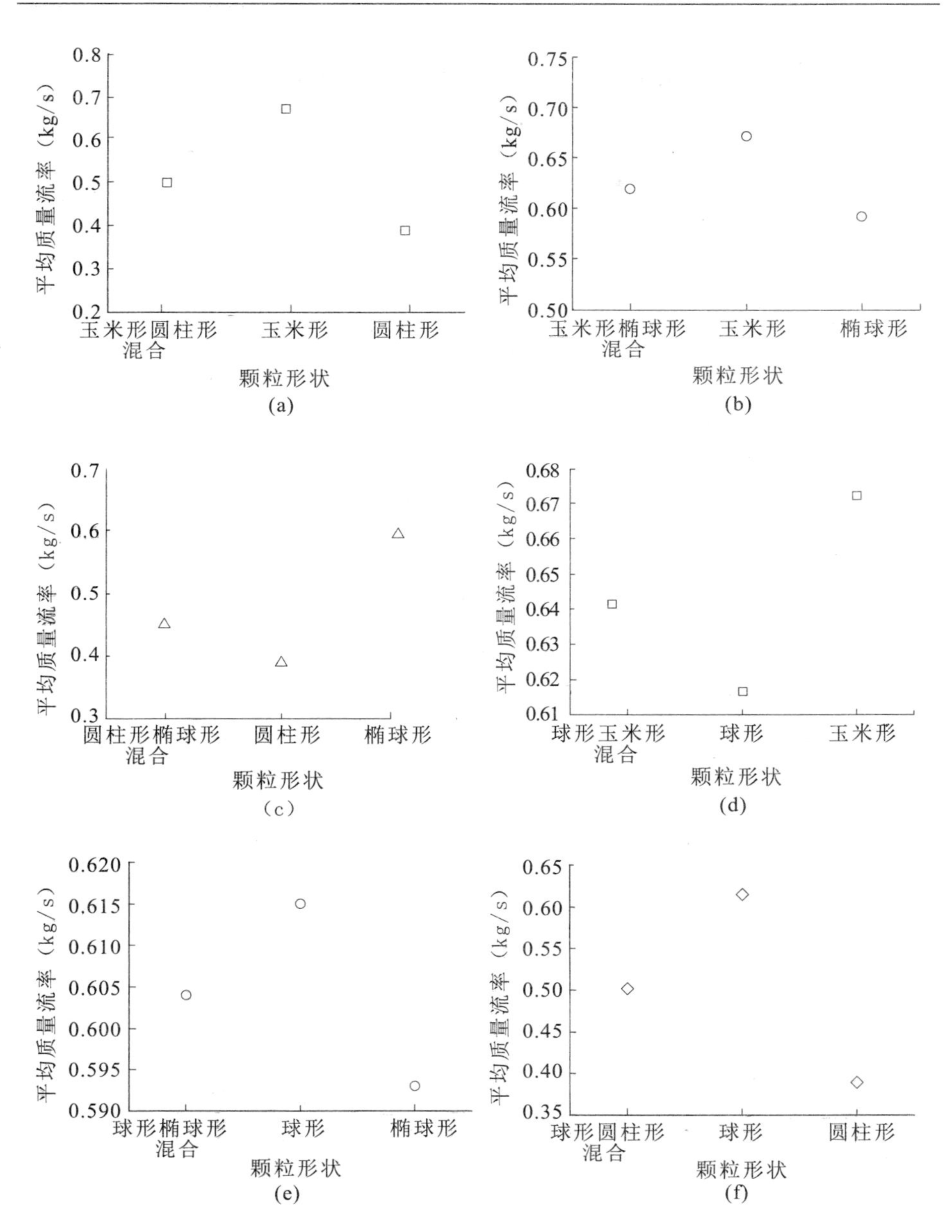

图 5-9　异形混合颗粒和均质颗粒的平均质量流率

5.3.2 流型

图5-10比较了异形混合颗粒和均质颗粒的流型。图5-10(a)、(b)、(d)比较了玉米形圆柱形混合颗粒和均质玉米形颗粒、均质圆柱形颗粒的流型。由图中可以看出,在移动床矩形主体部分,均质玉米形颗粒的流型基本成一条直线,而均质圆柱形颗粒中心处较边壁处颗粒位置略低,流型有一个微小的弧度。混合颗粒和均质圆柱形颗粒的流型极为相似。在渐缩下料段处,混合颗粒和均质颗粒的流型均呈V形。图5-10(b)、(c)、(f)比较了均质玉米形颗粒和玉米形椭球形混合颗粒、均质椭球形颗粒的流型。由图中可以看出,混合颗粒的流型与均质椭球形颗粒的流型极为相似,在床的主体部分呈现一个微小的弧度,在渐缩下料段处则呈V形。图5-10(d)、(e)、(f)比较了圆柱形椭球形混合颗粒和相应的均质颗粒的流型。由图中可以看出,三种颗粒流型的差别在于在床主体部分流型的弧度大小不同,均质圆柱形的弧度最小,其次是混合颗粒,而均质椭球形颗粒的弧度最大。而在下料段部分,三种颗粒的流型均呈V形,但均质椭球形颗粒的顶角最小,圆柱形的顶角最大,混合颗粒则居中。

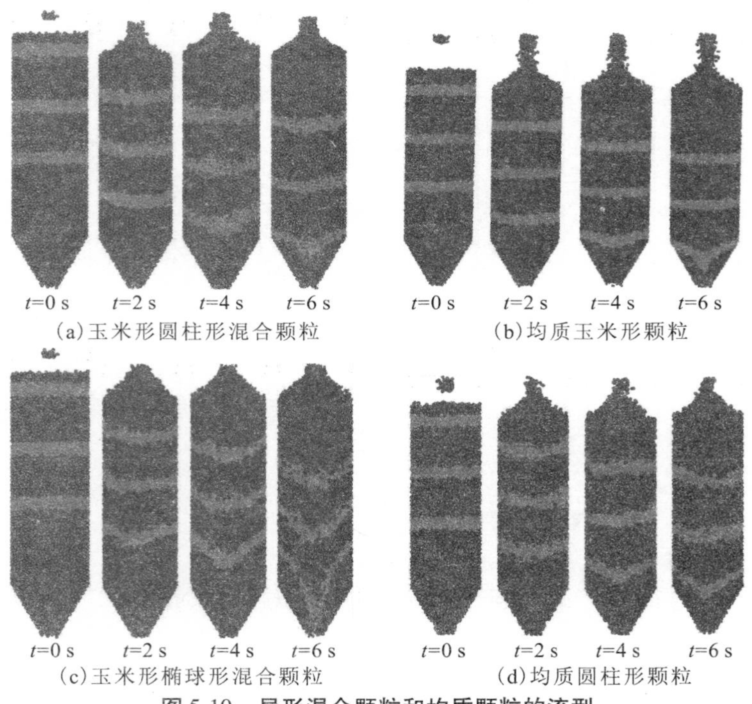

图5-10　异形混合颗粒和均质颗粒的流型

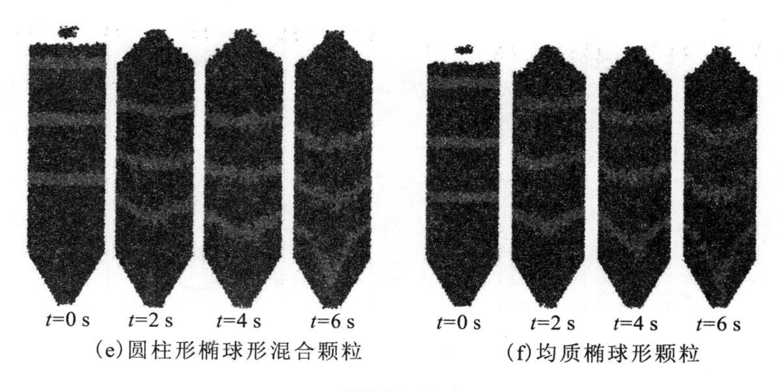

(e)圆柱形椭球形混合颗粒　　(f)均质椭球形颗粒

续图 5-10

5.3.3　概率分布特性

图 5-11 比较了异形混合颗粒和均质颗粒在移动床内连续流动时的概率密度分布情况。图 5-11(a)比较了玉米形圆柱形混合颗粒和均质玉米形颗粒、均质圆柱形颗粒的概率密度分布,由图中可以看出,在连续流动时,玉米形圆柱形混合颗粒的概率分布介于均质玉米形颗粒和均质圆柱形颗粒之间,混合颗粒的概率分布有两个峰,第一个峰值与均质圆柱形颗粒峰值相同,为0.28,对应边壁处速度较小的颗粒,第二个峰值为 0.4,介于两种均质颗粒的峰值之间。图 5-11(b)比较了玉米形椭球形混合颗粒和均质玉米形颗粒、均质椭球形颗粒的概率密度分布,由图中可以看出,混合颗粒的概率密度存在两个峰,第一个峰值与均质颗粒基本相同,第二个峰值介于两种均质颗粒之间。图 5-11(c)比较了圆柱形椭球形混合颗粒和均质圆柱形颗粒、均质椭球形颗粒的概率密度分布,由图中可以看出,三种颗粒均存在两个峰值,但均质颗粒第二个峰值较大,而混合颗粒第一个峰值较大,这表明混合颗粒速度较小的颗粒数较多。图 5-11(d)比较了球形椭球形混合颗粒和均质球形、均质椭球形颗粒的概率密度分布,由图中可以看出,混合颗粒和均质球形颗粒均有一个峰,峰值分别为 0.41 和 0.54,对应的速度值为 0.08 m/s。而均质椭球形颗粒的概率密度分布呈现两个峰,速度较小的峰对应边壁处的颗粒。图 5-11(d)比较了球形玉米形混合颗粒和均质球形颗粒、均质玉米形颗粒的概率密度分布,由图中可知,混合颗粒和相应的均质颗粒的概率分布特性基本一致。图 5-11(e)比较了球形圆柱形混合颗粒和均质球形颗粒、均质圆柱形颗粒的概率分布特性,混合颗粒与均质球形颗粒的概率分布十分相似。

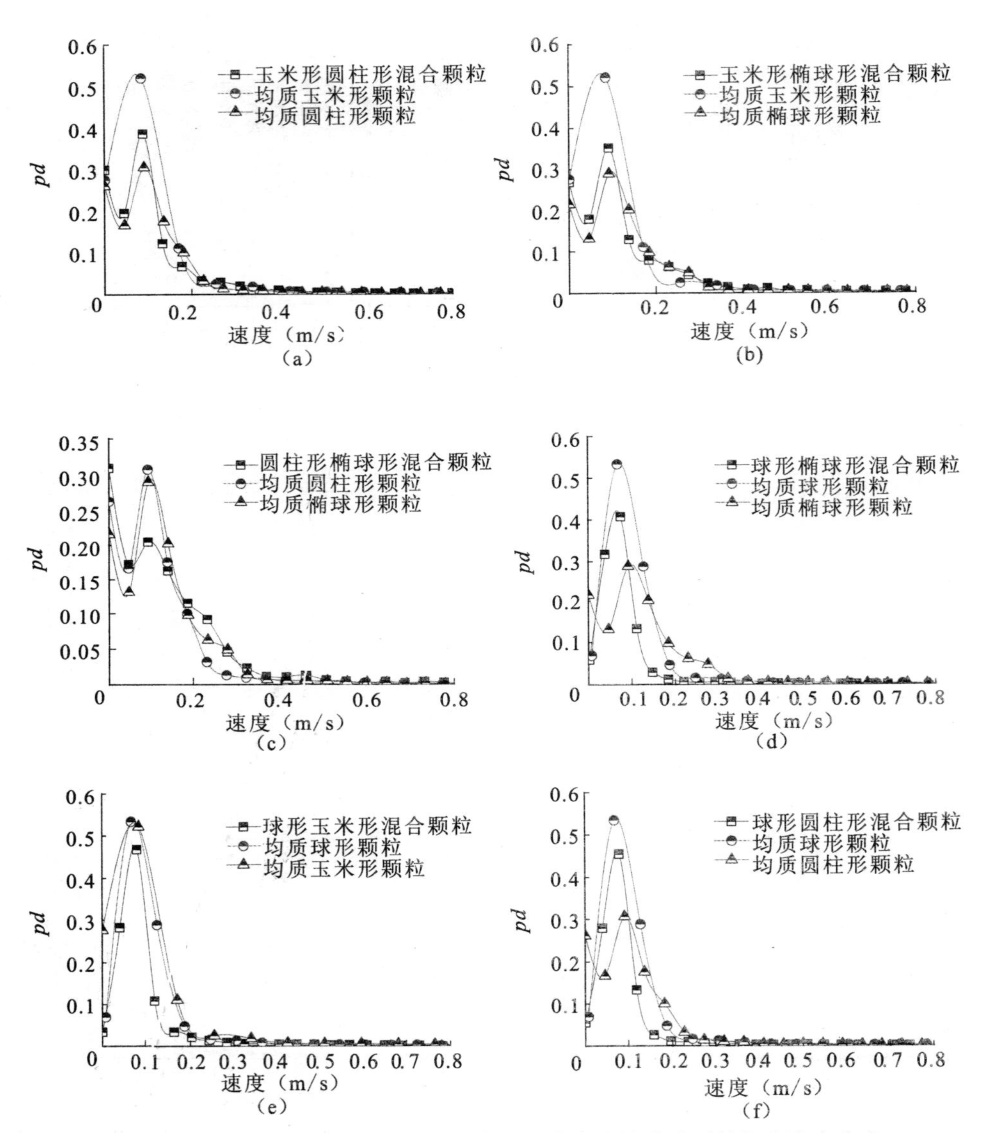

图 5-11　异形混合颗粒和均质颗粒在移动床内连续流动时的概率密度分布

5.3.4　空隙率分布

图 5-12 比较了异形混合颗粒和均质颗粒在移动床内连续流动时的空隙率分布情况。图 5-12(a)比较了玉米形椭球形混合颗粒和均质玉米形颗粒、均质

椭球形颗粒的空隙率分布，由图中可以看出，均质玉米形颗粒的壁面效应最大，混合颗粒和均质椭球形颗粒的壁面效应相同。混合颗粒的空隙率波动范围为 0.41～0.58，与均质颗粒几乎没有差别。图 5-12(b) 比较了玉米形圆柱形混合颗粒和均质玉米形颗粒、均质圆柱形颗粒的空隙率分布，由图中可以看出，均质玉米形颗粒的壁面效应最大，其他两种颗粒的壁面效应相同。且混合颗粒的空隙率波动范围为 0.4～0.55，与均质颗粒的空隙率波动范围相比差别较小。图 5-12(c) 比较了圆柱形椭球形混合颗粒和均质圆柱形颗粒、均质椭球形颗粒的空隙率分布，由图中可以看出，三种颗粒的壁面效应和空隙率波动范围基本相同。图 5-12(d)、(e)、(f) 分别比较了球形椭球形混合颗粒、球形玉米形混合颗粒、球形圆柱形混合颗粒与相应的均质颗粒的空隙率分布，由图中可以看出，均质球形颗粒的壁面效应较大，空隙率波动范围基本相同。

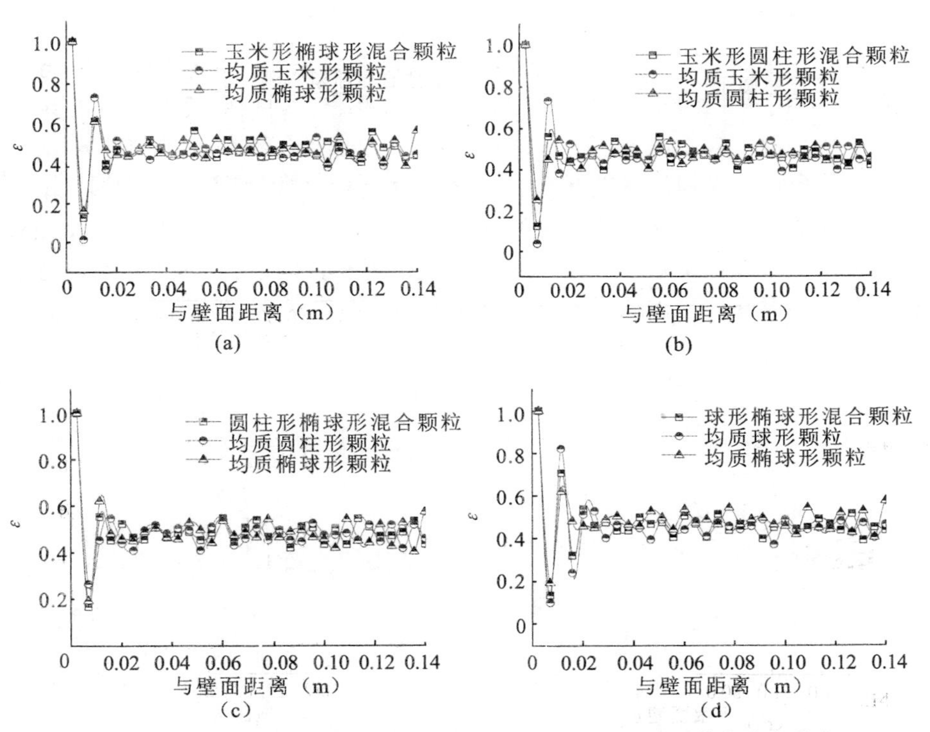

图 5-12　异形混合颗粒和均质颗粒在移动床内连续流动时的空隙率分布

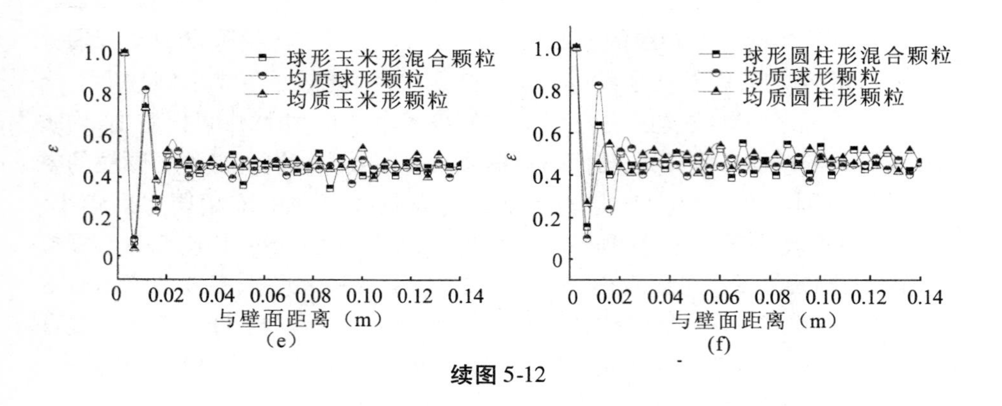

续图 5-12

5.3.5 速度分布

图 5-13 比较了异形混合颗粒和均质颗粒在移动床内连续流动时的速度分布。由图中可以看出,球形玉米形混合颗粒的速度较相应的均质颗粒要小。球形圆柱形混合颗粒的速度介于两均质颗粒之间。球形椭球形混合颗粒的速度小于均质球形颗粒的速度,但大于均质椭球形颗粒的速度。玉米形圆柱形混合颗粒的速度分布与均质颗粒的速度分布差别很小。玉米形椭球形混合颗粒的速度分布和均质玉米形颗粒的速度分布基本相同,均大于均质椭球形颗粒的速度。而圆柱形椭球形混合颗粒的速度分布较两均质颗粒大。

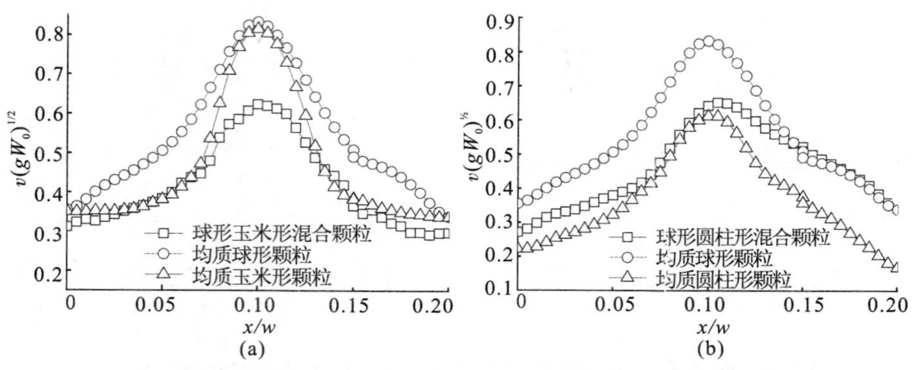

图 5-13 异形混合颗粒和均质颗粒在移动床内连续流动时的速度分布

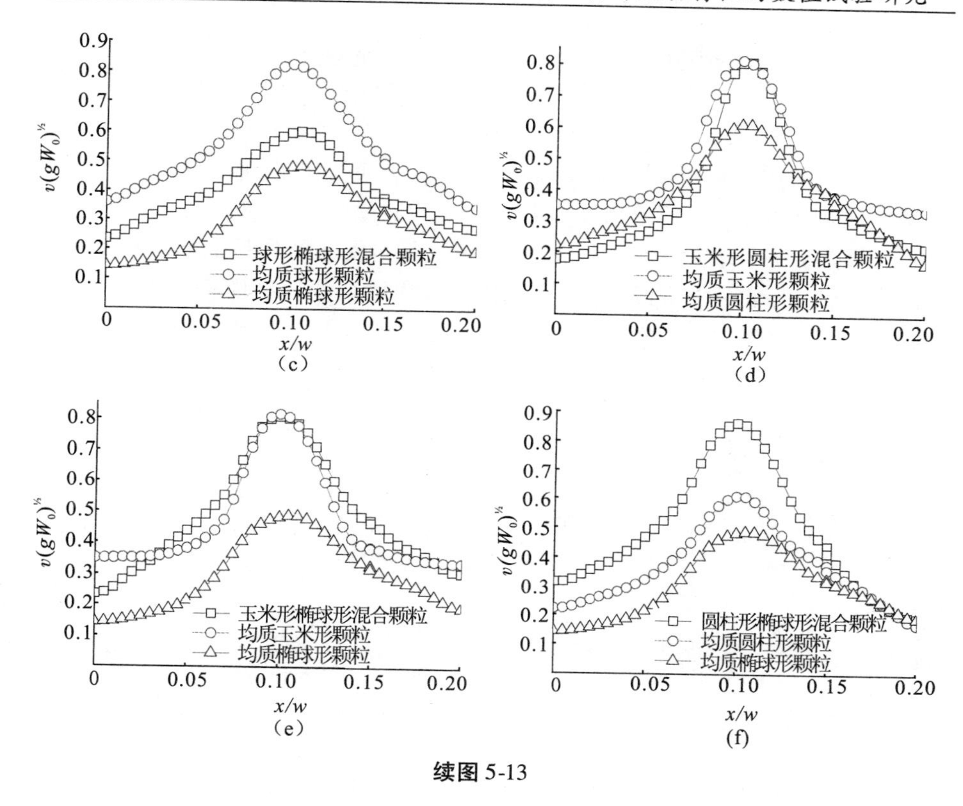

续图 5-13

5.4　异径混合非球形颗粒移动床内连续流动时的流动特性

5.4.1　质量流率

图 5-14 比较了颗粒直径比 $\Phi_D = 2$ 的异径混合颗粒和均质颗粒在移动床中连续流动时的质量流率随时间的变化。图 5-14(a) 比较了异径椭球形混合颗粒和均质椭球形颗粒的质量流率随时间的变化，由图可知，两种颗粒均在出口打开后较短的时间内达到相对稳定的流动，异径椭球形颗粒的质量流率大于均质椭球形颗粒，且异径颗粒的波动范围为 0.7 ~ 0.85 kg/s，而均质颗粒的波动范围为 0.42 ~ 0.73 kg/s，即异径颗粒的下料较为稳定。图 5-14(b) 比较了异径玉米形混合颗粒和均质玉米形颗粒的质量流率随时间的变化情况，由

图中可知，异径混合颗粒平均质量流率为0.95 kg/s，较均质颗粒的要大。且混合颗粒和均质颗粒的质量流率波动范围分别为0.89～1.1 kg/s和0.57～0.8 kg/s，基本相同。图5-14(c)比较了异径圆柱形混合颗粒和均质圆柱形颗粒的质量流率随时间的变化情况，由图中可以明显看出，异径颗粒较均质颗粒的平均质量流率大，且异径圆柱形混合颗粒的质量流率波动较大，即流动较不稳定。图5-14(d)表示了异径球形混合颗粒和均质球形颗粒的质量流率随时间的变化情况，由图中可以看出，异径颗粒较均质颗粒的平均质量流率大。由上述分析可知，对于四种形状的颗粒，异径混合颗粒均较均质颗粒的平均质量流率大，即加入直径较小的颗粒后，质量流率变大。这与第4章所述颗粒直径越小，质量流率越大的结论相一致。

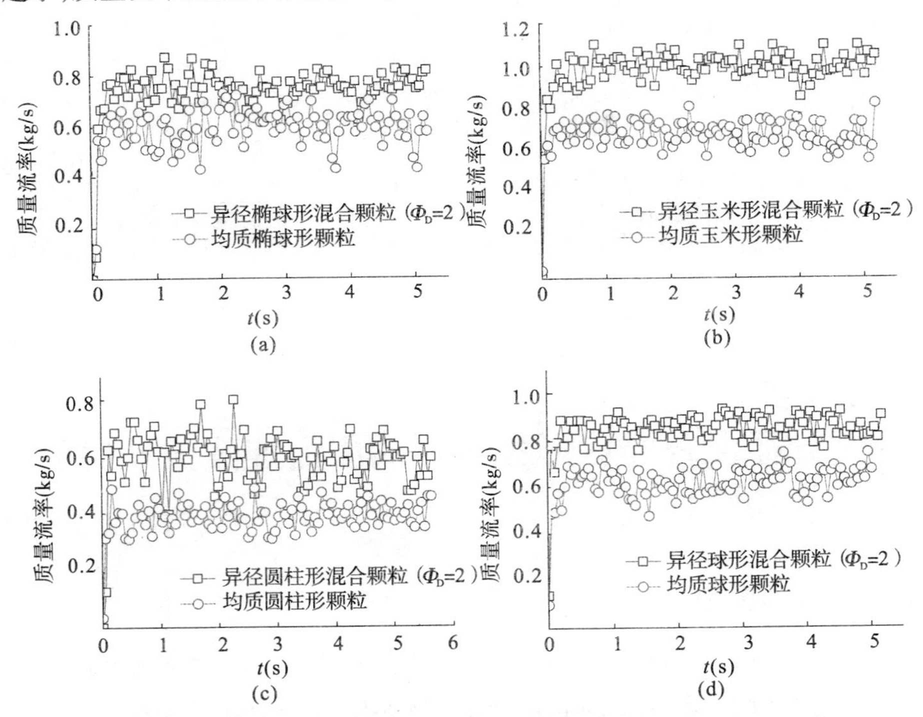

图5-14　异径混合颗粒和均质颗粒在移动床中连续流动时的质量流率

5.4.2　流型

图5-15比较了异径混合颗粒和均质颗粒的流型。由图中可以得到，异径玉米形颗粒在移动床主体部分的流型有个微小的弧度，而均质颗粒则呈直线

状。异径圆柱形混合颗粒主体部分示踪颗粒的弧度较均质颗粒大，且在下料段阶段，混合颗粒的流型顶角要比均质颗粒小，即呈深 V 形。而异径椭球形混合颗粒的流型和均质椭球形颗粒相比，与上述相似，也是 V 形较深。

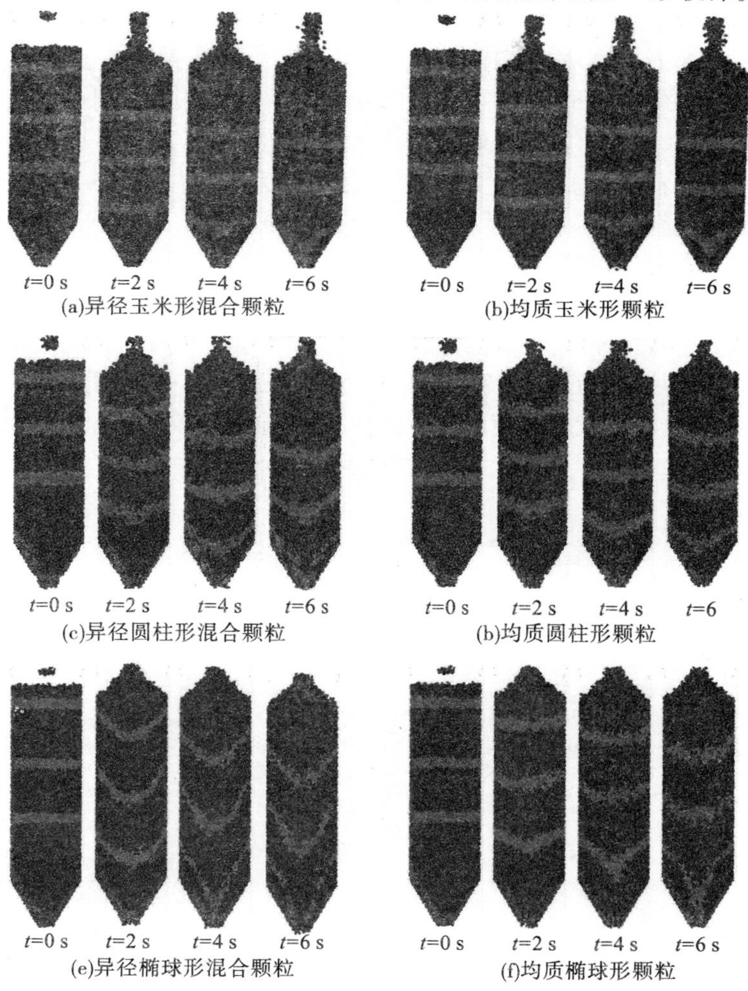

图 5-15　异径混合颗粒和均质颗粒的流型

5.4.3　概率分布特性

图 5-16 比较了异径混合颗粒和均质颗粒在移动床中连续流动时的概率密度分布。图 5-16(a) 比较了异径球形混合颗粒和均质球形颗粒的概率密度

分布情况，由图中可以看出，两种颗粒的概率密度分布均只有一个峰，异径球形混合颗粒的峰值为0.3，对应的速度值为0.05 m/s，而均质球形颗粒的峰值为0.42，对应的速度值为0.1 m/s。由此可见，均质颗粒的峰值较大，对应的速度值较大，即处于较大速度值的颗粒数较多。图5-16(b)表示了异径玉米形混合颗粒和均质玉米形颗粒的概率密度分布情况，由图中可以看出，异径混合颗粒的概率密度峰值为0.35，小于均质颗粒的峰值0.52，对应的速度值为0.06 m/s，同样小于均质颗粒峰值对应的速度值0.1 m/s。即均质颗粒处于较大速度的颗粒数较多，边壁处与中心处的速度差较小。图5-16(c)比较了异径椭球形混合颗粒和均质椭球形颗粒的概率密度分布，由图中可知，两种颗粒的概率分布极为相似，唯一不同的是混合颗粒的第一个峰值较大，而均质颗粒的第二个峰值较大。由此说明，混合颗粒处于较小速度值的颗粒数较多，而均质颗粒处于较大速度值的颗粒数较多。图5-16(d)比较了异径圆柱形混合颗粒和均质圆柱形颗粒的概率密度分布情况，由图中可得，均质颗粒有两个峰值，一个对应边壁处较小速度的颗粒，另一个对应速度较大的颗粒。而混合颗粒仅有一个峰，对应于速度较大的颗粒，但峰值较小。

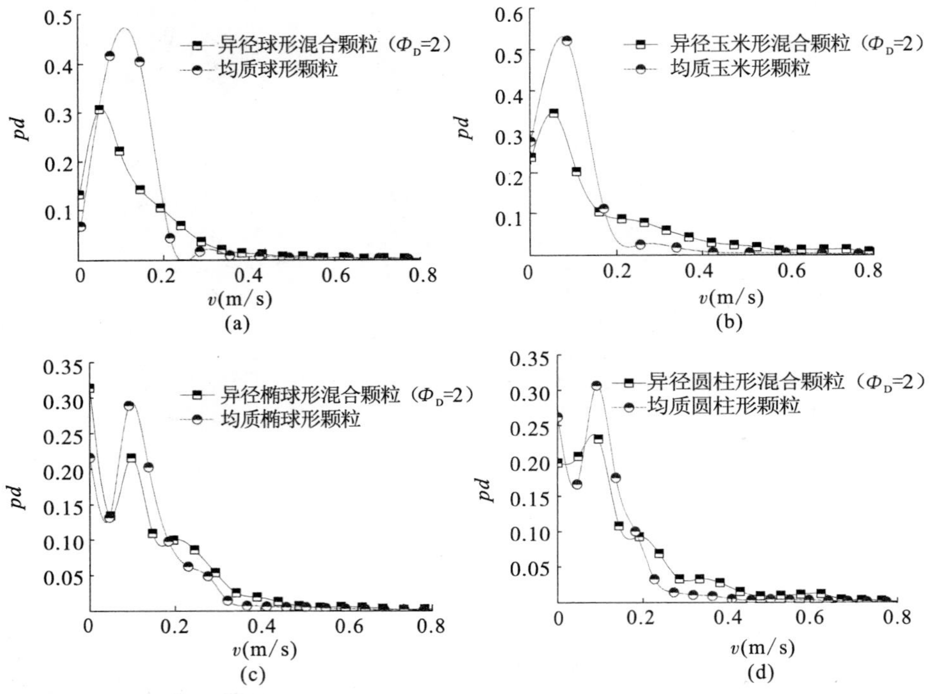

图5-16 异径混合颗粒和均质颗粒在移动床中连续流动时的概率密度分布

5.4.4　空隙率分布

图 5-17 比较了异径混合颗粒和均质颗粒在移动床内连续流动时的空隙率分布。图 5-17(a)表示了异径玉米形混合颗粒和均质玉米形颗粒的空隙率分布,由图中可以看出,均质玉米形颗粒的壁面效应较大,而混合颗粒的壁面效应相对较小。且均质玉米形颗粒的平均空隙率为 0.45,混合颗粒的平均空隙率为 0.39,略小。图 5-17(b)比较了异径椭球形混合颗粒和均质椭球形颗粒的空隙率分布情况,由图中可以看出,均质颗粒的壁面效应较大,混合颗粒的壁面效应较小。混合颗粒的平均空隙率为 0.46,较均质颗粒的平均空隙率 0.5 略小,差别较小。图 5-17(c)比较了异径圆柱形混合颗粒和均质圆柱形颗粒的空隙率分布情况,由图中可知,混合颗粒的壁面效应较均质颗粒略小,而混合颗粒的平均空隙率为 0.41,均质颗粒的平均空隙率为 0.45。图 5-17(d)比较了异径球形混合颗粒和均质球形颗粒的空隙率分布情况,由图中明显看出,均质球形颗粒在近壁面处呈现振幅减小的阻尼振荡,在距壁面 0.025 m 处进入相对稳定的波动阶段,而混合颗粒在距壁面 0.005 m 处即进入稳定波动阶段,可见均质球形颗粒的壁面效应较混合颗粒大。而混合颗粒的平均空隙率为 0.39,较均质颗粒的平均空隙率0.42要小。

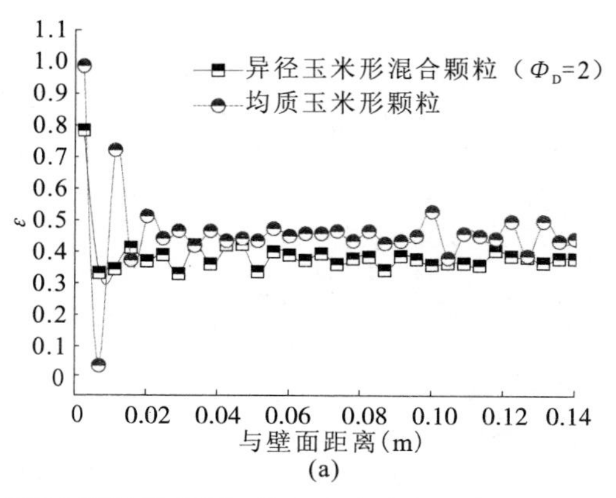

图 5-17　异径混合颗粒和均质颗粒在移动床内连续流动时的空隙率分布

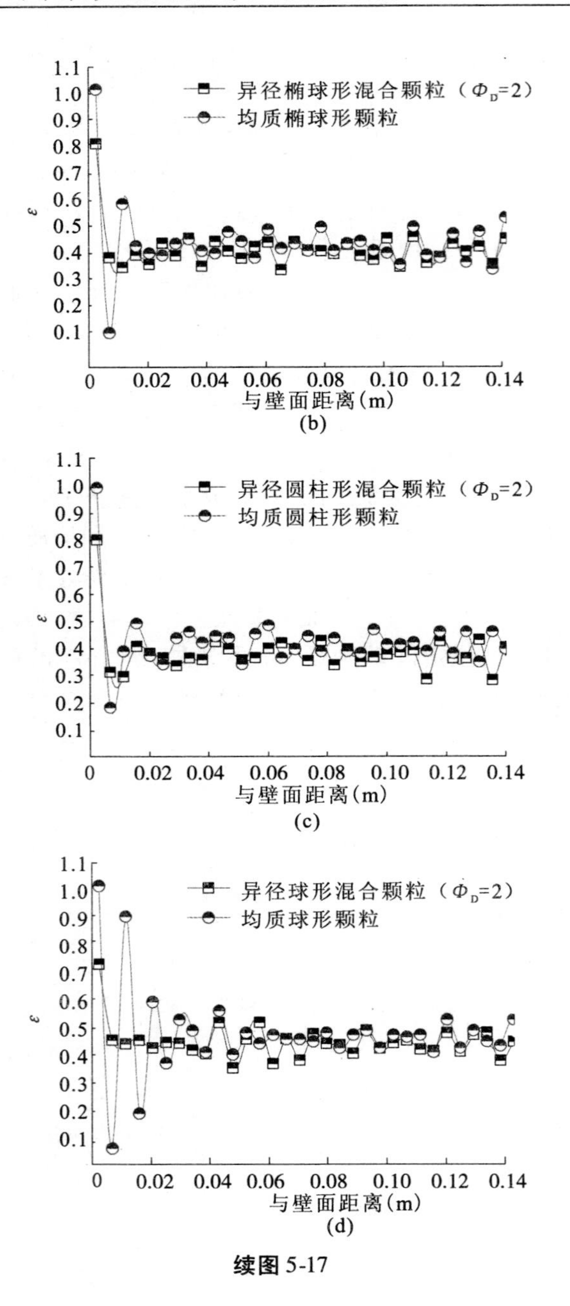
1.1
1.0
0.9
0.8
0.7
0.6
0.5
0.4
0.3
0.2
0.1
ε
异径椭球形混合颗粒（Φ_D=2）
均质椭球形颗粒
0 0.02 0.04 0.06 0.08 0.10 0.12 0.14
与壁面距离(m)
(b)
异径圆柱形混合颗粒（Φ_D=2）
均质圆柱形颗粒
与壁面距离(m)
(c)
异径球形混合颗粒（Φ_D=2）
均质球形颗粒
与壁面距离(m)
(d)

续图 5-17

5.4.5　速度分布

图 5-18 比较了异径混合颗粒和均质颗粒在移动床中连续流动时的速度分布。由图中可以看出,对于四种不同形状的颗粒,异径混合颗粒在中心处的速度均较相应的均质颗粒的速度要大,且在边壁处的速度与均质颗粒的速度几乎相同。

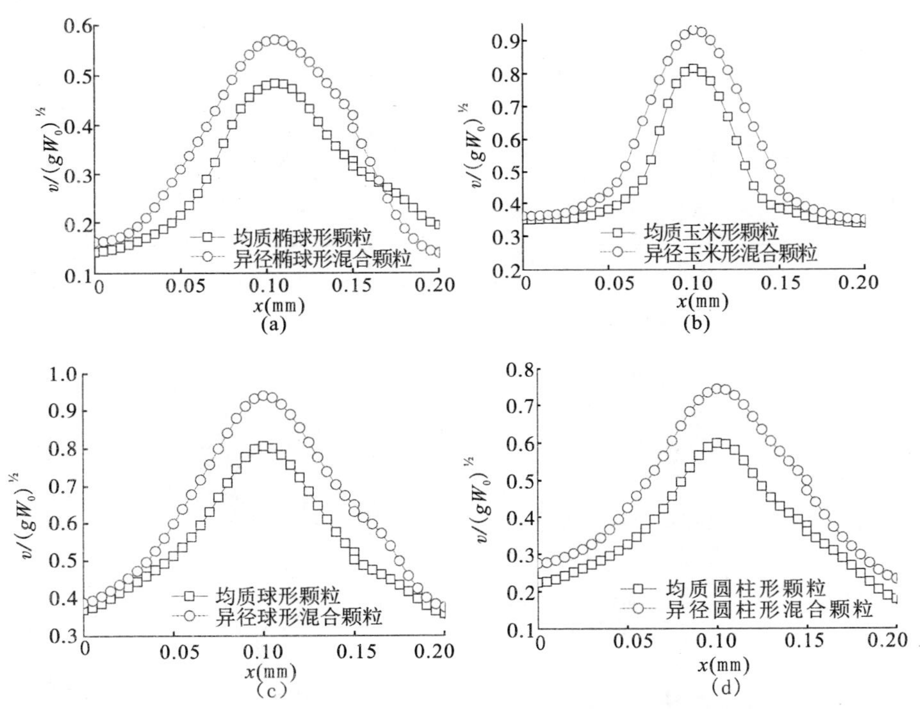

图 5-18　异径混合颗粒和均质颗粒在移动床中连续流动时的速度分布

5.5　异重混合非球形颗粒移动床内连续流动时的流动特性

5.5.1　质量流率

图 5-19 比较了异重混合颗粒和均质颗粒在移动床中连续流动时的质

量流率。图 5-19(a)比较了异重玉米形混合颗粒和均质玉米形颗粒的质量流率,由图中可以看出,异重玉米形混合颗粒的平均质量流率为 0.4 kg/s,小于均质玉米形颗粒。图 5-19(b)、(c)、(d)分别比较了异重圆柱形混合颗粒、异重椭球形混合颗粒、异重球形混合颗粒与均质颗粒的质量流率,从图中可以看出,对于不同形状颗粒,异重混合颗粒的平均质量流率均较均质颗粒的要小。

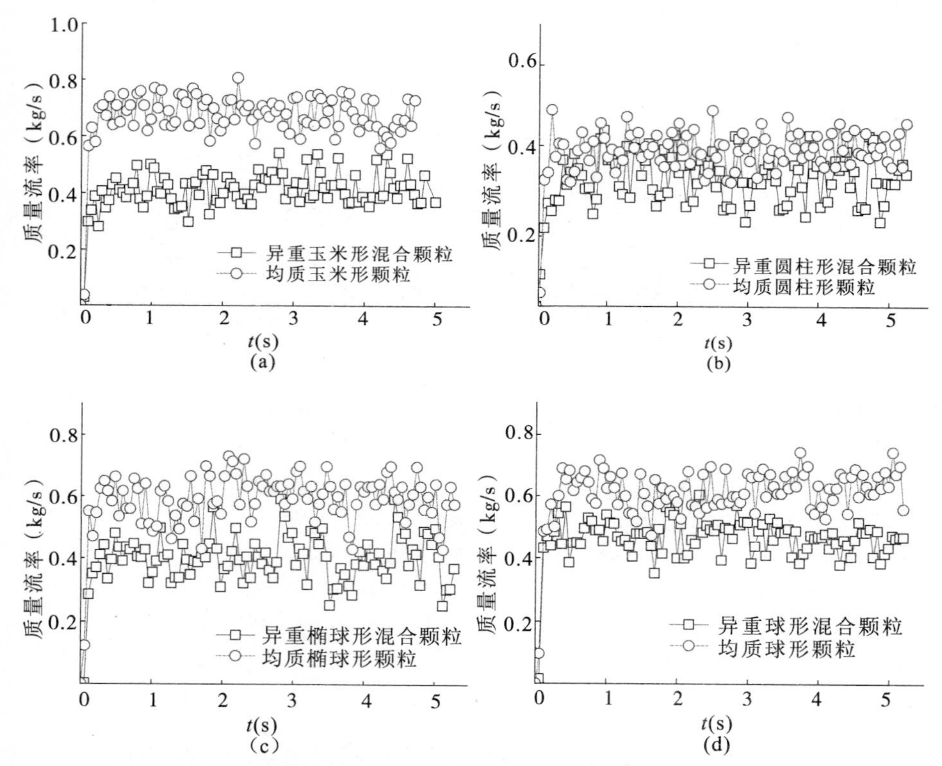

图 5-19　异重混合颗粒和均质颗粒在移动床中连续流动时的质量流率

5.5.2　流型

图 5-20 表示了异重混合颗粒的流型。与图 5-5 中均质颗粒的流型相比,可以看出,三种形状的异重混合颗粒和均质颗粒的流型几乎相同。

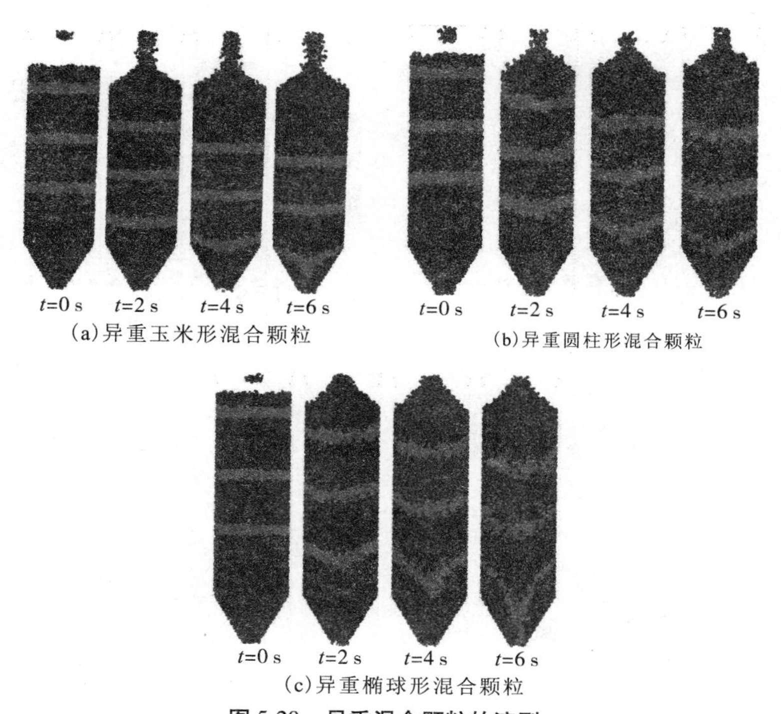

(a)异重玉米形混合颗粒

(b)异重圆柱形混合颗粒

(c)异重椭球形混合颗粒

图 5-20　异重混合颗粒的流型

5.5.3　概率分布特性

图 5-21 比较了异重混合颗粒和均质颗粒在移动床内连续流动时的概率密度分布。图 5-21(a)比较了异重球形混合颗粒和均质球形颗粒的概率密度分布，由图中可以看出，二者的概率分布十分相似，异重球形混合颗粒的概率分布较均质颗粒峰值略小，即中心处运动的颗粒数相对较少。图 5-21(b)比较了异重玉米形混合颗粒和均质玉米形颗粒的概率密度分布，由图中可得，均质玉米形颗粒有一个峰，而异重混合颗粒有两个峰，且最大峰值较均质颗粒小，由此可知，异重玉米形混合颗粒的速度较小甚至不流动的颗粒较多，而处于中心处运动的颗粒数较均质颗粒要少。图 5-21(c)比较了异重圆柱形混合颗粒和均质圆柱形颗粒的概率密度分布，由图中可以看出，异重圆柱形混合颗粒仅有一个峰，峰值为 0.35，对应的速度值为 0.001 m/s，即处于 0.001 m/s 速度值的颗粒数最多。图 5-21(d)比较了异重椭球形颗粒和均质椭球形颗粒的概率密度分布，由图中可知，异重混合颗粒的概率分布峰值较小，且峰值对应的速度值较大。

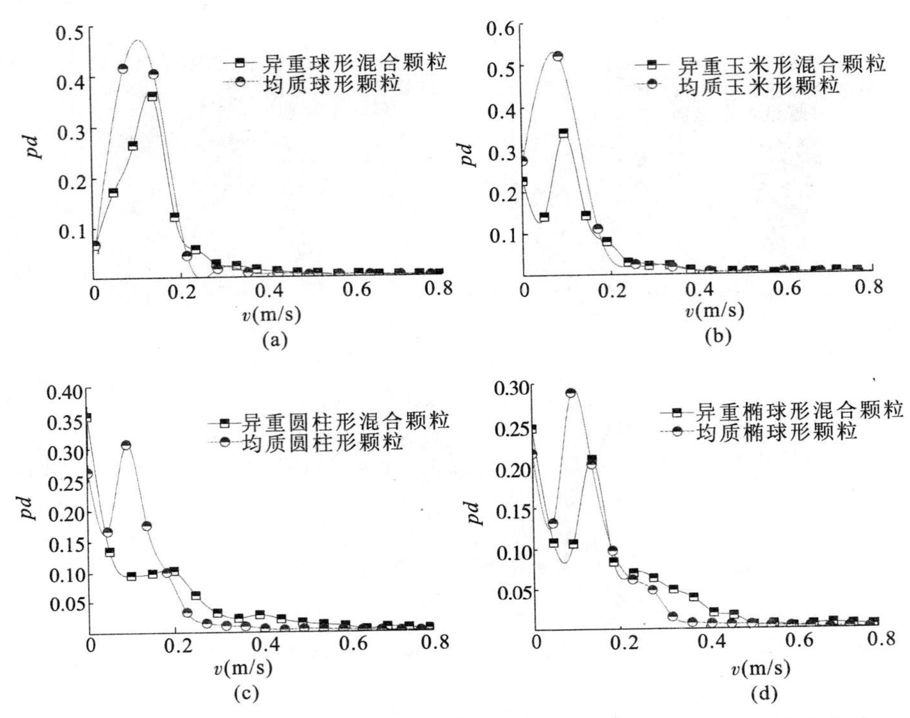

图 5-21 异重混合颗粒和均质颗粒在移动床内连续流动时的概率密度分布

5.5.4 空隙率分布

图 5-22 比较了异重混合颗粒和均质颗粒在移动床中连续流动时的空隙率分布。由图中可以看出,对于四种不同形状的颗粒,异重混合颗粒与均质颗粒的壁面效应基本相同,且异重混合颗粒的空隙率波动范围和均质颗粒几乎相同。

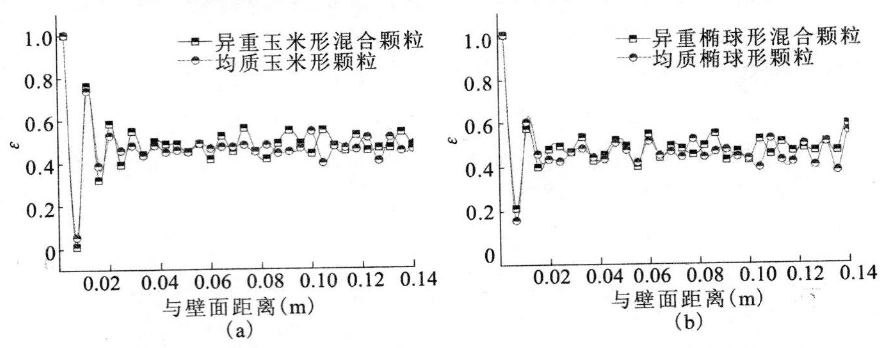

图 5-22 异重混合颗粒和均质颗粒在移动床中连续流动时的空隙率分布

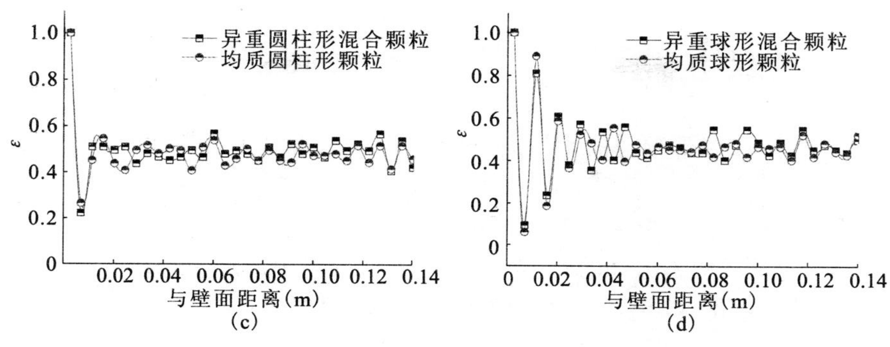

续图 5-22

5.5.5　速度分布

图 5-23 比较了异重混合颗粒和均质颗粒在移动床中连续流动时的速度分布。由图中可以看出，对于不同形状的颗粒，在床的中心处，异重混合颗粒均较相应的均质颗粒的速度要小。而在床的边壁处，异重混合颗粒与均质颗粒的速度几乎相同。

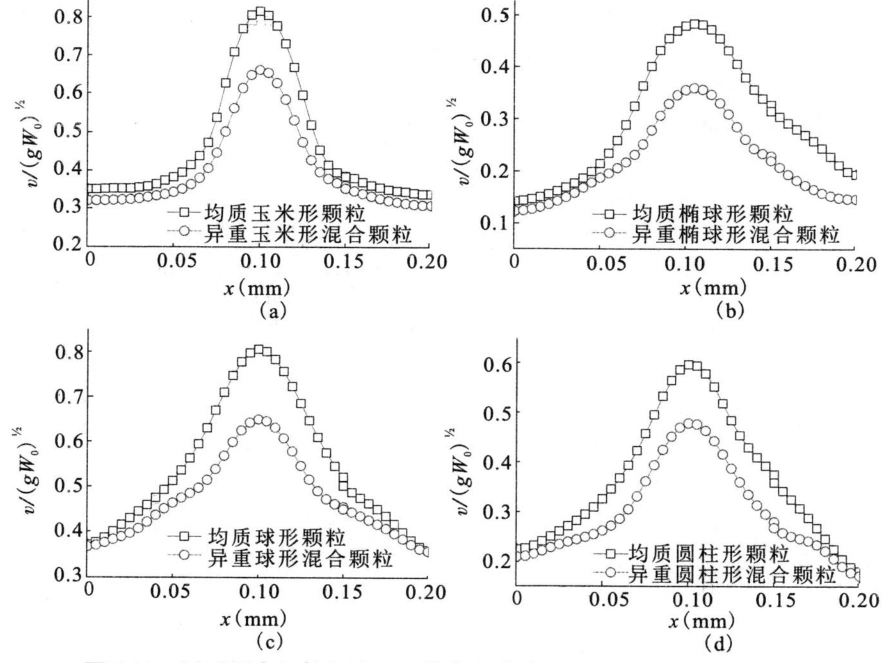

图 5-23　异重混合颗粒和均质颗粒在移动床中连续流动时的速度分布

5.6 本章小结

(1)均质玉米形颗粒的平均质量流率最大,其次是球形颗粒和椭球形颗粒,圆柱形颗粒的平均质量流率最小。通过概率密度分析可知,球形、玉米形颗粒在流动过程中边壁处速度小的颗粒较少,而椭球形颗粒和圆柱形颗粒边壁处速度小或几乎不流动的颗粒较多。分析了四种形状均质颗粒的空隙率分布,得到的结论是球形颗粒的壁面效应最大,而圆柱形颗粒的壁面效应最小。在相对稳定的波动阶段,四种颗粒的空隙率波动范围几乎相同。

(2)研究了玉米形圆柱形、玉米形椭球形、圆柱形椭球形三种异形混合颗粒的流动规律,得到如下结论,异形混合颗粒的平均质量流率均处于相应的两种均质颗粒之间。三种混合颗粒的概率密度分布均存在两个峰值,即边壁处速度较小的颗粒数和中心处速度较大的颗粒数均很多。且通过研究得出,三种异形混合颗粒的壁面效应和平均空隙率几乎相同。

(3)对于四种不同形状的颗粒,异径混合颗粒均较均质颗粒的平均质量流率大。而异径混合颗粒的概率密度分布峰值较均质颗粒小,即颗粒的速度分布不均匀,速度梯度较大。均质颗粒的壁面效应较异径混合颗粒大,且平均空隙率也大于混合颗粒。

(4)对于四种不同形状的颗粒,异重混合颗粒的平均质量流率均较均质颗粒的要小。且异重混合颗粒的概率密度峰值均较小,但壁面效应和平均空隙率与均质颗粒几乎相同。

参考文献

[1]杨智. 移动床内颗粒流动规律的研究[D]. 北京:中国石油大学, 2008.

[2]傅巍. 移动床内颗粒物料流动的数值模拟与试验研究[D]. 沈阳:东北大学, 2006.

[3]武锦涛. 移动床中固体颗粒运动与传热的研究[D]. 杭州:浙江大学, 2005.

[4]Wu J T, Binbo J, Chen J Z, et al. Multi-scale study of particle flow in silos[J]. Advanced Powder Technology, 2009,20:62 – 73.